ディーン・バーネット Dean Burnett 増子久美 訳

ざんねんな脳

神経科学者が語る脳のしくみ

THE IDIOT BRAIN

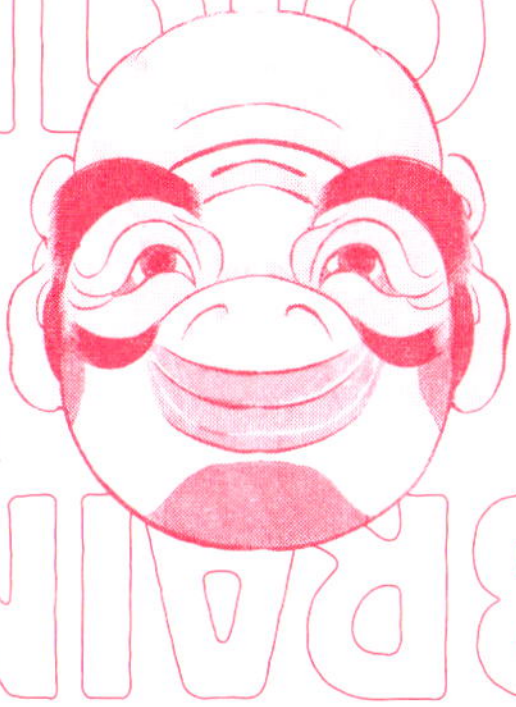

青土社

A Neuroscientist Explains What Your Head Is Really Up To

ざんねんな脳

神経科学者が語る脳のしくみ　目次

はじめに

本書は、私が社会との交流をもつときと同じように始める。つまり、どこまでも微に入り細を穿つお詫びからである。

まず第一に、本書を読み終えてお気に召さなかったとしたら誠に申しわけない。万人に気にいられるようなものを生み出すのは不可能である。よしんばそれができるとすれば、いまごろは民主的に選出された世界のリーダーであろう。さもなくばドリー・パートン［訳注：世界的なカントリー・ミュージック・シンガー］たりえたであろうか。

私にとって、本書で焦点をあてて論じている脳の不可思議で奇妙な過程、そしてそれがしでかす非論理的な行為というテーマは魅力が尽きないものである。たとえば、記憶は自己中心的だとご存じであったろうか？　記憶は自分に起きたことや学んできたことの正確な記録とお考えかもしれないが、違うのである。記憶は自分を見栄えよく見せるため、蓄積する情報を頻繁に微調整して修正する。さながら親バカな母親が息子の学芸会での素晴らしさを大仰に並べ立てるも、実は彼はそこに突っ立って鼻くそをほじりながらよだれを垂らしていただけであったというのに似ている。

あるいは、ストレスが実際には仕事の成果を上げることもあるという事実についてはいかがであろうか？　それは神経学的な処理であり、単なる「よく言われる」ことではないのである。締め切りは、成果を上げるきっかけとなるストレスを誘発するもっとも一般的なものである。もし本書において終盤での質に急速なよい変化が起きていたとすれば、理由はもうおわかりであろう。

第二のお詫びとして、これは厳密には科学の本であるが、もし脳やその仕組みにかんする真剣な論考を期待していたとすれば申しわけない。それはかなわないだろう。私は、いわゆる「伝統的」な科学畑の出身ではない。あまつさえ、家族のなかで、大学に行きたいと考え、ましてや進学し、そこにとどまり、最終的には博士号を取得することとなったのは私が初めてである。そのような特異な学究的傾向と、そのために親近者ともめたことが神経科学と心理学に興味を抱くようになったきっかけである。「どうして自分はこうなのか?」と不思議に思ったからだ。納得のいく答えは見つかっていないが、科学一般だけでなく、脳とそのはたらきについての興味をことのほか深めたのは確かである。

科学は人間による営為である。全般的に見て、人間とはでたらめでやっかいな非論理的生きもの(人間の脳のはたらきによるところが大きい)であり、科学の大部分はこれを反映している。はるか昔に、科学についての文書とは高尚で生真面目なものであるべきと定められ、この概念は定着しているようである。私の職業人生の大部分はこれに異を唱えることに費やされてきており、本書がその最新の表明となる。

第三のお詫びとして、本書を引き合いに出したがために神経科学者との議論に負けたという読者がおられたら申しわけない。脳科学の世界において、理解はつねに変化するものである。本書で述べた主張や意見すべてに対し、おそらくその反論となる最新の研究や調査報告を見い出すことができるだろう。しかし、科学の読みものに初めて接する読者のために明確にしておくが、それは現代科学のどの分野においてもほぼ同じことが言えるのである。

そして第四のお詫びとして、もし脳が不思議かつ幽玄なる物体であり、神秘との境にある構造物、人間の経験と未知の領域とのあいだの架け橋ででもあるかのように感じておられたならば、重ねてお詫び申し上げる。本書がお気に召すことは決してないであろう。

誤解しないでいただきたいのだが、まさに人間の脳ほど不可解なものは他にないし、どこまでも興味は尽きない。しかし、脳は「特別」で批判には及ばない、ある意味特権的で、その能力のほんの一部しかわかっていないという奇っ怪なイメージをもたれている。失礼を承知で言わせていただくが、これはばかげている。

脳はやはり人体の内部器官であり、それ自体は習慣や特性、時代遅れの処理、非効率なシステムのもつれあった一つの器官である。いろいろな意味で、脳は自らの成功の被害者と言える。それゆえ、何百万年という歳月をかけてこの現在の複雑さにまで進化してきたが、結果として大量のがらくたを蓄積することとなった。さながら、基本的処理を邪魔する古いソフトウェアや時代遅れのダウンロードファイルだらけのハードドライブ、あるいはやろうとしているのはEメールを読むことだけなのに、やたらとわき上がるとっくに停止されたウェブサイトの値引き化粧品のいまいましいポップアップの類である。

結論。つまり脳は誤りを犯しやすい。意識が宿る場所であり、人間のあらゆる経験の原動力であるのかもしれないが、奥深いその役割に反し、驚くほど乱雑で支離滅裂でもある。その途方もなさを理解するにはただそのことに注視するだけでいい。それは突然変異したクルミ、怪異なブラマンジェ、使い古されたボクシンググローブ、そういったものに似ている。感動的であることについては疑義を差し挟む余地はないが、完璧にはほど遠く、そしてその不完全さは、ヒトの言動や経験する事象にことごとく影響を及ぼしている。

であるからして、脳のことのほかでたらめな特性を軽視したりまったく無視したりするのではなく、それは大いに強調されるべきであり、むしろ称賛されるべきでもあるのだ。本書では、ばかばかしいとしか言いようのない数々の脳の振る舞いと、それが及ぼす影響を取り上げている。さらに、脳のはたらきであると人びとが信じている、しかし完全に誤りであることが証明されているいくつかの側面にも焦点をあてている。この本の読者は、なぜ人びと（あるいは自分）が奇妙な言動をするのかのより踏み込んだ、納得のいく理解のみならず、この時代にますます増え続ける脳を元凶とする神経性のばかげた行為に直面した際に、ちゃんと眉に唾をつけて疑ってかかる能力を得られるあろう（そうあることを願う）。もし本書に、テーマや目的を包括するほどの高邁なものが何かしらあると言えるなら、これらがその答えである。

そして私の最後のお詫びとしては、かつての同僚が私に言った、私が著書など出版するとしたら「地獄がことごとく凍りつくとき」であるという事実に基づく。地獄の悪魔殿、誠に申しわけありません。これは貴殿にとってやっかいきわまりないことには相違ない。

ディーン・バーネット（本当に）博士

第一章　マインドがコントロールする

脳が体を調節しようとして、混乱させてばかりいるその仕組み

ものを考え、推し量り、想像することができる能力は、数万年前の私たちにはそなわっていなかった。数十億年前に初めて陸に這い上がってきた魚は自己不信になんて陥らなかったし、胸の内で「なんでこんなことしてるの？　ここじゃ息ができないし、脚や、そんなものすらないじゃない。もう金輪際、あんなやつと王様ゲームなんかしないわ」とつぶやいたりもしなかった。さもありなん。比較的最近まで、脳にははるかに明確でわかりやすい目的があった。それは、いかなる手段を使ってでも体を生かし続けること。

原始的な人間の脳がそれをうまくやり遂げたのは、種として存続し、いまや地上におけるもっとも優位な生命体であることからして明らかである。しかし、複雑な認知能力を進化させてきたにもかかわらず、本来そなわっていた原始的な脳の機能は消滅しなかった。それどころかそれらはさらに重要性を増した。なぜなら言語や論理的に考える能力など、食べるのを忘れる、崖から転がり落ちるといった単純なことで死ぬのにくらべたら取るに足らないものでしかないからである。

脳は自らを維持するために体を必要とし、体も自らを制御し、必要なことを行わせるために脳を必要とする（実際にはこれよりもっと深くからみ合っているのだが、とりあえずいまはこういうことにしておく）。結果として、脳の大部分が基本となる生理学的な処理に費やされることになり、体内のはたらきを監視し、もろもろの問題をうまく調整して混乱を防いでいる。つまり維持管理しているというわけである。このような根本的な側面を制御する領域である脳幹と小脳は「爬虫類《はちゅうるい》」脳と言われ、その原始的特質が強調されもするが、それは人間が爬虫類だった何百億年前の脳がしていたことと同じことをしているからである（哺乳類はあとから「地上の生命体」の全体像に加えられた）。一方、私たち現代人が享受するさらに進化した能力――意識、注意力、認知、推論――はすべて、大脳の新皮質《ネオコルテックス》に見られる。「ネオ」とは「新しい」。実際の仕組みはこの呼称が示唆するものよりもはるかに複雑とはいえ、わかりやすい名称である。

ならばこれらの部位――爬虫類脳と新皮質――は調和を取りながら、あるいは少なくとも互いを無視してはたらいてほしいと思うかもしれないが、まず見込みはない。口うるさい上司のもとではたらいた経験をおもちなら、この組み合わせがいかに非効率かはよくおわかりいただけるはずである。自分より経験が乏しい（でも表向き地位は上の）誰かがつねにまとわりついて不適切な命令を下し、愚にもつかない質問を投げかけてくれば、ことをややこしくするだけのこと。新皮質はいつも爬虫類脳にそれをしているのである。

しかし、それは一方的なばかりではない。新皮質は柔軟ですぐ反応する。そして爬虫類脳はそのやり方に固執する。誰しも、自分は年長だから、あるいはずっとやってきたからというだけでよくできると信じている人物に会ったことがおありだろう。そんな相手と一緒にはたらくのは悪夢とも言える。たとえば共同でコンピュータプログラムを書こうとしているときに、その相手が「それがいままでのやり方だから」とタイプライターを使うと言い張るようなものである。爬虫類脳はともするとそうしがちで、極端に意固地になって役立つことを受け入れない。この章では、脳がどのようにして体のごく基本的な機能を狂わせているかを考察していこう。

本を閉じろ、降ろしてくれ！（乗り物酔いを引き起こす脳の仕組み）

現代人は座っている時間がどんどん長くなっている。単純肉体労働はあらかたデスクワークに置き換えられた。車などの輸送手段があるので、座ったままで移動できる。インターネットがあるので、自宅ではたらき、オンラインバンキングやショッピングなどを利用して、ほとんど一生座って過ごせる。

これには負の側面がある。座りすぎてもダメージや損傷を受けないように人間工学に基づいて設計されたオフィスチェアには、べらぼうな金額が費やされている。飛行機の座席に長時間座りっぱなしでいるとエコノミークラス症候群を引き起こし、命にもかかわる。奇妙かもしれないが、動かずにいるのは体にとってはよくないのである。

なぜならば動くことは重要だから。人間は動くのが得意で、さかんに動き回り、その結果、種としてほぼ地球全域に生息し、月にまで足を伸ばしている。一日三・二キロメートル歩くことは脳によい影響を及ぼすとの報告があり、そうであればおそらく体の部位すべてにもよい効果があるだろう。[1] 人間の骨格は長時間の歩行に耐えられるよう進化し、足や臀部、全身の配列や特性は、習慣として歩くのにまさに理想的な形をしている。しかし、体の構造だけが理由ではない。どうやら私たちは、脳の関与がなくても歩くことを「プログラムされている」らしいのである。

人間の背骨には神経が集積している箇所があり、意識しなくとも運動を制御する。[2] これらの神経の束はパターン発生器と呼ばれ、中枢神経系の脊髄の下部に見られる。このパターン発生器は、筋肉と脚の腱を刺激して特定のパターンで動かし歩かせる（よってこの名称）。加えて筋肉や腱、皮膚、関節からフィードバック――坂を下っているのを検出するなど――を受けるため、状況に応じて動きを微調整できる。本章後半の夢遊病現象で考察する通り、無意識でも歩き回れるのはこれが理由かもしれない。

容易に歩き回ることができ、それを意識せずに行える能力――危険を回避する、食糧源を見つける、獲物を追う、あるいは捕食動物から逃げる――のおかげでわたしたち人間は生き延びることができた。海を離れて陸地にコロニーをつくった最初の生物が地球上の空気呼吸するすべての生命体に結びついたのであり、じっととどまっていたならば、このような生命体は生まれなかったはずである。

するとここで疑問が浮かぶ。もし動くことが健やかな暮らしと生存に不可欠な場合、そして現に私たちは可能な限り頻繁かつ巧みに高度化した生体系を進化させてきてもいるのに、移動中に吐き気をもよおすのはなぜなのであろうか？ これは動揺病、いわゆる乗り物酔いの現象である。たまに、そしてしばしば唐突に、移動している最中に朝食が喉元にこみ上げてきたり、嘔吐《おうと》したり、さっき食べたばかりのおやつを戻したりすることがある。

この原因は実は脳にあり、胃や内蔵のせいではない（そのときはそうだと感じるだろうが）。いったい脳はどんな理屈でもって、数十億年にわたる進化を無視し、A地点からB地点に進むことが嘔吐する正当な理由になると結論づけるのであろうか？　実のところ脳は、私たちの進化した性向をこれっぽっちも無視していない。人間には動作を容易にするための多数のシステムと機能がそなわっているが、それがこの問題の原因なのである。乗り物酔いが起きるのは人工の手段によって移動しているとき――乗り物の中にいるときに限られる。理由はこうである。

人間には固有受容性感覚を生じさせる高度な感覚と神経学的機能が多数あり、いま体がどの位置にあり、どの部位がどう動こうとしているのかを感知することができる。片手を自分の背中に回してもその手を感じることができ、それがどのあたりにあって下品な手まねをしているのかは見なくてもわかる。これが固有受容性感覚である。

他にも前庭系と呼ばれるものが耳の内側にある。これは液体で満たされた一連の管（この場合は「骨質の管」）で、バランスと位置を感知する。その中には液体が重力に応じて動くだけの充分な空間があり、全体が神経細胞《ニューロン》で覆われ、液体の位置と配置具合を検出して脳に現在の位置と方位を知らせる。液体が管の先端にある場合は逆立ち状態にあるということで、それはおそらく望ましい状態ではなく、可及的速やかに正すべきことだろう。

人の動き（歩く、走る、さらには這う、飛び跳ねる）からは、きわめて特殊な一連の信号が生じる。二足歩行独特の規則的なロッキング運動や一般的な速力、通過する空気の流れや移行により生じる体液の移動といった外的な力が加わるからである。それらはすべて固有受容性感覚と前庭器官によって検出される。

目に映る光景も通り過ぎる外の世界の一つである。自分自身が動いていても、自分は止まったままで外の世界が通り過ぎていても、目に入る光景は同じである。もっとも基本的なレベルでは、どちらもありえる解釈である。どうして脳はどちらが正しいのかわかるのか？　脳は視覚情報を受け取り、それを内耳の液体の情報と結びつけ、「体は動いている。これは正常」と結論づけるのである。そしてまたすぐにセックスや仕返しやポケモンなどの夢想に戻る。何が起きているかを説明するために目と体内システムが連携してはたらいているのである。

乗り物を利用する移動にはまた異なる一連の感覚が生じる。車には脳が歩行と関連づけるあの特徴的なリズムを刻むロッキング運動はなく（よいサスペンションでそっくりに揺れるなら別だが）、飛行機や列車、船舶も同様である。乗り物で運ばれているとき、実際に移動を「行っている」のはあなたではない。単に座って何かしながら時間をやり過ごし、吐き気を必死でこらえているのが関の山なのではないだろうか。よって自己受容性感覚は、脳が起きていることを把握するためのあの巧みな信号をいっさい発出しない。信号がなければ爬虫類脳からすれば何もしていないことと同じであり、目からも動いているという情報が脳に伝えられないので、それはより確実になる。しかし、現にあなたは移動中で、前述の内耳の液体は高速な動きや加速によって生じる力に反応し、あなたが移動中で、しかもかなり早いスピードだという信号を脳に送っている。

ここでは、脳が精密に調整された動作検知システムから混在する信号を受け取る事態となっていて、これが乗り物酔いの原因と考えられている。意識的な脳はこの対立する情報を容易に処理できるが、体を調節するより深部の基本的な潜在意識のシステムはこのような体内の問題を処理する方法がわからず、機能不全の原因が何なのか見当もつかない。それどころか爬虫類脳からすると、可能性はただ一つ、「毒」である。自然界の中で体内のはたらきに甚大な影響を及ぼし、ひどい混乱を引き起こしかねないものはそれしかない。

毒は体に悪い。もし体内に毒が入ったと脳が考えた場合、合理的な対応はただ一つ。「吐け、嘔吐反射を起動せよ、急げ」。より進化した脳領域ならよくわかっているのかもしれないが、脳の根本的な領域がいったんそのように動き出してしまうと、それを変えるためにはかなりの努力が必要となる。結局のところ、「そのやり方に従う」ことがほとんど定められているのである。

この現象はいまもって謎が残されている。なぜいつも乗り物に酔うのか？　なぜ一度も酔ったことがない人がいるのか？　そこにはさまざまな外部要因や個人的資質、たとえば利用している乗り物の特性や、特定の動きを感じるときの神経学的傾向などが考えられ、それが乗り物酔いに関係している可能性もある。だがここでは、現時点でもっとも有力な説で締めくくらせていただく。その別の解釈とは「眼振説[3]」である。動きが迷走神経（顔や頭部をコントロールする主要神経の一つ）を奇妙に刺激することによって眼筋（眼球を維持し動かす筋肉）の偶発的な伸張が生じ、それが乗り物酔いを誘発するとされている。いずれにしても乗り物酔いは、脳が容易に混乱に陥り、潜在的問題の解決となると限られた選択肢しかもたないことが原因である。まるで実力以上に出世してしまった上司のように、対処を求められているのに意味のない業界用語でわめき散らすしかないようなものである。

人びとを一番苦しめるのは船酔いらしい。陸地では動いているのがわかる、見ることができるさまざまな風景がある（たとえば行きすぎる木立など）。一方船上では、たいていは海原が広がっているだけで、物体は遠すぎて何の役にも立たず、したがって視覚システムは動きはないという判断をいっそう強める。また船旅では予測不可能な上下運動も加わるため、内耳の液体はさらに信号を連発し、脳をますます混乱させる。スパイク・ミリガンの戦争回顧録『アドフル・ヒトラー　わたしが見た転落の軌跡』には、第二次世界大戦中に船でアフリカに輸送されたとき、彼だけが所属部隊の兵士の中で一人だけ船酔いしなかったとある。船酔いをしない最善の方法を問われたときの彼の答えはただ一言、「木の下に座ってろ」だった。これを証明する研究はないが、この方法でまちがいなく飛行機酔いも防げると思われる。

甘いものは別腹？（脳の複雑でまぎらわしい食習慣と摂食の調整）

食べものは燃料である。体がエネルギーを必要としたとき、人は食べる。必要としなければ食べない。体について考えるときにはこのようにシンプルにあるべきなのだが、まさしくそこが問題なのである。ずば抜けて聡明な私たち人間は、体について考えることができ、現にそうしている。それがありとあらゆる問題や神経症を引き起こすのである。

脳は食べることと食欲の調整に影響を及ぼしており、それは多くの人にとって驚きかもしれない。* そんなことは胃や腸が、おそらくは消化される成分を処理して蓄える肝臓や脂肪から受け取る貯蔵量の情報に基づいてすべて調整しているはずだとお考えだろう。たしかにそれらも一端を担ってはいるが、考えられているほど優位ではないのである。

たとえば胃を考えていただきたい。ほとんどの人が、たくさん食べたときは胃が「いっぱい」になったと感じると言う。胃は消化された食べものが最初にたどりつく体の主要な部位である。食べものを詰め込むと胃は膨らみ、胃の中の神経が脳に信号を送り、食欲を抑えて食べるのを止めさせる。それは完全に理にかなっている。これがよくあるダイエットミルクセーキを食事代わりにするときに用いる仕組みである。(5) ミルクセーキには素早く胃を充たす高密度の物質が含まれており、胃を押し広げ、脳に「満腹」メッセージを送り、ケーキやパイを詰め込まずともすむわけだ。

とはいえ、それは短期的な解決にしかならない。その手のシェークを飲んでから二〇分も経たないう

*それは厳密に言えば一方的ではない。脳が私たちの食べるものに影響を及ぼすだけでなく、わたしたちが摂る食べもの自体も、脳のはたらき方に少なからぬ影響を及ぼす（あるいは及ぼした）ようである。(4) 人間は料理をする方法を発見したことにより、にわかに食べものからはるかに多くの栄養を得られるようになったことを示唆する科学的証拠（エビデンス）がある。おそらく、ひとりの原始人がよろけて仲間と囲んでいたたき火のなかにマンモスの肉を落としたのだろう。その原始人が意を決して棒きれを手に自分の肉片を突き刺して取り出すと、なんとそれはさらに美味で食欲をそそるものに変わっていた。料理された生ものは食べやすく消化もよくなる。食べものの長く高密度な分子が分解もしくは変性するため、噛み砕いて胃や腸を通じて食べものから栄養を摂取しやすくなる。これが急速な脳の発達に結びついたと考えられる。人間の脳は、こと身体上の資源となると要求がきわめて多い器官だが、料理した食べもののおかげでその要求を満たすことができるようになった。強化された脳の発達によりわたしたちはより賢くなり、より巧みに狩りや農耕などを行う方法を発見した。食べものは人間により大きな脳を与え、そしてより大きな脳は人間により多くの食糧を与え、文字通りフィードバックの形をつくりあげたのである。

ちに空腹を感じると多くの人が報告している。その理由は主に、胃から発せられる膨張したという信号が、食事と食欲を調整する手段のごく一部にすぎないからである。それは脳のもっと複雑な活動領域へと続く長い階段の最下部でしかない。そしてその階段はときにジグザグを、ときには螺旋《らせん》をも描いて上へと延びている。[6]

食欲に影響を及ぼしているのは胃の神経だけではない。ホルモンも一役買っている。レプチンはホルモンの一種で、脂肪細胞から分泌され、食欲を減退させる。グレリンは胃から分泌され、食欲を増進させる。脂肪を多めに蓄えていれば、食欲抑制ホルモンが多めに分泌される。逆に胃が空の状態を感知し続ければ、ホルモンを分泌して食欲を増進させる。単純な話でしょう？　しかし、残念ながらそうでもないのである。人びとは食べものを求める度合いに応じてこれらホルモンの割合を増やしてきたかもしれないが、脳はすぐにそれに慣れてしまい、その状態が続けば事実上それを無視するようになる。脳のより優れた能力の一つは、容易に予想がつくことならなんでも無視できるところで、たとえそれがどれほど重要であろうが関係ない（これが戦場でも兵士が眠れる理由である）。

必ず「デザートは別腹」になることをご存じであったろうか？　たったいま牛肉の最高部位を食べた、あるいはゴンドラが沈みそうなくらいチーズが山盛りになったパスタを食べたが、ファッジ・ブラウニーやトリプルアイスクリームサンデーを食べることができる。なぜ？　どうやって？　もし胃がいっぱいならば、物理的にもっと詰め込むなんてできないでしょう？　それは主に脳が責任者として、「いや、まだ食べられる」と判断しているからなのである。デザートの甘さは脳が認め欲する褒美のようなもので（詳細は第八章参照）、そのため「もう空きはない」と告げる胃を脳がねじ伏せる。乗り物酔いのときとは異なり、ここでは新皮質が爬虫類脳の異議申し立てを退けているのである。

なぜこうなるのかのはっきりした理由は解明されていない。最高の状態を維持するため、人間にはかなり複雑な食事制限が必要で、したがってただ基本的な代謝システムに依存して手当たり次第食べるのではなく、脳が割り込んでよりよい食生活にしようと調節しているのかもしれない。脳が介入するのがそれだけだったら、これはなんの問題もないだろう。しかしそうではない。だから問題なのである。

食べることとなると、学習した関連づけは驚くほど威力を発揮する。たとえばケーキが大好きだとしよう。あなたは何のためらいもなくずっとケーキを食べ続けていたが、ある日ケーキを食べると気持ちが悪くなる。もしかしたら中のクリームが腐っていたのかもしれない。アレルギー反応を起こす材料が入っていたのかもしれない。あるいは（これが悩ましいもので）、まったく関係のない原因で食べた直後に気分が悪くなっただけかもしれない。しかし、それを境に脳は関連づけをしてケーキをとんでもないものとみなす。それを目にしただけで吐き気をもよおすこともある。嫌悪の関連性は特に強力で、毒や体に害を及ぼすものを食べさせないよう進化してきたものなので、それを断ち切るのは難しい。かつてどれほど繰り返し食べていようが関係ない。ダメだ！　と脳は言い張る。それに対してできることはほとんどないのである。

とはいえ、それは吐き気をもよおすといった極端なものである必要はない。脳はおよそすべての食にかんする判断に逐一口出ししている。最初の一口は目で食べるというのはご存じであろうか？　脳の多く、その六五パーセントまでもが味覚ではなく視覚に関連づけられている。[7] 結びつきの性質や機能はそれこそ多彩だが、人間の脳にとって視覚が主要な感覚情報であるのは間違いない。対して味覚は、第五章で述べる通り恥ずかしいほど低能である。もし鼻に詰め物をしたまま目隠しされたら、ふつうの人はたいていジャガイモをリンゴと勘違いする。[8] 私たちが認識するものにかんしては、舌よりも目のほうが明らかに大きな影響を及ぼしており、よって食べものの見た目はその美味しさにかなり影響することになり、ゆえに高級レストランでは見た目がすべてなのである。

　習慣も食生活に及ぼす影響は大きい。確認のため「ランチタイム」という語を考えていただきたい。ランチタイムとはいつでしょう？　ほとんどの人が午後一二時から一四時のあいだで答えるだろう。なぜなのか？　もし食べものがエネルギー補給のためだとすれば、世界中の誰しもが、それこそ土木作業員や伐木作業者などの激しい肉体労働者から作家やプログラマーといった軽作業に従事する者まで、どうして同じ時間にランチを食べるのか？　それははるか昔、その時間帯をランチタイムとして誰もが受け入れ、めったにそれに疑問を差し挟まないからである。いったんこのパターンが定着すると、脳はすぐにそれが継続されるはずだと考え、空腹だから食べる時間だと認識するのではなく、食べる時間だから空腹を感じるようになる。どうやら脳は、論理的思考は貴重な資源だから控えめに使うべきものだと考えているらしい。

　習慣は私たちの食生活の大きな部分を占め、いったん脳がものごとを期待し始めると、体もすぐあとに続く。太りすぎの人はもっと規則正しく少なめに食べればいいだけだが、それは言うほど簡単ではない。そもそもなぜ太りすぎたのかには多くの要因があるはずで、やけ食いもその一つだろう。もし悲嘆に暮れていたりうつうつとした気分でいれば、脳はあなたが疲れて消耗しているという信号を体に送る。そして疲れて消耗していた場合、何が必要になるでしょう？　エネルギーである。そしてエネルギーはどうやって摂取するでしょう？　食べものだ！　高カロリーの食べものは、脳の中に報酬と喜びの回路をつくるきっかけにもなる。[9]　これが「元気の出るサラダ」などというものをめったに目にしない理由でもある。

しかし、脳と体がある一定のカロリー摂取に慣れてしまうと、それを減らすのはかなり難しい。短距離走者やマラソンランナーがレース後に体を折り曲げ必死で息を吸い込んでいるのを見たことはないだろうか？　彼らを酸素ばかり吸い込む強欲な連中だと考えたことはあるだろうか？　彼らを訓練が足りない単なる怠け者とか食い意地が張った奴だと言う人はいない。それは食べることにかんしても（健康面では劣るが）同じことが言え、食べものの大量摂取を期待するように体が変化するので、結果としてさらに止めるのが困難になる。そもそもなぜ必要以上に食べてしまい、それが習慣化してしまうのかという明確な理由は、要因となりえるものが多すぎて特定できない。だがこうは言えるかもしれない。手に入るどんな食べものでも手に入るたびに必ず食べるように進化してきた種にとって、食べものが無限にある状態ではそれは避けられないことなのだ、と。

もし脳が食べることを調整しているというさらなる証拠が必要ならば、拒食症や過食症といった摂食障害を考えればおわかりいただける。脳は、身体イメージは食べものよりも重要だ、だから食べものはいらない！　となんとか体を納得させている。これはガソリンは必要ないと車を納得させるようなものである。理屈も通らないし安全でもないのに、困ったことにしょっちゅう起きている。動くことと食べること、この二つの基本的要求は、その過程に脳が介入することで無駄に複雑になっている。しかし、食べることは人生における大きな楽しみの一つである。もしそれを炉に石炭をくべるように行うなら、私たちの人生はずっと味気ないものになるはずだ。結局のところ、脳は自分のしていることをよくわかっているのだろう。

睡眠、とりとめのない夢……さらには痙攣《けいれん》、息苦しさ、または夢遊病（脳と複雑な睡眠の特性）

睡眠とは、文字通り何もしないで横たわった無意識の状態である。それはいったいどういうふうに複雑になるのというのか？

とんでもなく、である。睡眠という眠りの実際の仕組み、つまりそれがなぜ生じ、そのあいだ何が進行しているのかについては、あまり真剣に考えることではないだろう。論理的には完全に「無意識」の状態なので、その最中にそれについて考えるのはかなり難しくもある。残念きわまりない。なぜならそれは数多の科学者を困惑させているのであり、もしもっと多くの人が考えるようになれば、もっと早くそれを解き明かすことができるかもしれないのである。

はっきりさせていただく。睡眠の目的はいまだもってわかっていない！　それはほぼすべての動物種（かなり緩い定義を用いた場合）で観察されており、そこには線虫や一般的な下等寄生性の扁形動物までも含まれる。[10] 中には睡眠のサインをいっさい示さない、たとえばクラゲや海綿動物などもいるが、それらには脳がないので、何かしらしているとは考えにくい。それでも睡眠は、つまり少なくとも活動しない一定の時間は、根本的に異なる幅広い種において認められる。明らかに、深淵な進化的起源を有する重要なものなのだ。水中の哺乳動物は、一回の睡眠で片方の脳だけ眠る方法を進化させてきたが、それは完全に眠り込んでしまうと泳ぎが止まり沈んで溺れてしまうからである。睡眠は「溺れない」ことよりも優先されるほど重要なものなのに、それでもその理由はわかっていないのである。

現存するさまざまな説には、治癒のようなものもある。睡眠を阻害されたネズミは傷の回復が非常に遅く、一般的に睡眠を充分にとっているネズミよりも早死にすることがわかっている。[11] 睡眠は神経的接続の弱い信号の強度を減らし、それを除去しやすくするという説もある。[12] 他にも、睡眠は否定的な感情を和らげる効果があるとの説もある。[13]

さらに奇妙な説の一つに、睡眠が捕食動物から人間を守る手段として進化したというものがある。[14] 捕食動物の多くは夜に活動する。人間は生命を維持するために二四時間動いている必要はなく、よって睡眠は必然的に動かないある程度長い時間をつくりだすので、夜行性の捕食動物に見つかるようなサインや手がかりを与えずにすむという。

現代の科学者たちの愚かさかげんにあきれる人もいるかもしれない。睡眠は休養のためである。そこで日中の激しい活動から回復し、ふたたび活力を取り戻すための時間を体と脳に与える。そしてもちろん、心身が消耗し尽くすような特別なことをした場合、いつもより長めに休むことは、体のシステムを回復させ、必要に応じて補充、修復しやすくする。

しかし、もし睡眠が休養のためだけにあるとしたら、なぜ私たちは、日中レンガを運んでいようがパジャマ姿でアニメ番組を観ていようが、ほぼ必ず似たような長さの時間眠るのか？　当然ながら、その二つの活動は同等の回復時間を必要としない。そして睡眠中の体の代謝活動は五パーセントから一〇パーセント低下するだけである。これはほんの少し「リラックス」しているだけの状態――排気ガスがほんの少し減るからと、運転中に時速八〇キロメートルから七〇キロメートルに減速する程度でしかない。

心身の消耗が人の睡眠パターンを決めることはなく、したがってマラソン中に寝入ることなど滅多にない。睡眠のタイミングと時間はむしろ体内の特殊な作用によって定められた概日リズム〔訳注：生物時計で支配される二四時間周期のリズム〕によって決められている。脳にはホルモン、通称メラトニンを分泌して睡眠パターンを調節し、くつろいだ気分や眠気をもたらす松果体《しょうかたい》がある。松果体は光のレベルに反応する。目の網膜が光を検知して松果体に信号を送り、そこで受け取る信号が多いほど、そこから分泌されるメラトニンは少なくなる（少量だが出てはいる）。体内のメラトニン量は一日を通して徐々に上がっていき、日が沈むと上昇スピードが一気に増す。つまりヒトの概日リズムは日照時間に連動しており、だから私たちはたいてい朝はシャキッとしていて、夜はだらっとしているのである。

これは時差ぼけの仕組みである。異なるタイムゾーンへ旅行すると、日照時間がまったく異なる環境に滞在することになり、脳が午後八時だと考えているときに午前一一時の日光を浴びたりする。人びとの睡眠サイクルはきわめて正確に調節されていて、このような体内のメラトニン値の乱れはそれに狂いを生じさせる。そして睡眠サイクルを「取り戻す」のは考えられているよりも大変である。それは脳と体が概日リズムと連動しているためで、想定されていないとき無理に眠らせるのが難しいのである（とは言ってもまったく不可能ではない）。しかし、二、三日程度の新しい日照時間とリズムできちんとリセットされる。

睡眠サイクルが日光のレベルにそれほど敏感であるなら、なぜ人工の光は睡眠サイクルに影響しないのかと疑問に思われるかもしれない。実際影響するのである。人の睡眠パターンは、人工の光があたりまえになった過去数十年間で大幅に変化しているらしい。さらに睡眠パターンは文化によっても異なる(15)。人工の光を利用できる頻度が低い、あるいは異なる日照パターン（たとえば高緯度の地域）の文化は、その環境に適応した睡眠パターンを示す。

人の中核体温も同様のリズムにしたがって三七度から三六度のあいだで変化している（ほ乳類にとってはこの変動は大きい）。それは午後に一番高くなり、日が暮れるに従って下がる。最高と最低のちょうど真ん中に差しかかった時間が一般的に寝る時間となり、よって一番体温が低いときは寝入っている。だから私たちは眠っているとき、自分の体を毛布で保温するのだろう。なにせ起きているときよりも冷えているのである。

睡眠が休息とエネルギー維持のためだけにあるという前提に異を唱えるため、冬眠中の動物の睡眠が観察されている(16)。つまり、すでに無意識の状態にある動物というわけである。冬眠は睡眠と同じではなく、代謝と体温はずっと低くなり、持続時間も長く、まさに昏睡状態に近い。しかし、冬眠動物は周期的に睡眠状態に入る。つまり眠るためにより多くのエネルギーを使う！　睡眠は休息のためだという考え方では明らかにすべてを説明することはできない。

これは特に脳にあてはまり、脳は睡眠中に複雑な動きを見せる。簡単に言うと、睡眠にはいまのところ四つの段階が存在する。REM《レム》睡眠と三段階のNREM《ノンレム》睡眠（第一段階のノンレム、第二段階のノンレム、第三段階のノンレム。これは神経学者連中にしては珍しく、一般人にもわかりやすくしている例）である。三つのノンレム段階は、脳が各段階で示す活動の種類によって区別される。

多くの場合、脳の異なる領域がそれぞれの活動パターンを同調させ、結果として「脳波」と呼ばれるものが生じる。もし他人の脳も同調し始めたら、それは「脳波のメキシカンウェーブ」と呼ばれる*。脳波にはいくつかのタイプがあり、各ノンレム段階に見られる特定のものがある。

第一段階のノンレムでは、脳は主に「アルファ」波を示す。第二段階のノンレムでは、「スピンドル」と呼ばれる変わったパターンを示し、第三段階のノンレムでは「デルタ」波が優位を占める。睡眠の段階が進むにつれて脳の活動は徐々に弱まり、さらに進むにつれ、どんどん覚醒しにくくなる。第三段階のノンレム――「深い」睡眠――のあいだは、第一段階のノンレムとくらべ、外部からの刺激、たとえば「起きろ！　火事だ！」という誰かの叫び声への反応はかなり鈍い。とはいえ脳は完全に活動を停止することはない。睡眠中にもやらなければならないことがあるというのも理由だが、何といっても本当に停止してしまったら死んでしまうからである。

そしてレム睡眠がある。このときの脳は起きて気を張っているときに勝るとも劣らず活動している。一つの興味深い（ことによればそら恐ろしい）レム睡眠の特徴に、レム睡眠無緊張症《アトニー》がある。これは運動ニューロンを通じて動きを制御する脳の力が事実上途切れ、動けなくなることだ。これが起きる理由ははっきりわかっていないが、特定のニューロンが運動皮質の活動を妨げる、あるいは運動を制御する領域の感度が鈍り、そのため動きが誘発されにくくなるとも考えられる。発生の理由がどうあれ現実に起きる。

そしてそれはよいことでもある。ＲＥＭ睡眠は夢を見ているときなので、運動システムが機能できる状態にある場合、夢の中の行為を身体的に演じることにもなる。もし夢の中での行動を何かしら覚えていたら、これが避けたいと思う事態であるのはおわかりいただけるだろう。眠っていて周囲の状況に無自覚のときに激しく踊ったり手足を振り回したりするのは、自分自身にとっても、隣に寝ている不運な人にとってもかなり危険な状況となりえる。当然ながら脳は一〇〇パーセント信頼できず、運動麻痺が作用せず自分の夢を実際に演じてしまうレム睡眠行動障害が起きる。それは指摘した通り危険であり、夢遊病などの現象を引き起こすが、それについてはこの後すぐに考察するとしましょう。

　他にも一般の人にとってより身近であろう謎の突然の不調がある。一つは睡眠中に不意に体がピクっと動く入眠時ぴくつき《ジャーキング》という現象である。寝ている最中にいきなり落下する感覚に襲われ、痙攣が起きる。これは子どもに多く、成長するにつれ徐々に減っていく。ジャーキングは、心配ごとやストレス、睡眠障害などに関連づけられているが、総体的に規則性なく発生しているようである。中には、それは眠りに落ちるのを脳が「死にそう」だと勘違いし、慌てて覚醒させようとしているのだとする説もある。しかし、脳は私たちを眠らせるために関与する必要があるので、これではつじつまが合わない。それは人間が木の上で眠っていたころの進化のなごりであって、突然の傾きや末端にいる感覚は落下の予兆であり、脳がパニックを起こしてたたき起こすという説もある。あるいはそんなものとはまったく違う理由かもしれない。子どもに多いということは、脳がまだ発達段階にあり、結びつきが構築され、処理過程や機能の不具合が修正されている最中だからだろう。多くの点で、脳が用いるこれほど複雑なシステムでは、欠陥やよじれすべてを完全に取り除くことはできず、よってジャーキングは大人になっても続

＊これは冗談。とりあえず。

く。もし本質的に無害であるならば、それは全体として見る限りちょっと奇妙である。[17]

同様にほとんど無害だが、そう感じられないのが睡眠麻痺である。何らかの理由で、脳は意識が戻ったときに運動システムに切り替え忘れるときがある。これが起きる明確な原因や経緯はわかっていないが、有力な説は、睡眠状態の規則性が乱されることに関連づけたものである。睡眠の各段階はさまざまなニューロンの活動によって制御され、睡眠の規則性は異なる一連のニューロンによって制御される。異なる活動がスムーズに切り替わらず、したがって運動システムを再起動させるニューロンの信号が弱すぎる、でなければそれを停止させるニューロンの信号が強すぎるか長すぎて、運動システムが回復しないまま意識を取り戻す可能性が考えられる。REM睡眠中に動きを止める原因がなんであれ、完全に目覚めたときもその状態のままなので動くことができない。[18]いったん目覚めるとそれ以外の脳の活動がふだん起きている状態に回復し、睡眠システムの信号を押さえ込むので、ふつうこれは長く続かないが、その最中は恐ろしいことだろう。

この恐怖も無関係ではなく、睡眠麻痺から生じる無力感や脆さが強烈な恐怖反応を誘発する。この仕組みについては次章で述べるが、それは危機に直面している幻覚を引き起こすほど強く、部屋に他人の気配を感じさせることもあり、異星人に誘拐される話やスクブス［訳注：眠っている男性と性交をする女の悪魔、夢魔］伝説はそこから来ていると考えられている。睡眠麻痺を経験する人の多くは、ごくたまに短時間そうなるだけだが、中には習慣となり執拗に悩まされる人もいる。それはうつ病や類似の疾患に関連づけられており、脳の処理の根本的な問題が疑われる。

これよりももっと複雑だが、睡眠麻痺に関連づけられることが多いのが夢遊病である。これもやはり睡眠中の脳の運動制御を止めるシステムに行き着くが、こんどは逆で、システムは強力ではなく、調和も充分に取れていない。夢遊病は子どもに多く見られるため、科学者は運動制御システムがまだ充分発達しきっていないためという説に偏りがちである。中枢神経系の発達不足を推定原因（あるいは少なくとも関与している）とする研究も複数ある。[19] 夢遊病には遺伝性が認められ、特定の家族により頻繁にみられるため、このような中枢神経系の発達不足には遺伝的要素が隠れている可能性もある。とはいえ夢遊病は、ストレスやアルコール、薬物治療などの影響により大人にも起こりえるので、そのいずれか、あるいはすべてがこの運動制御システムに作用しているとも考えられる。夢遊病はてんかんの異形、もしくはその発現で、当然それは制御不能あるいは混沌とした脳活動の結果であるとの説もあり、それはこの事例においては理にかなっているように思える。しかし、それがどのように説明されようと、脳が睡眠を取ると運動制御機能が乱れるというのは例外なく恐ろしいことである。

しかし、そもそも脳が睡眠中にこれほど活動していなければこれは問題にならないのではないか？だったらなぜそうしているのか？　そこで何をしているのか？

活発に活動しているREM睡眠段階には可能性として考えられるいくつかの役割がある。その主要な一つは記憶に関係する。根強い説は、REM睡眠中、脳は記憶の強化と整理、維持管理を行っているとするものである。古い記憶は新しい記憶に結びつけられ、新しい記憶はそれを強化し利用しやすくなるよう活性化され、かなり古い記憶は、それへの接続が完全に失われないよう刺激される。この処理は睡眠中に行われるが、おそらくそれはものごとを混乱させ複雑にする外部からの情報が脳に入ってこないからだろう。車が行き交っているまさにその道路で舗装工事をしているのに出くわすなんてことは間違ってもない。それと同じ理論がここにもあてはまる。

しかし、記憶の活性化と維持は、実質的にそれらを「追体験」させる。かなり古い経験とつい最近心に思い浮かべたことがすべていっしょくたに混ぜ合わされる。そこからもたらされる一連の経験には決まった順番や論理的な体系はなく、そのため夢はいつも現実離れした奇妙なものとなる。別の説によれば、脳の注意と論理をつかさどる前頭部がある種の論理的解釈をこの無秩序な一連の事象にあてはめようとしていて、だから夢を見ているあいだはそれを現実のように感じ、ありえない状況でもそのときは変だと思わないのだという。

夢が支離滅裂で予測不可能にもかかわらず、ある特定の夢を繰り返し見ることもあり、それらはたいがい何らかの懸念や問題に関係している。実際、もし生活の中である特定のことにストレスを感じていたら（たとえば執筆を約束している本の締め切り日）、たびたびそれを考えることになるだろう。結果として、それについての整理しなければならない新しい記憶が多くなり、よって夢にも頻繁に出てきて、繰り返し登場するようになり、ついには出版社に火をつけて燃やしてしまう夢を何度も見る羽目になる。

別の説によれば、REM睡眠は幼い子どもにとって特に重要で、神経の発達を促し、記憶だけにとどまらず、脳内のすべての接続を補強、強化しているという。これは乳児や幼児が成人よりもずっと多く眠らなければならず（通常一日の半分以上）、REM睡眠がずっと長い（睡眠時間の約八〇パーセントで、対して成人は約二〇パーセント）説明にもなるだろう。成人にもREM睡眠はあるが低レベルで、脳を効率のよい状態に維持している。

さらなる別の説によれば、睡眠は脳の老廃物を除去するために必要不可欠なものである。脳細胞の複雑な処理により、取り除かなければならない多種多様な副産物が生じる。研究によればこの作業は睡眠中に高い割合で起きる。いわば脳の睡眠は、レストランがランチタイムと夜の営業までのあいだ清掃のために店を閉めるようなものだろう。どちらも忙しいことに変わりはないが、やっていることが違うのである。

本当の理由が何であれ、睡眠は脳を正常にはたらかせるためには不可欠である。睡眠を妨害されると、特にREM睡眠が妨げられると、とたんに集中力や問題解決能力が著しく下がり、ストレスレベルが上がって気分の落ち込みが見られ、怒りっぽくなり、総合的な作業能力が落ちる。チェルノブイリとスリーマイル島の原発事故は長時間の勤務で疲弊したエンジニアとの関係性が指摘されており、スペースシャトル、チャレンジャーの惨事もそうだとされている。だから、二日間で三度目の一二時間シフト勤務で睡眠不足の医者が下す長期的に影響のある診断には従わないようにしよう[20]。眠らずにいる時間が長すぎる場合、脳が「マイクロスリープ」を始動し、一回数分、果ては数秒単位で睡眠を貪り始める。しかし、私たちは長い間隔での無意識状態を期待し、活用すべく進化してきたのであり、あちこちで少しずつ眠るだけで間に合わせることは現実的に不可能である。たとえ睡眠不足がもたらす認知的な問題をなんとか全部クリアできたとしても、それは免疫システム不全、肥満、ストレス、心臓障害に関係してくる。

そういうわけで、本書を読んでいて一瞬居眠りしてしまうことがあっても、それは退屈だからではなく、生理的なものである。

よれよれのガウン、はたまた斧で襲いかかる殺人鬼（脳と「闘うか逃げるか反応」）

生きている、呼吸をしている人間として、私たちの生存は生物学的要求——睡眠、食事、運動——を満たすことにかかっている。しかし、これだけが生き延びるために必要なものではない。外の広い世界には数多の危険が潜み、私たちの命を奪おうと待ち構えている。幸いなことに、何百万年もの進化の過程で、人間は潜在的な危険に対処するための高度で信頼の置ける防衛手段を身につけてきた。とびきり優秀な脳が驚くべきスピードと効率でもって調整してくれたおかげである。それればかりか脅威を認知し、集中するのに特化した感情までも獲得した。すなわち、恐怖、である。これの一つの欠点は、脳には本質的に「後悔よりも用心」という姿勢がそなわっているため、たいした根拠がなくてもたびたび恐怖を感じてしまうことである。

思いあたる節がおありかもしれない。おそらくあなたは薄暗い寝室で横になったまま眠れずにいる。すると壁に映る戸外の枯れ木の枝の影が、恐ろしいモンスターの差し伸べる骨張った腕のように見えてくる。次に見えるのはドアの側に立つフードをかぶった人影だ。

それは明らかに友人が話していた斧で人を襲う殺人鬼である。あなたは当然、恐ろしいパニックに陥る。しかし、その殺人鬼は動かない。動けない。なぜなら男は殺人鬼などではなくただのガウンだから。それは寝る前に寝室のドアに自分で掛けておいたものである。

それには理論的な説明のつけようがない。ではいったいどうして明らかに無害なものにそれほど強烈な恐怖反応を示してしまうのか？　ところが脳は、これが無害であることを納得していないのである。

私たちは鋭い感覚を削ぎ落として無菌室の中で暮らせもするだろうが、脳にとっては、死は隣の藪からいつなんどき飛び出してくるやも知れないものなのだ。脳の日々の暮らしは、どう猛なミツアナグマとガラス片でいっぱいの広大な穴の上で綱渡りをしているようなもので、一歩踏み誤れば、瞬時に激しい苦痛と身の毛もよだつ窮地に陥るのである。

このような性向は理解できる。人間はあらゆるところに危険が潜む過酷で荒々しい環境の中で進化してきた。健全に妄想を膨らませ、影（本当に牙があったかもしれない）に跳び上がった者は、生き延びて自分の遺伝子をしっかり継承させることができた。結果として、考えうる脅威や危険にさらされたとき、現代人はその脅威をよりうまく切り抜けるための反射行動を取る一連の（ほぼ無意識内の）反応機能をそなえるようになり、この反射行動はいまも的確にはたらいている（人間としては、ありがたいことだ）。この反射行動が「闘うか逃げるか反応」であり、これは簡潔だがその機能を的確に言い表したみごとなネーミングである。脅威に直面した場合、人は闘うか逃げるかの行動を取ることができるというわけだ。

闘うか逃げるか反応が脳内で始まることはご想像通りであろう。感覚からの情報が脳に届き、脳のいわば中心的なハブである視床に入る。脳を都市にたとえた場合、中心駅が視床で、ありとあらゆる物品がそこに集められ、それから必要とされる場所に運ばれる。[21] 視床は、脳の皮質に位置する高度な意識にかかわる部分と、中脳と脳幹に位置するより原始的な「爬虫類」部分の両方につながっている。非常に重要な領域の一つである。

視床に届く感覚情報はときとして悩ましい。それに慣れていない場合もあるし、慣れてはいるが状況によっては懸念される場合もあるからだ。森の中で道に迷い、うなり声を聞いた場合、それは慣れていない事態である。もし、一人で自宅にいるときに二階から足音が聞こえれば、それには慣れてはいても懸念される事態である。どちらの場合も、これを伝える感覚情報には、「異常事態」のラベルがつけられている。さらなる処理が行われる皮質のより分析的な脳の領域は、この情報を見て「これは心配すべきものなのか?」といぶかしがりつつ、過去に似たような事例がないか記憶を探る。起きている事態にかかわらず、もし安全だと判断するに足る情報がなければ、それは闘うか逃げるか反応を引き起こす可能性がある。

しかし、感覚情報は皮質に加え、扁桃核にも伝達される。そこは強い感情、特に恐怖を処理する脳の領域である。扁桃核では細かい区別立てはしない。何か変らしいと感知するとすぐさま非常警報を発する。より複雑な分析をする皮質にはとうてい望めないほど——風船がいきなり破裂したときのように——素早い反応だ。これが恐怖感覚がほぼ同時に恐怖反応を引き起こし、あとからそれが無害だと認識する処理がなされる理由である。[22]

次に視床下部に信号が送られる。これは視床の真下にあり(よってこの名称)、主に体内で「作用を起こす」役割を担う。前述の比喩を用いると、視床が駅なら視床下部はその外側にあるタクシー乗り場で、重要なものを処理がなされる市街地まで運び入れる。視床下部の役割の一つは闘うか逃げるか反応を始動させることである。視床下部は交感神経系を使って体を実質「戦闘配置」につかせることによってこれを実行する。

ここで疑問を抱かれたかもしれない。「交感神経系とは?」ごもっとも。

神経系を構成する神経ネットワークとニューロンは体中に張りめぐらされており、それにより脳は体を制御でき、体は脳と通信し、脳に影響を及ぼすことができる。中枢神経系――脳と脊髄――は重要な判断が下される場所で、よってその部分は頑丈な骨（頭蓋骨と脊柱）で覆われ保護されている。しかし、多くの主要な神経がこれらの構造から枝分かれし、先へ先へと分岐しながら広がり体のすみずみまで神経支配（器官と組織への神経繊維の供給を表す実際の用語）をしている。脳と脊髄を除いた広範囲に及ぶこれらの神経は、末梢神経系と称される。

末梢神経系は二つの要素で構成されている。随意神経系とも言われる体性神経系があり、それは脳を体の筋骨格系と結びつけ、意識的な動作を可能にしている。もう一つの自律神経系は、人間の機能を維持する無意識の処理すべてを制御しており、そのため主に内臓器官と結ばれている。

しかし、それをもっと複雑にするかのごとく、自律神経系にも二つの構成要素、交感神経系と副交感神経系がある。副交感神経系は体内のより穏やかな処理を維持する役割を担い、徐々に消化を促したり、定期的に老廃物を排泄させたりといった作業をしている。もし人間のさまざまな部位を役者に見立てて連続ホームコメディがつくられたなら、副交感神経はのんびりした性格で、仲間に「落ち着けよ」と言いながらめったにソファから立ち上がらない役だろう。

対象的に交感神経系は驚くほど緊張しきっている。被害妄想でぴりぴりしていて、つねにスズ箔《はく》で自分の体をおおい、誰彼となくCIAについての妄想をわめき散らす。交感神経系は闘うか逃げるか反応システムに分類されることが多いが、それは体が脅威に対処するために駆使するさまざまな反応を引き起こすからである。交感神経系は瞳孔を広げ、より多くの光が確実に目に入るようにすることで危険を見つけやすくする。さらに心拍数を上げ、同時に末梢領域や非必須器官、およびシステムへの血液の供給を減らして（消化や唾液分泌を含む――だから怯えているときは口が渇く）筋肉に流し、闘うか逃げるかのためのエネルギー準備を最大化する（結果としてかなり緊張を感じる）。

交感神経系と副交感神経系はつねにはたらいており、通常は互いにバランスを保ちながら体内のシステムを正常に機能させている。しかし、緊急事態のときは交感神経系が仕事を引き受け、闘争または（たとえるなら）飛び立つ体勢を整える。闘うか逃げるか反応は副腎髄質（腎臓の直上）も始動させるので、体内にはアドレナリンがどっとあふれ出し、それにより恐怖に対するなじみの反応が次々と引き起こされる。緊張、激しい動悸、酸欠のような荒い呼吸、さらには便意までも（自分の命がかかった逃走に余分な「重荷」を運びたくはないだろう?）。

私たちの意識も調節され、潜在的な危険への感度が高まり、恐怖を感じる事態の発生前に対処していた瑣末な問題への集中力が減少する。これは脳がとりあえず危険を警告されたことと、いきなりアドレナリンがあふれたこと、両方の結果であり、いくつかの活動は強化され、その他のものが制限される。[23] 脳の感情的な処理も加速されるが、[24] それは主に扁桃体の関与による。恐怖に直面した場合、人はそれに立ち向かうか、直ちに逃げ出すかの動機づけが必要となり、したがって直ちに言いしれぬ恐怖、または怒りを覚え、それにより集中力を高め、面倒な「論理的思考」の手間を省く。

潜在的な脅威に直面した場合、脳も体もそれに対処するため強化された意識と体勢に素早く切り替わる。しかし、問題はこれが「可能性」だという点だ。闘うか逃げるか反応がはたらき出すのは、実際にそれが必要かどうかわかる前なのである。

これもまた理にかなう。多分トラかもしれない何かから逃げた原始人のほうが、「少し待とう、そうすればわかる」と言った者よりも生き残り、子孫を残してきたはずである。前者は部族のもとに無傷で戻り、一方後者はトラの餌食である。

これは野生で生き延びるための戦略としては役立つが、現代人にとってはかなりやっかいである。闘うか逃げるか反応には実際強引な身体的処理がともない、そしてそれらの影響が消えるまでには時間がかかる。血液中に増えたアドレナリン一つにしてもそうで、風船がいきなり破裂するたびに全身が戦闘態勢に入るというのはむしろ不便でしかない[25]。闘うか逃げるか反応に必要とされる緊張状態と臨戦態勢をすべて整えても、必ずしもそれが必要でなかったことに即座に気づくこともある。しかし、張り詰めた筋肉や激しい鼓動などの状態はそのままであり、これは全力疾走や侵入者との取っ組み合いで和らげなければ、緊張が高まりすぎて、痙攣や筋肉の張り、震え、その他さまざまな好ましくない現象を引き起こす。

それに加え、感情的にも敏感になっている。怖がる、あるいは怒る準備ができてしまった人は、それを一瞬で切り替えることはできず、したがって不当な相手に向けられることがよくある。緊張でぴりぴりしている人に「リラックス」と声をかけて、どんな結果を招くか試してみればおわかりいただけるだろう。

闘うか逃げるか反応の身体的な側面は問題の一部にすぎない。危険と脅威を見つけ出し集中することに慣らされる脳はますます問題となる。第一に、脳は現在の状況を考慮に入れ、危険にいっそう敏感になる。もし薄暗い寝室にいれば、脳はよく見えないことを意識し、よって疑わしい物音がしないか耳をそばだてる。そして夜間は静かだとわかっているので、発生するどんな物音でも相当の注意を引くことになり、体内の警報システムが引き起こされやすくなる。また、脳が複雑だということは、いまや人間は、予測や推論、想像する能力をもち、起きていないことや存在しないもの、たとえば斧をもつ殺人鬼のガウンを恐れたりできるのである。

第三章で、脳が日常生活の中で恐怖心を利用し、処理する複雑怪奇な方法について詳しく考察する。人間の意識的な脳は、生きるために必要な基本的処理を監視していない（しばしば混乱させている）とき、危害を受けるかもしれない行為を思いつくのがものすごく得意である。そしてそれは肉体的な危害である必要すらない。困惑や悲嘆といった実体のないもの、肉体的には損傷を受けないがなんとしてでも避けたいものでもよく、だからまったくの可能性でしかないものでも闘うか逃げるか反応を作動させるには充分なのである。

第二章　記憶の贈り物（レシートは取っておけ）

人間の記憶システムとその奇妙な特性

「記憶《メモリ》」という言葉は最近よく聞くが、たいていは技術的な意味合いである。コンピューターの「メモリ」は誰でも理解できる平凡な概念――情報の収納場所だ。携帯のメモリ、iPodのメモリ、USBフラッシュドライブさえも「メモリースティック」と言われる。棒《スティック》きれくらい単純なものはそうそうないだろう。だからコンピューターメモリとヒトの記憶が機能的におおよそ同じだと考える人がいても仕方がないと思われるかもしれない。情報が入ってきて、脳がそれを記録し、それを必要とするときにアクセスする。ご名答？

はずれである。データと情報はコンピューターのメモリに記録され、必要とされるまでそのまま維持され、取り出されるときには技術的な不具合を除いて最初に保存されたときとまったく同じ状態である。ここまでは論理的である。

しかし、もしコンピューターが、そのメモリに保存されている一部の情報が他の情報よりも重要であると判断して、しかもその理由が決して明かされないとしたら？　あるいは、コンピューターがまったくでたらめな方法で情報をファイルするため、もっとも基本的なデータを探し出すのにそれらしきフォルダやドライブを手当たり次第検索しなければならないとしたら？　あるいは、コンピューターが自分だけの気恥ずかしいファイル、たとえばかわいいクマのキャラクターのケアベアをモデルにしたポルノまがいの二次創作のファイルを要求されてもいないのに勝手にどんどん開いていったら？　あるいは、コンピューターがあなたの保存した情報が気に入らないからと、あなたに代わって自らの好み通りに変更するとしたら？

コンピューターがこういったことすべてを四六時中やっていたとしたら。そんな装置は電源を入れてものの三〇分で会社の窓から投げ捨てられ、三階下のコンクリートの駐車場に叩きつけられているであろう。

しかし、脳はこういったことすべてをあなたの記憶でやっている、しかも四六時中。コンピューターであれば新しいモデルに買い換えるか、不良品を店に突き返し、それを薦めた店員を罵倒することもできるが、わたしたちは基本的に自分の脳を使い続けるしかない。電源を入れ直してシステムをリブートすることすらできない（睡眠が該当しないのは前章で考察ずみである）。

これは、多くの現代の神経科学者たちに向かってなぜ「脳はコンピューターみたいなもの」と言ったほうがいいのかの一例に他ならない。もしあなたが、なんとか腹立ちをこらえつつも、怒りで体が震えているのを見て楽しみたいのならばだが。なぜならこれはあまりにも過度に単純化した、誤解を招く対比だからであり、記憶システムはその見本のようなものなのである。本章では、脳の記憶システムのひときわ不可解で興味深い性質を考察していこう。私はそれらを「記憶可能」なものとして述べてはいるが、記憶システムの複雑怪奇さを考えれば保証などできたものではない。

何しにここに来たんだっけ？（長期記憶と短期記憶の分かれ目）

誰しも身に覚えがあるのではないだろうか。ある部屋で何かしていて、ふと別の部屋にあるものを取ってこなければならないことを思い出す。そしてそこへ向かう途中、何かがあなたの気を散らす――ラジオの曲とか、誰かが何かおもしろいことを言ってきたとか、ずっと気になっていたテレビ番組のストーリー展開の謎が解けたとか、その他もろもろ。それが何であれ、目的の場所に着いたはいいが、何しにそこに行ったのかすっかり忘れている。それはもどかしいし、癪に障るし、時間の無駄だ。そしてそれは、脳が記憶を処理する驚異的な複雑さがもたらす数々の奇行の一つでもある。

多くの人が記憶の分類として一番よく知っているのは短期記憶と長期記憶だろう。両者はかなり異なるが、それでも相互に依存し合っている。どちらも名称が的を射ている。短期記憶は長くても一分しかもたず、一方で長期記憶は一生残る場合もあり、実際残っている。前日、あるいはほんの数時間前の出来事を指して「短期記憶」と言うのは誤りで、それは長期記憶である。

短期記憶は長くはもたないが、情報を実際に意識的に操作し処理している。要は現在考えていることである。私たちがものを考えられるのはそれらが短期記憶の中にあるからで、それが短期記憶が存在する所以である。長期記憶は大量のデータを提供して私たちの思考を支えるが、実際に考える作業をしているのは短期記憶である（このため意図的に「作動」記憶と呼ぶ神経科学者もいるが、それには基本的に短期記憶の他に二、三の過程が加わる。それについてはのちほど考察しよう）。

　短期記憶の容量が非常に少ないことには多くの人が驚くであろう。現時点の研究によれば、短期記憶は平均して一度に最大四つの「項目」まで保持できるという[1]。もし単語リストを渡され覚えるように言われたら、四つの単語だけは覚えられるというわけである。これは、事前に見せたリストから単語や項目を思い出すよう指示した場合、確実に思い出せたのは平均すると四つに限られるという多数の実験結果に基づく。長いあいだ、その容量は七、プラスマイナス二と考えられていた。これは「マジックナンバー」、あるいはジョージ・ミラーの一九五〇年代の実験から導き出されたことから「ミラーの法則」と呼ばれていた[2]。しかし、論理的再生や実験の方法が再評価されてからは、実際の容量はむしろ四項目となるデータが示されている。

　この「項目」というあいまいな用語を使うのは、私の研究不足からだけではない（そう、それだけではない）。短期記憶の項目には実にさまざまなものが挙げられる。ヒトは限られた短期記憶の容量をうまくごまかし、使える記憶スペースを最大化する方法を発達させてきた。その一つが「チャンキング」と呼ばれる複数のものを一個の項目として一括りにする、つまり「塊《チャンク》」に分けて短期記憶の容量をより有効に活用する処理である[3]。もし「匂いがする」、「母さん」、「チーズ」、「の」、「おまえの」という単語を記憶するように言われたら、それは五つの項目になる。しかし、もし「おまえの母さんチーズの匂いがする」という文を記憶するよう言われたら、それは一つの項目になるし、実験者とけんかにもなりえる。

　対照的に、わたしたちは長期記憶の容量の上限を知らない。なぜなら誰もそれをいっぱいにするまで長生きしていないからである。しかし、莫大な大きさだというのはわかっている。ではなぜ、短期記憶はそれほど限定されているのだろうか？　一つには常時使われているということがある。私たちは起きているあいだじゅうずっと（ときに寝ているあいだも）、あれこれ経験し、考えているのであり、つまり情報が驚くほどのスピードで行き交っている。これは安定性と秩序が求められる長期的な収容に適した場所ではない――混雑する空港の入口に自分の保管箱やファイルを一式置いておくようなものだろう。

もう一つの要因は、短期記憶が「物理的」基盤をもたないことである。短期記憶は神経細胞《ニューロン》に特定の活動パターンとして記憶される。説明するとこうである。「ニューロン」とは脳細胞、つまり「神経」細胞の正式名称で、神経系全体の基盤をなすものである。一つひとつがいわば極小の生物学的プロセッサーで、他のニューロンと複雑なつながりを築くとともに、その構造を支える細胞膜上で電気的活動を通じて情報を受け取り、生成することができる。つまり短期記憶は、前頭葉の背外側前頭前皮質など、特定の役割を担う領域のニューロン活動を基盤にしているのである。[4] より高度な「思考」の類の多くが前頭葉で行われていることが脳スキャンにより判明している。

情報をニューロン活動のパターンとして保存するのは少々やっかいだ。言うなれば、買い物リストをカプチーノの泡に書くようなものである。泡は数秒間文字の形を保持できるので、理屈からすれば不可能ではない。しかし長期間は無理で、現実的に保存には使えない。短期記憶は素早い処理と操作を行うためのもので、絶え間なく情報が流れてくるため重要でないものは無視され、すぐに上書きされるかそのまま忘れ去られる。

これは万全のシステムではない。かなり頻繁に、重要なものが正しく処理される前に短期記憶からはね飛ばされてしまい、よって「何しにここに来たんだっけ？」といった状況に陥る。加えて、短期記憶は新しい情報や要求の爆撃を浴び続けているうちに負荷がかかりすぎて、特定のものにいっさい集中できなくなることもある。誰もが聞いてもらおうとわめき立てる中で（子どものパーティーや喧々諤々の会議など）、突然「こんなんじゃ考えられない！」と叫び出す人を見たことはないだろうか？　まさにその通りで、短期記憶にはそこまでの作業負荷に耐えられるほどの能力はそなわっていないのである。

　ここで当然疑問がわき上がる。もし考える場所である短期記憶の容量がそれほど少ないならば、いったいどうやってものごとをまともに進められるのか？　なぜ片手で数を数えようとしてうまくいかず座り込む羽目にならないのか？　幸いなことに、短期記憶は長期記憶と結びついていて、それがかなりプレッシャーを取り除いてくれているのである。

　プロの通訳者を考えていただきたい。ある言語の長く詳細なスピーチを聞きながら他の言語に同時通訳する人である。これは明らかに短期記憶の力量を超えることではないか？　実はそうではない。もしいまその言語を学んでいる最中の相手に同時通訳を頼んだとすれば、もちろん、それはたいへんな重荷だろう。だが通訳者にとって、対象言語の単語と構造はすでに長期記憶に保存されている（脳には言語専用の領域まである。ブローカ野とヴェルニッケ野などだが、それについては追って考察する）。短期記憶では語順と文の意味を処理しなければならないが、これはなんとかなる類のもので、とりわけ練習を積むことによってできるようになる。この短期記憶と長期記憶の相互作用は万人共通である。サンドイッチを食べようとするたびにサンドイッチが何かを学び直す必要はないが、キッチンに着いたときにはそれを食べようとしていたことを忘れてしまったりするのである。

情報が長期記憶として定着するにはいくつかの方法がある。意識的なレベルでは、たとえばたいせつな人の電話番号など、対象となる情報を練習《リハーサル》することで短期記憶を確実に長期記憶にすることができる。それを何度も繰り返して覚え込むというわけだ。これが必要なのは、長期記憶が短期記憶のような暫定的な活動パターンではなく、シナプスによって維持されるニューロン同士の新しい接続を基盤にしており、覚えておきたい対象を繰り返すなどの何らかの行為でその結びつきが強められるからである。

ニューロンは体から脳へ、またはその逆へ情報を送るため、その先端から末端へと「活動電位」と呼ばれる信号を伝える。じっとり湿ったケーブルの中を電気が流れているようなものである。通常、鎖状の多数のニューロンが神経を構成し、信号をある地点から別の地点へと伝搬する。したがって信号がどこかに到達するためには、あるニューロンから隣のニューロンへ移動しなければならない。二つ（もしくは複数）のニューロンを結合させるのはシナプスである。それは物理的に直接つながっているのではなく、実際には一つのニューロンの終端と次のニューロンの先端にはごくわずかな隙間がある（多くのニューロンには、さらに混乱させるかのごとく複数の先端と末端がある）。活動電位がシナプスに到達すると、鎖状の先頭に位置するニューロンがシナプスに向かって神経伝達物質である化学物質を放出する。これらがシナプスを移動し、受容体を経て別のニューロンの細胞膜と相互作用する。神経伝達物質が受容体と相互作用すると、そのニューロンの中で新たな活動電位が誘発され、それが次のシナプスへと移動し、そして次また次へと繰り返される。神経伝達物質には多様な種類があり、それについても追って考察していこう。実質的にそれらが脳のあらゆる活動の基礎をなし、それぞれの神経伝達物質には特定の役割と機能がある。さらにそれらを認識し、相互作用するための特定の受容体もあり、さながら正しい鍵やパスワード、指紋、あるいは網膜スキャンが提示されて初めて開くセキュリティドアといったところである。

シナプスは脳において実際の情報が「保持」される場所だと考えられている。ハードドライブ上の1と0の特定の並びが特定のファイルを示すように、ある特定の場所の特定のシナプス群が一つの記憶を表し、それらのシナプスが活性化されたときにその記憶を認識する。よってこれらのシナプスが特定の記憶の物理的な形状となる。紙に描かれた特定のパターンがそれを見たときに知っている言語として意味をもつものになるのとまさに同じで、特定のシナプス（一つまたは複数）が活性化されたときに、脳はこれを一つの記憶として解釈する。

このようなシナプスの形成で新しい長期記憶がつくりだされることを「符号化《コーディング》」と呼ぶ。記憶が実際に脳に保存される過程である。

符号化は脳がかなり迅速に行えるものではあるが、瞬時ではなく、そのため短期記憶が情報を保存するためには、持続性はないがより素早い活動パターンに頼ることになる。それは新しいシナプスを形成せず、基本的には多用途のシナプス群を誘発するにとどまる。短期記憶で何かをリハーサルすることでそれを「活発」に保ち続け、長期記憶として符号化するのに充分な時間を与えるのである。

しかし、この「何かを覚えるまで繰り返す」方法だけがものごとを記憶する手段ではない。当然ながら、私たちは覚えるために一つ残らずそうしてはいない。その必要もない。私たちの体験するおよそすべてのことが、何らかの形で長期記憶に保存されていることを示す有力な科学的根拠（エビデンス）もある。

ヒトの感覚とそれに付随する感情や認知的な情報はすべて側頭葉の海馬に伝達される。海馬は絶え間なく流れ込む感覚情報を「個別」の記憶にまとめる、非常に活発な脳の領域である。豊富な実験上のエビデンスによれば、海馬は実際に符号化が行われる場所である。海馬に損傷を受けた人は新しい記憶を符号化できないようで、またつねに新しい情報を学び覚えなくてはならない人は驚異的に大きい海馬をもち（たとえばタクシーの運転手は、空間記憶とナビゲーションを処理する海馬の領域が拡大している。これについても追って考察していこう）、それへの依存度やその活動がきわめて高いことが示唆される。複数の研究では、新しく形成された記憶の「タグづけ」まで行われ（ニューロン形成に使われるタンパク質の検出可能な種類を注入するなどした複雑な処理）、それらが海馬に集中していることが判明した。[3] これはリアルタイムで海馬の活動を検証するのにも使われる最新のスキャニング実験はまったく含んでいない。

新しい記憶は海馬でとどめ置かれ、それらの「背後」に新しい記憶が形づくられていくにつれて徐々に押し出されるようにゆっくりと皮質に移動していく。この符号化される記憶のゆるやかな強化と補強の過程を「固定化《コンソリデーション》」と言う。したがって、覚えるまで繰り返すという短期記憶の方法は、新しい長期記憶の形成に必要不可欠ではないまでも、情報固有の配列を確実に符号化するためにしばしば重要になる。

仮にそれを電話番号だとしてみよう。これは長期記憶にすでに符号化されている単なる数字の羅列である。なぜそれをまた符号化しなければならなかったのか？　それは電話番号を繰り返すことによって、この特定の数字の羅列は重要なもので、一つの専用の記憶として長期保存されるべきものだという注意喚起になるからである。反復は短期記憶が情報の一部を抜き出し、「緊急！」というラベルをつけてからファイリングチームに送るようなものなのだ。

それでは、もし長期記憶がすべての情報を保持しているとしたら、どうしてこうも忘れてばかりいるのでしょう？　いい質問である。

一般的な見解によれば、忘れられた長期記憶は、脳を物理的に破壊する外傷がなければ、厳密には変わらずに脳内に残っている（てことは、友人の誕生日を思い出せないのはたいした問題ではなさそうだ）。しかし、長期記憶を役立てるには三つの段階を踏む必要がある。つくられること（符号化される）。効率的に保持されること（まずは海馬に、それから皮質に）。そして想起されること。もし記憶を想起できなければ、そこにまったく存在しないも同然である。手袋が見つからないけれども手袋はもっていて、どこかにあるはずで、でもいずれにせよ手は冷たいままなのと同じことである。

記憶によっては他よりも際立つために想起しやすいものもある（より重要、関係が深い、強烈など）。たとえば強い感情的愛着があるもの、結婚式当日やファーストキス、あるいは自動販売機から一袋分の代金で二袋のポテトチップスが出てきたなどの記憶は一般的に思い出すのが簡単である。出来事そのものに加え、そこには同時進行の感情や思考や印象もある。これらすべてが脳内でこの特定の記憶へのリンクを次々と築き上げ、前述の固定化の過程でそれにさらに多くの重要性が付加され、それへのリンクが増えるため、より簡単に想起できるようになる。反対に、重要な関連づけがわずかしかない、あるいはまったくない記憶（たとえば何の変哲もない四七三回目の通勤）は最小限の固定化しかなされないため、想起するのが格段に難しくなる。

脳はこれを一つの生き残り戦略の手段としても活用している――悩ましいものであるにもかかわらず。悲惨な事故の被害者はしばしば「フラッシュバルブ（閃光）」記憶に苦しむ。自動車事故や凶悪犯罪の記憶が鮮明なため、そのあともずっとそれが繰り返し思い浮かんでくるというものだ（第八章参照）。心的外傷を受けたときは極度の緊張状態にあり、脳と体にはアドレナリンがあふれ感覚と意識が研ぎ澄まされているため、記憶は強烈に刻み込まれ、生々しく心の底からわき上がるものとして残る。あたかも脳が貯蔵庫から恐ろしい出来事を取り出してきて、「これをご覧。これは恐ろしい。忘れるな。こんな目には金輪際、二度と遭いたくないだろう」と告げているようなものだ。困るのは、記憶があまりにも鮮明すぎるため混乱を引き起こしてしまうことである。

しかし、記憶は単独では形成されない。したがって日常の平凡な出来事でさえ、それが記憶された状況はその想起を促す「きっかけ《トリガー》」としても利用できることが、一風変わった数々の研究によって明らかにされている。

その一つの実験では、研究者らは被験者を二つのグループに分け、ある情報を学習させた。一方のグループは通常の部屋で、もう一方はフル装備のスキューバースーツを着て水中で学習した[6]。その後双方のグループは学習した情報について、同じ場所またはもう一方の場所のもとで試された。学習した場所と試験の場所が同じ被験者は、学習した場所と試験の場所が異なる被験者よりかなり成績がよかった。水中で学習し、水中で試験を受けた被験者は、水中で学習し普通の部屋で試験を受けた者よりもずっと得点が高かったのである。

水中であること自体は学習した情報とは何の関連もなく、同じだったのは情報を学習させられた状況であり、これが記憶にアクセスする際の大きな助けとなる。情報を学習した記憶の多くに当時の状況が刻み込まれるので、同じ状況に身を置くことは、実質的に記憶の一部を「活性化」させるのと同じことになり、それを想起させやすくする。言葉当てゲームで複数の文字をヒントで見せるようなものだろう。

ここで指摘しておかなければならないのは、自分の身に起きた出来事の記憶だけが記憶ではないということだ。記憶には「エピソード記憶」、または「自伝的」記憶と呼ばれるものがあり、それは読んで字の通りである。さらに他にも「意味」記憶があり、それは基本的に文脈のない情報についてである。たとえば光は音よりも高速で進むと覚えていても、それを学習したときの物理の授業は覚えていないだろう。フランスの首都がパリだと覚えているのは意味記憶で、エッフェル塔にうんざりしたときを覚えているのはエピソード記憶である。

加えてこれらは自覚して意識する長期記憶である。考えずともできる能力、たとえば車の運転や自転車に乗るといった意識する必要のない類の長期記憶もある。これらは「手続き」記憶と言われるが、これについては深追いしないことにする。なぜなら考え始めてしまったら、それらを使うのが難しくなる恐れがあるからだ。

総括すると、短期記憶は素早く操作が容易ではかない。対して長期記憶は持続性、耐久性があり容量も大きい。こういうわけで、学校で起きた愉快な出来事などはずっと覚えていられても、部屋に向かったはいいが、少しでも気がそれると、そこに着いたときには何しに来たのか忘れているのである。

やあ、……きみじゃないか！　ほら……、あれ……あのときの（名前よりも先に顔を思い出す仕組み）

「同じ学校だったあの女の子覚えてる？」

「どんな子だった？」

「あの背の高い女の子よ。ダークブロンドだったけど、あれは染めてたわね、ここだけの話。親が離婚するまでここの隣の通りに住んでて、お母さんのほうがジョーンズさん一家がオーストラリアに移住する前に住んでたアパートに引っ越したのよ。彼女の妹はあんたのいとこと仲良かったわよ、彼女が町から来た男の子どもを妊娠しちゃうまでわね。当時ちょっとしたスキャンダルだったじゃない。いつも赤いコートを着てたけど、ちっとも似合ってなかったわ。誰のことかわかるでしょう？」

「彼女の名前は？」

「わからない」

私は母親や祖父母や他の家族らとこのような会話を嫌と言うほど繰り返してきた。もちろん、彼らの記憶力や詳細を把握する能力に問題はなく、ウィキペディアにも引けを取らないくらいの個人データを提供できる。しかし、かなり多くの人びとが人の名前を思い出すのに苦労し、たとえ当人が目の前にいてさえもなかなか出てこないとぼやく。私にも経験がある。結婚式はかなりやっかいなことになる。

これはなぜなのだろうか？　なぜ顔は覚えているのに名前が出てこないのだろうか？　どちらも他人を識別するのに同じくらい有効な手段ではないだろうか？　どういった処理が実際なされているのかを理解するには、人間の記憶の仕組みについてもう少し深く掘り下げる必要があるだろう。

第一に、顔は非常に多くの情報を提供する。表情、アイコンタクト、口の動き、これらはすべて人間がコミュニケーションをとるときの基本の形である。(7)さらに顔の特徴もその人について多くを伝える。瞳や髪の色、骨格、歯並びなど、あらゆるものが人を認識する手がかりとなりえる。そんなこんなで、どうやら人間の脳は、顔の認識と処理を助け、強化するための数々の機能を進化させてきたらしい。たとえば何もないところから顔を見つけ出すパターン認識や一般的傾向などで、これらについは第五章で詳しく考察しましょう。

このようなものとくらべて、人の名前は何を提供するというのだろうか？　当人のバックグランドや文化的起源にかんする手がかりが含まれている可能性もあるが、一般的にはある特定の顔に属すると告げられた情報に基づく二、三の単語、任意の音節の連なり、一連の短い音だけである。それが何かの役に立つとでもいうのだろうか？

先に考察してきた通り、意識的な情報の一つの断片が短期記憶から長期記憶へ移行するには、ふつうは繰り返しとリハーサルが必要となる。だがこのステップはときどき省略され、特にそれがきわめて重要、あるいは刺激が強いものに結びつけられる場合、つまりエピソード記憶が形成されるときなどである。もし出会いがあって、それがいままでもっとも魅力的な人で、一目惚れしたら、その後数週間というものその片思いの相手の名前をつぶやき続けることだろう。

誰かと出会ったとしても、（ありがたいことに）ふつうそうはならず、したがって誰かの名前を覚えようと思った場合、唯一確実なのはそれがまだ短期記憶にあるうちに何度も繰り返すことである。やっかいなのは、この方法には時間も精神力もいることである。「何しにここに来たんだっけ？」で示したように、考えていることはあとから出てくる対処しなければならないことに簡単に上書きされ、置き換えられる。誰かと初めて会ったとき、名前しか告げず他はいっさい語らないのはまれである。たいていは出身地や仕事、趣味やそれにはまった理由などを話すことになる。初対面のときに形式的なあいさつを交わすのは社交上の礼儀とされる（たとえ互いに興味がなくても）。しかし、相手と儀礼的な言葉を交わすたびに、相手の名前は符号化されないまま短期記憶からどんどん押し出されていく。

多くの人は数十人程度の名前を記憶していて、新しい名前を覚えなければならないたびに非常に苦労するとは思っていない。これは聞いた名前とやりとりしている相手を記憶の中で関連づけ、それによって脳の中に相手とその名前との接続が形成されるからである。そしてやりとりが進むにつれ、その相手と名前との接続がどんどん増えていき、そうなると意識してリハーサルする必要がなくなる。つまり、その相手とのかかわりが長くなったことにより、もっと潜在的な意識のもとでそれが行われているのである。

脳には短期記憶を最大限に活用するための戦略が多数ある。同時にたくさんの情報を与えられた場合、脳の記憶システムでは最初と最後に聞いたことを強調する傾向にあるのもその一つである（それぞれ「初頭効果」と「新近効果」として知られる[8]）。よって人の名前は、一般的なあいさつで最初に聞いたとすれば（ふつうそうだろう）、おそらくより重要なものとして扱われる。

他にもある。まだ説明していない短期記憶と長期記憶の一つの違いとして、それぞれが処理する情報の種類に異なる総体的な傾向があることだ。短期記憶は主に聴覚的で、言葉や特定の音で形成される情報の処理に焦点をあてている。これが映画のように一連の映像を思い浮かべるのではなく、むしろ心の中でつぶやき、文や言葉で考える理由である。人の名前は聴覚的情報の一つなので、その語句を聞いて、それを形成する音の観点からそれを考える。

これとは対照的だが、長期記憶も同様に視覚と意味的品質（言葉を構成する音ではなく、その意味）にかなり依存している[9]。よって強い視覚的刺激、たとえば人の顔などは、耳慣れない名前のようなその場限りの聴覚的刺激より長いあいだ覚えていられる可能性が高い。

ごく客観的に見て、人の顔と名前は概して関連性がない。「きみはマーティンって顔してるよ」と誰かが（相手がマーティンという名前だと知ったうえで）言うのを聞いたことがあったとしても、実際には顔を見ただけで正確に名前を言い当てるのはほぼ不可能だ――その名前が額にタトゥーで彫られているなら話は別である（それは忘れようにも忘れられない強烈な視覚的特徴だろう）。

たとえば、誰かの名前と顔がうまく長期記憶に保存されていたとしよう。素晴らしい、お見事。しかし、それは単に半分うまくいっただけにすぎない。次は必要なときにその情報にアクセスできなければならない。そして残念なことに、それは非常に難しいことが実証されている。

脳は接続やリンクが恐ろしいほど複雑に絡み合った、いうなれば私たちが知っている宇宙ほどの大きさのクリスマスツリーに飾り電球がつながれているようなものである。長期記憶はそのような接続、つまりそのようなシナプスの数々で形成されている。一つのニューロンには別のニューロンと結びつく何千ともなるシナプスがあり、脳は何十億というニューロンをもつ。そしてこれらのシナプスは、特定の記憶と、より「実行」的役割を担う領域（合理的思考や判断のすべてを行う部分）、たとえば記憶している情報を要求する前頭皮質とのあいだにリンクがあることを意味する。これらのリンクは、いうなれば脳の思考する領域が記憶に「到達」できるようにする経路である。

特定の記憶がもつ接続が多いほど、そしてシナプスがより「強力」（より活発）であるほど、そこにアクセスしやすくなる。複数の経路や交通手段があるどこかに行くほうが、荒野の真ん中の朽ち果てた小屋に行くより容易なのと同じである。たとえば、長年連れ添ったパートナーの名前と顔は、それこそ何度も記憶に登場するのでつねに思考の最前線にある。他の人びとはこのような扱いはなされないので（交際関係がやや特異でない限り）、その名前を思い出すのがずっと難しくなる。

しかし、脳が誰かの顔と名前をすでに保持していた場合でも、思い出せる人とそうでない人が出てきてしまうのはなぜなのか？　これは脳が記憶を想起する段階で、二重構造のような記憶システムをはたらかせているためである。おかげでよくあることだが、ひどく腹立たしい思いを味わうことになる。つまり、相手に見覚えはあっても、どうやって出会ったのか、何という名前なのか思い出せないというわけだ。これは脳が熟知性と再生を区別しているせいである。[10]　詳しく説明すると、熟知性（つまり再認）とは、誰かに会ったり何かに遭遇したりして、それが以前にもあったことだとわかるときである。しかし、それ以外はいっさい何もわからない。唯一言えるのが、この人やものがすでに記憶にあるということだけである。再生とは、その人物とどうやって知り合いになったのかという当初の記憶にアクセスできることで、再認とは、単に記憶があるという事実を告げることである。

脳は記憶を呼び起こす複数の方法と手段をもっているが、記憶がそこにあるかを確認するためにいちいちそれを「活性化」する必要はない。コンピューターにファイルを保存しようとして、「同じ名前のファイルが既に存在します」と返されたことはないだろうか。それと少し似ている。情報がそこにあるということだけはわかっていて、ただそこまでたどり着けないのである。

そのような仕組みが好都合なのはご想像の範囲であろう。過去に遭遇したものかどうかを確かめるために貴重な脳の力を余分に使わずにすむのである。それに自然界の厳しい現実において、熟知性のあるものはすべて自分を殺さなかったものであり、したがって待ち受ける新たな事態に集中できる。脳がそのように機能するのは進化的に当然である。そして顔は名前より情報量が多いことを考えると、顔のほうがおそらく「熟知性」のあるものになりやすい。

しかし、だからと言って現代人である私たちが非常にもどかしい状況に陥らないわけではない。なにせ折あるごとに、顔を知ってはいてもすぐに名前を思い出せない相手と世間話を交わさねばならないのだ。そこが多くの人になじみがある部分で、再認から完全な再生に変わる地点である。これを「再生閾値[11]」と呼ぶ科学者もいるが、知っていることが増えていき、決定的な段階に達したときにようやく当初の記憶が活性化される地点である。求めている記憶にはそれに結びつけられている他の記憶が複数あり、それらが誘発され、目的の記憶に対する一種の抹消部刺激、いわば低レベルの刺激となる。暗い家が隣家の花火に照らされるようなものと言える。しかし、目的の記憶が実際に活性化されるのは、それが一定のレベル、つまり閾値を超えて刺激されてからになる。

「洪水のようにどっとよみがえってきた」という言い回しを耳にしたことはないだろうか？　もしくはクイズで「舌の先まで出かかっているのに」と思ったすぐあとで突然思い出したということは？　それがここで起きていることである。この再認すべてのもととなった記憶がここにきて充分な刺激を受け、ようやく完全に活性化される。隣家の花火が家人たちを目覚めさせ、彼らが部屋中の電気をつけたため、すべての関連情報がここで利用可能になる。記憶は正式に呼び起こされ、舌の先は雑学的知識の思いもよらない保管場所としてではなく、味を見きわめるいつも通りの業務に専念できるというわけである。

総じて顔は名前よりも覚えやすく、それはより「実体のあるもの」だからである。それにくらべ誰かの名前を思い出すのは多くの場合、ただの再認ではなく、完全再生の状態でなければならない。この説明で、もし私があなたとお会いするのが二度目なのに名前を覚えていなくとも、私が失礼なのではない、とご理解いただけることを祈る。

実際、社会常識からすると、おそらく私は失礼なのである。しかし、いまなら少なくともあなたにはその理由がご理解いただけるはずである。

記憶をよみがえらせるための一杯のワイン（アルコールが実際に記憶を助けるのに役立つ理由）

世間の人びとは酒好きである。そんなこんなで、酒に関係するトラブルは多くの人の現在進行形の問題となっている。それはかなり広範に及び収束の気配はなく、したがってそれに対処するための費用も莫大である。[12] それなのになぜ、そんなに危険なものにそんなにも人気があるのだろうか？

それはたぶん楽しいからである。報酬と喜びを処理する脳の領域からドーパミンが放出されるだけでなく（第八章参照）、奇妙な高揚感を喚起し世の酒好き連中を大いに浮かれはしゃがせる。加えて、飲むのを前提とした社会習慣もあり、祝いの席や友人との交流、一般的な娯楽のほぼ必須のアイテムでもある。このためにアルコールのより有害な影響がずっと見過ごされているというのもおわかりいただけるだろう。たしかに二日酔いはよくないが、互いの二日酔いのひどさをくらべて笑い合うのも友人との親交を深める一つの手段である。それに飲んだときに非常識な行動を取れば、場合によっては（午前一〇時の学校なら、たぶん）深刻な事態になるだろうが、みんなでそれをしたらひたすら楽しいに決まっているではないか？　勤勉さと協調性を求められる現代社会にはなくてはならない息抜き。だから当然、アルコールのマイナス面は、それを楽しむ人にとっては支払う価値のあるものと思われている。

このようなマイナス面の一つは記憶の喪失である。アルコールと記憶の喪失は危うげに手をつなぎ合っている。連続ホームコメディーのお決まりのシーン、独演コメディー、とっておきの逸話にまでなり、たいていは飲んだ翌朝に思いもよらない状況の自分に気づくというオチで、トラフィックコーンや見慣れない服、見知らぬ他人のいびき、暴れている白鳥といった、本来ならば寝室にあらざるものに囲まれている。

そうであれば、この章のタイトルが示すようにアルコールが実際に記憶を助けるなんてことがあるのだろうか？　とりあえず、まずはアルコールが脳の記憶システムに影響を及ぼす理由から考察する必要があるだろう。私たちは、何かを食べるたびに実にさまざまな化学物質を摂取している。なのになぜ、飲んだときのようにろれつが回らない、あるいは街灯の柱ととっくみあいのけんかを始めるといった事態にならないのだろうか？

それはアルコールの化学的性質に起因する。体と脳は、危険性のある物質が体内システムに入り込むのを防ぐさまざまな防衛手段をそなえているが（胃酸や複合的な腸の粘膜、脳内への物質の侵入を防ぐ専用のバリアなど）、アルコール（具体的には飲用タイプのエタノール）は水に溶解し、これらの防衛を楽々すり抜けられるほど小さく、したがって摂取したアルコールは血液を通して体内システムの隅々にまで行き渡る。それが脳内で蓄積したときに、きわめて重要な機能を次々と混乱させるのである。

アルコールは意気消沈させる。(13)　翌朝うつうつとした最悪の気分になるからではなく（とはいえ、なんともまあ、そうなる）、実際に脳神経の活動を弱めるからである。ステレオのボリュームを下げるように脳内の活動を低下させるというわけだ。しかし、そうであればなぜもっと愚かなことをしでかさないのだろうか？　もし脳の活動が低下するなら、酔っ払いはただそこに座り込んでよだれを垂らしているはずではないだろうか？

　もちろん、まさにそうなる酔っ払いもいるが、ヒトの脳が目覚めているあいだじゅう行っているさまざまな処理には、ことを起こすだけでなく、起こさないことも含まれているというのを思い出していただきたい。脳は行動のほぼすべてを制御しているが、わたしたちはすべてを同時にこなすことはできない。したがって脳は多くの場合、特定の脳領域の活性化を抑制し、止めることに専念している。大都市の交通規制の仕組みを思い浮かべていただきたい。それは複雑な作業で、「止まれ」の標識、つまり赤信号にある程度まで依存している。それがなければたちまちのうちに交通麻痺に陥ってしまうだろう。同様に、脳には重要で必要不可欠なはたらきをする領域が無数にあるが、それは必要とされる場合に限られる。たとえば、脚を動かす脳領域は非常に重要ではあるが、会議中にじっと座っていなければならないときは重要とはならない。そのため、脳の他の領域から脚を制御する領域に向かって、「いまじゃないぜ、相棒」と言わせなければならないのである。

　アルコールの影響により、ふだん目眩《めまい》や陶酔感、怒りを抑制あるいは停止させる脳領域の赤信号がかすむか電源が切られる。加えてアルコールは、明瞭な会話や歩行の協調性を制御する領域も停止させる。(14)

　注目に値するのは、より単純で基本的なこと、たとえば心拍などを制御するシステムは奥まった安全な場所にあって頑丈なのに対し、比較的新しい高度な処理はアルコールで容易に混乱し損傷を受けやすいことである。現代のテクノロジーにも同じような性質が見られる。一九八〇年代のウォークマンを階段に落としてもまだ動くかもしれないが、スマートホンをテーブルの角にぶつけたら高額な修理費を支払う羽目になる。高度になるということは結果として脆くなることのようである。

そういうわけで、アルコールと脳の組み合わせにおいては「より高度」な機能が最初にダメになる。社会的束縛、羞恥心などの頭の中から聞こえる「これはちょっとまずくないか」というつぶやきである。アルコールはこれらをあっという間に消し去る。酔っぱらうと本音を漏らしたり、笑いをとるためだけにバカなことをしてしまう。たとえば脳についての本を一冊書くことに同意してしまうなど。[15]

アルコールによって狂わされる最後の（そして多くのことを経なければそこまで到達しない）ものは、基本となる生理的処理、いわゆる心拍や呼吸などである。かなり酔いが回ってその状態に達した場合、心配できる脳の機能は失われているが、本当に本当に心配すべき事態なのである。[16]

これら二つの新旧の機能のあいだに、技術的には基本でもあり複雑でもある記憶システムがある。アルコールは記憶の形成と符号化の主要な領域である海馬を特に混乱させるらしい。そのせいで短期記憶も制限されるが、翌日目覚めたときの悩ましい記憶の空白の原因は、海馬を介した長期記憶の混乱によるものである。もちろん、完全な停止ではなく、記憶はたいてい形成されている。しかし効率が悪く、ずっといい加減なのである。[17]

ここでこぼれ話を一つ。記憶の形成を完全にブロック（アルコール性ブラックアウト）するほど飲酒した場合、たいていの人は泥酔していてまともに話すことも立っていることもできない。だが、アルコール中毒者は違う。彼らは長いあいだ大量に飲み続けているため、体と脳がつねにアルコールを処理し、さらにはそれを求めるように変化しており、平均的な人が持ち堪えられるよりもはるかに大量のアルコールを摂取していても、（一応は）まっすぐ立ち理解できる程度の会話ができる（第八章参照）。

そうとはいえ、摂取したアルコールが当人の記憶システムに影響を及ぼすことに変わりはなく、頭の中が存分に酒に浸されれば、その耐性のおかげでふつうに話し振る舞いながらも記憶の形成が完全に「停止」する。傍からはまったく問題なさそう見えるが、一〇分後には自分が何を話し、何をしていたのかの記憶がいっさいなくなる。言ってみれば、ビデオゲームのコントローラーから離れ、誰かがそれを引き継いだようなもので、ゲームを眺めていた人には同じに見えても、最初のプレーヤーには自分がトイレに行っているあいだの経緯がまったくわからないというわけである。[18]

アルコールが記憶システムを混乱させるのは間違いない。しかし、非常に特別な状況においては、実際に記憶を助けるのに役に立つ。これは状態に特化した想起として知られる現象である。

外部の状況が記憶の想起に役立つことはすでに述べた。そのため、記憶が取得されたときと同じ環境にいるほうが記憶を呼び起こしやすい。器用なことに、これは体内の状況、すなわち「状態」にもあてはまり、よって状態に特化した再生機能がはたらく。[19]簡単に言うと、アルコールや覚醒剤などの脳の活動を変化させる物質は、特定の神経学的状態をもたらす。脳が突如として、そこらじゅうを洗い落として回る破壊的な物質に対処しなければならなくなれば、これは見過ごしようもない。寝室が突然煙まみれになったら気づかないわけがないのと同じである。

これは気分にもあてはまる。不機嫌なときに学習したことは、あとでまた不機嫌になったときに思い出しやすい。気分や気分障害を脳の「化学的不均衡」とするのは単純化しすぎだが（とはいえ容易にそうしてしまう者は多い)、特定の気分がもたらす化学的、電気化学的活性の総体レベルは、脳が認知でき、現に認知しているものである。したがって、頭の内側の状況は、記憶を呼び起こすとなると、可能性からすれば頭の外側のそれと同じ程度に役立つのである。

アルコールは確かに記憶を混乱させるが、それは一定のレベルに達してからのことで、ビールやワイン数杯の心地よい酔いを味わい、それでも翌日すべて覚えているのは何の不思議もない。もしワインを二杯飲んだあとにおもしろいよもやま話や役立つ情報を聞いた場合、脳は記憶の一部として少し酔った状態も符号化するので、その記憶を想起するにはまたワインを数杯飲んでからのほうがうまくいく(もちろん別の晩の話で、最初に二杯飲んだあとではない)。この場合は、一杯のワインは実際に記憶力を高めることになる。

しかしくれぐれも、これを酒を飲みながら試験勉強をするための化学的口実にはしないでいただきたい。酔っぱらったまま試験に臨めば、これにより得られるどんな小さな効果も帳消しにするほどの問題を引き起こす。特にそれが運転免許の試験であれば。

とはいうものの、一か八かの学生にはまだ希望が少し残されている。カフェインは脳に影響を及ぼし、記憶を呼び起こす助けとなる特別な脳の状態をもたらす。学生の多くは試験にそなえカフェイン満タンで一夜漬けの勉強をするため、同じように過剰なカフェインで刺激された状態で試験に臨めば、ノートに書いてあった、より重要な内容を思い出すのに役立つことも充分考えられる。

反論の余地のない科学的根拠(エビデンス)というわけではないが、大学時代に(知らずして)この戦略を実践したことがある。それは特に不安だった試験のために徹夜で勉強したときだった。大量のコーヒーの力で持ちこたえられたので、試験中ぜったいに意識を失わないよう、その直前に特大のマグカップでコーヒーを飲み干した。そしてその試験で七三パーセントという、その年最高レベルの評点を得た。

しかし、この作戦はお薦めしない。確かによい評点を得た。だが試験中ずっと必死でトイレを我慢しなければいけなかったうえに、追加の用紙をもらおうとしたときに試験官を「父さん」と呼んでしまい、挙げ句の果てに、帰り道では大げんかになった。相手は一羽の鳩さんでした。

もちろん覚えてるさ、おれのアイディアだぜ！（記憶システムの自己中心的バイアス）

これまでに説明したのは、脳が記憶を処理する仕組みと、それが必ずしも単純明快でも効率的でも一貫性があるわけでもないということである。実際、脳の記憶システムには課題が山ほどあるが、少なくとも最終的には、将来のために無事脳に保存された信頼に足る正確な情報にアクセスできる。

今言ったことが事実であったなら素晴らしいではないか？　残念なことに、「信頼に足る」と「正確」という言葉は脳のはたらきにはまずあてはまらない、特に記憶には。脳が取り出す記憶は、猫が吐き出す毛玉に匹敵するくらい驚くほど体内で絡み合った産物なのである。

情報や出来事の静的な記録である書籍の類とは異なり、記憶は常時、脳が必要であると解釈するものに合わせことごとく（どんなに間違っていようがおかまいなしに）微調整され改変されている。驚くことに、記憶はかなり可塑性があり（つまり柔軟で適応性があり堅固ではない）、さまざまな方式で変容させられ、抑制され、間違って引用される。これは記憶バイアスとして知られる。そして記憶バイアスは自尊心に突き動かされる。

言うまでもなく、きわめて強い自尊心をもつ人もいる。彼らは、ふつうの人びとに彼らを殺してやりたいとあれこれ夢想させ、それだけでも強く記憶に残る。しかし、多くの人びとは強烈な自尊心はなくとも、やはり自尊心をもっており、それが思い出す記憶の本質や詳細に影響を及ぼしている。なぜなのか？

本書の論調はこれまで、「脳」を一個の自己完結型の存在であるかのように述べ、脳にかんするほとんどの書物や記事に採用されているように論理的に理解できるアプローチをとってきた。もし、何らかの科学的分析を提示しようとするなら、可能な限り客観的かつ合理的なものでなければならず、脳を心臓や肝臓と同じく、単なるもう一つの臓器として扱う必要がある。

しかし、それは違うのである。あなたの脳はあなたなのである。そしてここでこの主題は哲学の領域に入り込む。実際に個としてのわたしたちは、火花を発火させる膨大なニューロンの産物なのか、それとも個々の部位の寄せ集めを超える存在なのか？　心はほんとうに脳から生じているのか、あるいはむしろ個別に存在するもので、本質的に脳につながってはいても必ずしも「同じ」ではないのか？　これはより高い目標を追い求める自由意志や能力にとって何を意味するのか？　これらは意識が脳に宿ることが発見されて以来、思想家らが取り組み続けている問題である（これはいまでは当然のように思えるが、何世紀にもわたり、心が宿るのは心臓で、脳は血液の冷却やろ過といったもっと実際的な機能をもつものだと考えられていた。その時代のなごりはいまでもわたしたちの言葉の中に生き続けている。たとえば「胸の内の声にしたがえ」[20]）。

これらは別の領域での議論だが、あえて言うなら、科学的な理解やエビデンスから、自意識とそれに付随するあらゆるもの（記憶、言語、感情、認知、その他もろもろ）が脳の処理に支えられていることが明確に示唆される。あなたの全存在があなたの脳の特性であり、そうしたものとして脳はもっぱら、あなたの印象と気分とを最大限引き上げることに力を注いでいる。いわば人気セレブの追従的な取り巻きとして、彼女が機嫌を損ねないよう、批判や否定的な評価を耳に入らないようにする。そしてこれを実現する一つの手段が、自分自身の気分をよくするために記憶を改変することなのである。

記憶には数々のバイアスと不備があり、その多くは実際それとわかるほど自己中心的ではない。しかし、かなりの数のものが自己中心的と言え、中でも単純に自己中心的バイアスと呼ばれるものがそうで、記憶は自分をもっと見栄えよく見せられるように脳によって微調整され、改変されている。[21] たとえば、グループの意志決定に加わった場面を思い出す場合、自分が実際よりも影響力をもち、最終決定に不可欠であったかのように思い浮かべる場合が多い。

これの初期の報告の一つは、ウォーターゲート事件に見られる。一人の内部告発者が自ら関与した政治的陰謀と隠蔽につながる計画や談合の顛末を洗いざらい捜査官に話した。しかし後日、話し合いの正確な記録である談合時の録音を聞くと、告発者ジョン・ディーンは事件全貌の「要点」は把握していたが、その主張の多くは驚くほど不正確であることがわかった。主な問題は、彼が自らを計画に影響を及ぼす重要人物として述べていたことだが、録音テープにより、実際にはごく些細な役割を担っただけであることが判明した。彼に嘘をつく意図はなく、単に自尊心を満足させていただけで、つまり彼の記憶は自身のアイデンティティをうぬぼれに一致させるため「改変」されていたのである。[22]

それは政府転覆の汚職事件に限らず、瑣末なことでもありえる。たとえばスポーツで実際よりも活躍したと信じ込んでいたり、実は雑魚なのにマスを釣り上げた光景を思い浮かべたり。知っておくべきなのは、このようなことが起きても、当人は他人を感心させようとして嘘をついたり誇張しているのではないということである。記憶では、それを誰に話すわけでもないのによく起きる。そして次の最後の部分が鍵である。わたしたちは自分が記憶している内容は正確で公正だと心から信じている。つまり、実物より見栄えのよい肖像にするための改変と微調整は、たいていまったく無意識に行われているのである。

自尊心に由来するとされる記憶バイアスは他にもある。選択支持バイアスもそうで、複数の選択肢から一つを選ぶ必要に迫られた場合、たとえそれがその時点で最良な選択でなかったとしても、それをすべての選択肢の中で最良だったとして記憶する。[23] それぞれの選択肢は価値や将来性において実質的に同じでも、脳は記憶を改変し、選ばなかったものを軽視し、選んだものを過大評価して、それが完全に場当たり的であっても賢い選択をしたと思わせる。

さらには自己生成効果もある。これは他人の発言よりも自分の発言のほうをより正確に思い出すというものだ。[24] 他人がどこまで正確で信頼できるか確信がもてなくとも、自分が何かを言ったときのことは信じられるので、自分の記憶の中での発言も同じで信頼できるとみなすのである。

もっと懸念されるのは、自らの人種と異なる人びとを思い出したり見分けるのに苦労するという自人種バイアスである。[25] 自尊心は必ずしも繊細でも思慮深いわけでもなく、自らの人種を「最高」のものとして、同じか類似の人種的背景をもつ者をそれ以外の者たちよりも重要視するという粗野な方法を取りえる。そんなことは思いもよらないことかもしれないが、潜在意識は必ずしも高尚なわけではないのである。

「後知恵は視力がよい」ということわざをご存じであろうか。通常は、出来事が起きたあとになってから、あらかじめわかっていたと言い立てる人を退けるときに使われる。当人は誇張または嘘をついていると思われがちだが、それは実際それが役立つときに使わなかったから。すなわちこういうことである。「ハリーがぜったい飲んでるってわかってたんなら、どうして奴に空港まで送らせたりしたんだ？」

確かに、より賢く、あるいは物知りに見せようと気づいたことを大げさに言う人もいるが、記憶の後知恵バイアスのようなものも現にあり、そのために当時は予測など望みようがなかったにもかかわらず、過去の出来事を確かに予測できていたものとして思い出す。(26)これもまた、ある種の自己拡大のための作り話ではなく、記憶が本当にこの認識を支えているらしい。脳は自尊心を高めるために記憶を改変し、自らを物知りで主導権を握っているように思わせているのである。

それでは、感情弱化バイアスはどうであろうか。(27)これは否定的な出来事の感情記憶のほうが肯定的なものよりも早く消えていくというものである。記憶自体はそのまま残るかもしれないが、それの感情的な要素は時間とともに薄れていく。一般的には不快な感情のほうがよかったものよりも先に消えていくらしい。脳は明らかにいいことが起これば それを好ましく思うが、「もう一方」のことにいつまでもこだわりはしないのである。

これらは、自尊心が事実を上書きする証拠とみられるバイアスの一部にすぎない。単に脳がいつもやっていることである。でもなぜなのだろうか？＊　出来事の正確な記憶は勝手に歪められたものよりもずっと役に立つはずではないだろうか？

まあ、そういうときもあり、そうでもないときもある。一部のバイアスだけがこのように自尊心と明確に結びついているのであって、残りは自尊心とは相いれない。「固執」のような状態になる人もいて、この場合は忘れられないくらい大きな精神的衝撃を受けた出来事の記憶が、本人が考えようと思ってもいないのに繰り返し頭に浮かんでくる。(28) これはよくある現象で、特に破壊的、あるいは不安をそそるものである必要はない。帰宅途中ぶらぶら歩きながら漠然とあれこれ考えていると、脳がいきなり言い出す。「おい、覚えてるか、学校のパーティであの子をデートに誘ったとき、彼女はみんなの前でおまえをバカにして、おまえは逃げ出したけど、テーブルにぶつかってケーキに突っ込んだだろう?」。出し抜けに、二〇年前の記憶のおかげで、あなたはたちまち恥ずかしさといたたまれなさに襲われる。その他の幼児期健忘やコンテクスト依存などのバイアスは、自尊心に基づくものというより、むしろ記憶システムの作用過程から生じる限界や不正確さが示唆される。

これらの記憶バイアスによって引き起こされる変更は、大きな変更というより、むしろ(たいてい)かなり限定的であることも覚えておくべきである。仕事の面接で実際よりも首尾よくいったように思い出すことはあっても、現実に仕事を得られなかったのに得られたとして思い出すことはない。脳の自己中心的バイアスは異なる現実をつくりあげるほどの影響力はなく、出来事の記憶をちょいといじって微調整するだけで、新しいものをつくりだしはしないのである。

しかし、そもそもなぜこのようなことをするのであろうか? 第一に、人間は多くの判断を下さなければならず、その際に少なくともある程度の確信があったほうがずっと容易だからである。脳は世の中を舵を取って進んでいくために、その仕組みをモデル化しており、それが正確であると信じる必要がある（詳しくは第八章の「幻想」の項を参照）。選択すべきこと、すべての起こりえる結果をいちいち評価しなければならないとすれば、かなりの時間を浪費する。しかしこれは、自分自身および正しい選択をする自らの能力に自信があれば避けられることである。

第二に、わたしたちの記憶は全部、個人的で主観的な観点から形成されるからである。判断の際の唯一の見解と解釈は自分自身のものであり、結果として、それが「正しかった」場合を違った場合よりも優先して記憶することになり、それが厳密に正確ではなくとも、その限りにおいては自らの判断は記憶の中で守られ、強化される。

これに加えて、自尊心と達成感はヒトの正常な活動のためには必要不可欠らしいことが挙げられる（第七章参照）。自尊心を失った場合——臨床的うつ病を患うなど——には本当に身体が衰弱しかねない。正常に機能しているときでさえ、脳は否定的な結果を心配して思い悩む傾向にある。たとえば、採用面接のような重要な出来事の結果について、現実には起きなかったことについてもあれこれ考えてしまい反芻せずにはいられない——反事実的思考として知られる処理などだ[29]。ある程度の自信と自尊心は、たとえ操作された記憶によって不自然に生み出されたものだとしても、正常に機能するためにはなくてはならないものなのである。

中には、自らの記憶が自尊心のせいであてにできないという考え方にかなり動揺する人もいるかもしれない。

＊脳がこれをどうやっているかというのはまったく別の話である。実際にはまだ理論は確立されておらず、役割を担うであろう記憶の符号化と検索に及ぼす意識的影響、認知の自己中心的フィルタリング、その他数々の関連過程を含む詳細は、それだけで充分一冊の本になるであろう。

れない。それが万人にあてはまるとしたら、他人の言うことなんてまともに信じられるのか？　おそらく誰もが無意識のうちに自画自賛してものごとを不正確に記憶しているはずではないか？　幸いなことにパニックになる必要はなさそうだ。多くのものごとはそれでもきちんと効率的に処理されており、よってどんな自己中心的バイアスがかかっていようが、総体的に害はないと思われる。とはいえ、自らを美化して話す相手に対しては疑う気持ちをもつのが賢明かもしれない。

たとえば、この項で私は、記憶と自尊心が結びついていることを説明して読者に印象づけようとしてきた。しかし、もし私が自分の考えを支持するものだけ記憶していて、他は忘れていたとすれば、どうなのか？　自分の発言は他人の発言よりもよく覚えている自己生成効果は自尊心に由来すると主張した。しかし別の解釈として、自分の発言には脳がかなり関与しているとも述べた。言うべきことを考え、それを処理し、それを言葉にするための作業を経て、それをふたたび聞いて、反応を見極めなければならないのだから、当然ずっとよく覚えているはずである。

選択支持バイアスは、自分の選択を「最良」のものとして記憶する。これは自尊心の一例なのか？あるいは起きなかった、起きえなかったことについてあれこれ思い悩まないための脳の予防策なのか？あれこれ思い悩むことは人間がよくやることで、貴重なエネルギーを多々費やすわりには、往々にして得られるものは何もない。

では、異人種バイアスという、自分の人種とは異なる相手の特徴を思い出しにくいというのはどうなのか？　自己中心的選択の負の側面か、あるいは自分と同じ人種に囲まれて育てられた結果で、脳が自分と同類の人種を見分ける練習をより多く積んできたからなのか？

上述のバイアスすべてについて、自尊心以外にもさまざまな解釈が成り立つ。ということは、この項はわたし自身の強い自尊心に基づいているだけなのか？　いや、実際そうではない。自己中心的バイアスが確かな現象であることを支持する多くのエビデンスがある。たとえば人は自分の行動について、最近のものより過去のものを批判したがり、またそうできることを明らかにした研究がある。それは最近の行動は現状とたいして変わらず、あまりにも似すぎているがために自己批判できず、よってしばしば抑制されるか見過ごされてしまうからだろう。[30]さらには、実際は問われている状況に何の改善も変化もないのに、「過去」の自分を批判し、「現在」の自分を称賛する傾向がある（「怠けていて二〇代のときに免許を取らなかったけど、いまは忙しすぎて習う時間がないのさ」）。この過去の自分への批判は自己中心的記憶バイアスとは相反するように思えるが、現在の自分がいかに向上し成長したか、よって称賛に値するという想いを強調する効果がある。

脳はつねに記憶を見栄えよく編集しており、そうするための論理的根拠は何でもよく、そしてこのような編集や微調整は自立する。もし、ある出来事で自分が果たした役割を誇張気味に思い出したとすれば（釣り旅行で三番目に大きな魚を釣り上げたが、一番大物だったというように）、既存の記憶はその新たな修正に沿って効率よく「更新」される（修正したものは新しい出来事と言えなくはないが、既存の記憶と密接に結ばれているため、脳はこれをなんとかうまく結びつけなければならない）。これはそれが次に思い出されたときにもまた起きる。そして次、また次と続いていく。つまり、人が知らない、気づかないあいだに行われることの一つである。そして、脳は非常に複雑なため、多くの場合同じ現象について複数の異なる解釈があり、すべて同時に提唱され、そのすべてが同等に正当な根拠をもつ。

これのよい側面は、ここで述べられている内容を充分理解していなくても、おそらく確実に理解できたものとして記憶することで、なんだかんだみな同じところに落ち着くわけである。たいしたものですな。

ここはどこ?……私は誰?（記憶システムが狂い出すとき、そしてそのカラクリ）

本章では、脳の記憶システムのより印象的で奇異な性質をいくつか取り上げてきた。しかし、これらはすべて記憶が正常（他に何かよい言葉がないものか）にはたらいていることが前提である。しかし、もし狂いが生じたとしたらどうなるのであろう? 脳の記憶システムを混乱させえるのは何が起きたときなのであろうか? 自尊心は記憶を歪めるが、たとえそれが激しく歪められたとしても、実際に起きなかった出来事の新しい記憶をつくりあげることはそうないというのを考察してきた。これは安心させるためだった。こんどは、ぜったいないと断言しなかったことを指摘し、やり直すことにする。

「虚偽記憶」を考えていただきたい。虚偽記憶はたいへん危険なものになりえるが、特にそれがひどく不快なものの虚偽記憶であればなおさらである。患者の抑圧された記憶の解明を試みた、たぶんよかれと思ってなされた心理学者や精神科医による治療報告があり、どうやら患者らは（たぶん偶然にも）、もとはと言えば「解明」しようとした結果、不快な記憶をつくりあげてしまったらしい。これは心理学的な意味で給水システムに毒を盛る行為である。

もっとも憂慮すべきことは、頭の中で虚偽記憶をつくりだすのが心理的問題に苦しんでいるからという理由に限られないことである。実質的にそれは誰にでも起こりえる。話すだけで他人の脳に虚偽の記憶を植えつけられるというのはやや滑稽にも聞こえるが、神経学的にはそれほど現実離れしたことではない。言葉はものを考える基本であるらしく、私たちの世界観の大部分は、他人の考えや発言を基盤にしているのである（第七章参照）。

虚偽記憶にかんする研究の多くは目撃証言に焦点をあてている。[31] 重大な訴訟事件では、目撃者がたった一つ些細なことを間違って記憶していたり、起きてもいないことを思い出したりすることで、罪のない人びとが永久に冤罪《えんざい》を被る場合がある。

裁判における目撃証言は貴重だが、それを得るにはもっとも不適切な場所の一つである。往々にして緊張がみなぎり、たじろぐような雰囲気で、証人はことの深刻さを充分認識したうえで宣誓する。「真実を、すべての真実を、真実のみを述べる、神よ我を助け給え」。裁判官に対して嘘をつかないと誓い、宇宙の究極の創造主に加護を祈る？　これは明らかに気楽な環境とは言えず、おそらく相当なストレスと混乱を引き起こすはずである。

人びとは権威ある存在と認められる者に強い暗示を受ける傾向があり、加えて不変の研究結果の一つに、記憶していることについて質問された場合、質問の内容が思い出されることに大きく影響する。この現象で思い浮かぶ第一人者はエリザベス・ロフタス教授で、この問題について徹底した研究を行っている。[32] 自らも幾度となく、疑わしく検証されていない精神医学的な方法によって深刻な心的外傷となる記憶を（おそらく偶然に）「植えつけられた」人びとの懸念すべき事例を指摘している。特に有名な症例はナディン・クールという女性にかんするもので、彼女は一九八〇年代、心に深い傷を負った経験を癒すため精神療法を試み、やがて残忍な邪悪カルトの一員であったという詳細な記憶をもつに至る。だがそのような事実はいっさいなく、最終的に彼女はセラピストを訴え、数百万ドルを勝ち取った。[33]

ロフタス教授の研究では、被験者らが自動車事故や類似の事件の映像を見せられ、そこから観察したことについて質問を受けるという複数の調査事例が具体的に示されている。一貫して（これらからも他の研究からも）認められるのは、質問の構成が被験者の思い出す内容に直接的な影響を及ぼすことである。[34]そのような現象は特に目撃証言にあてはまる。

不安を感じているときに権威をもつ相手（裁判所の弁護人など）から質問されるような特殊な状況下にあって、特定の言い回しにより記憶を「つくりだす」ことが可能となる。たとえば、弁護人が「チェダーチーズ大強盗事件が発生したとき、チーズ店の近くに被告人はいましたか？」と質問した場合、目撃者は自分の記憶に沿って「はい」か「いいえ」で答えることができる。しかし、もし弁護人が「チェダーチーズ大強盗事件が発生したとき、被告人はチーズ店のどこにいましたか？」と尋ねた場合、この質問は被告人が確かにそこにいたと断言している。目撃者は被告人を見た覚えがないかもしれないが、立場が上の相手から事実として述べられた質問により、脳は自らの記録に疑念を抱き、この「信頼できる」情報提供者が示した新しい「事実」に一致させるべく記憶を実際に修正する。そうして目撃者は、当時そのような現場を目撃していないにもかかわらず、「たしか彼はゴルゴンゾーラチーズの隣に立っていました」というような証言をしてしまい、本心からそれを言うのである。社会の根幹であるものがそのような明白な脆さを内包しているとは心穏やかではいられない。かつて一度、検察側の目撃者すべてが単に虚偽記憶を立証している可能性があることを裁判所で証言してほしいと頼まれたことがある。

私はそれを受けなかった。心ならずも司法システム全体を崩壊させてしまうのが心配だったからである。

記憶を混乱させるのが、それが正常に機能しているときにはいかにたやすいかおわかりいただけるだろう。しかし、記憶をつかさどる脳の機能に実際何らかの不具合が起きていたらどうなるのであろうか？　それが起きえる過程は幾通りもあり、どれもあまり愉快なことではない。

そのもっとも重篤なものに脳の損傷があり、たとえばアルツハイマー病といった侵襲的な神経変性疾患によるものがある。アルツハイマー病（およびその他の認知症）は、脳の広い範囲での細胞の死滅が原因で、さまざまな症状を引き起こすが、一番よく知られているのは予測できない記憶の喪失と混乱である。これが起きる原因はまだはっきり解明されていないが、現時点において有力な説は、神経原繊維変化に起因するというものである。[35]

ニューロンは長い枝分かれした細胞で、それらは長いタンパク鎖でできた、いわゆる「骨格」（細胞骨格と呼ばれる）をもつ。これらの長い鎖は神経細糸《ニューロフィラメント》と呼ばれ、複数の神経細糸が細縄を撚り合わせた縄のようにまとまって「より強力」な構造になったのが神経原線維である。これらが細胞の構造を支える役目をし、重要な物質の伝搬を助ける。しかし、何らかの理由により、これらの神経原線維がきちんとした配列で並ばなくなる人もいて、五分ほど放置した庭のホースのようにもつれてしまう。もしかするとそれは、小さいがきわめて重大な関連遺伝子の突然変異で、ふいにタンパク質の折りたたみ構造がほどけてしまうのかもしれない。あるいは加齢とともに増加する、まだ知られていない他の細胞現象なのかもしれない。原因が何であれ、このもつれはニューロンのはたらきを著しく乱し、すべき処理を妨げ、最終的に細胞を死滅させる。そしてこれが脳全体で起こり、記憶にかかわるほぼすべての領域に影響を及ぼすのである。

しかし、記憶を損なわせるのは細胞レベルで生じる問題だけにとどまらない。脳への血液供給を乱す脳卒中も記憶にかなりの悪影響を及ぼす。ヒトの記憶すべてを常時符号化し処理する役目を担う海馬は、驚くほど多くの資源を要する神経領域で、栄養素と代謝産物の絶え間ない供給が必要である。つまるところ燃料である。脳卒中は短時間だとしてもこの供給を遮断し、いわばラップトップからバッテリーを抜き出したような状態になる。時間の短さは関係なく、損傷は及ぶ。そしてそれ以降、記憶システムはあまりうまくはたらかなくなる。とはいえ、深刻な脳の障害を引き起こすのは重篤な特にはっきりとした脳卒中に限られるので（血液には脳にたどり着くための経路が多数ある）、いくらかの望みはある。[36]

「片側だけ」と「両側」の脳卒中には違いがある。簡単に言えば、脳には二つの半球があり、その両方に海馬がある。両側に影響する脳卒中はかなり破壊的だが、片側の大脳半球だけであれば、なんとかなりやすい。記憶システムについては、脳卒中の患者に加え、一風変わった明確な損傷が原因でさまざまな記憶障害に苦しんでいる患者たちからも多くの知見が得られている。記憶にかんする科学的研究で言及された一人の患者は、どういうわけかスヌーカーのキューが鼻から脳を物理的に損傷させるところまで突き上げたことが原因の健忘症だった。[37]「非接触」のスポーツとして現実にはそんなことはありえない。

さらには脳の記憶を処理する部位を手術で意図的に切除した症例もある。これが記憶にかんする脳領域の特定につながるきっかけとなった。脳スキャンやその他の光り輝くテクノロジーが登場する前の時代、患者ＨＭと呼ばれた人物がいた。患者ＨＭは重い側頭葉てんかんを患っており、彼の側頭葉部位が体を衰弱させるひきつけを頻繁に引き起こしていたため、それを切除する必要があるという診断が下された。そうして行われた切除手術は成功裏に終わり、ひきつけは止まった。不幸なことに、彼の長期記憶機能も同様に止まった。それ以降、患者HMは手術までの歳月しか思い出せなくなってしまった。一分以内の出来事は思い出せたが、すぐにそれを忘れた。このことから、脳内の記憶形成活動はすべて側頭葉で行われていることが立証されたのである。[38]

海馬に関係する健忘症患者の研究は現在も続けられており、より広域に及ぶ海馬の機能が次々に立証されている。たとえば二〇一三年からの最新の研究によれば、海馬の損傷は創造的思考能力を損なうことが示唆される。[39] もっともな話である。おもしろい記憶や一連の刺激が保持されず呼び出すこともできないとすれば、創造的になるのはさぞや難しいことであろう。

興味をそそるかもしれないのは、HMが失わなかった記憶システムである。彼は間違いなく短期記憶を保持していたが、短期記憶の情報はもはや行き場をもたず、消えていった。新しい運動技能や特定の画法を習得することはできたが、ある特定の能力の試験の際には必ず、それに熟達していたにもかかわらず、それを試すのは初めてだと確信していた。この意識に残らない記憶はどこか他の場所、残されていた異なる機能でもって処理されていたのは明らかである。*

連続メロドラマのせいで、心に深い傷を負った事件より前の記憶を思い出せなくなる「逆行性健忘」が一番多いと信じ込まされているかもしれない。頭を強打した登場人物（あり得ない筋書きの中で倒れて頭を打ちつける）が意識を取り戻し、「ここはどこだ？　あんたら誰だ？」と尋ね、やがて彼が過去二〇年の自分の生い立ちを思い出せないことが明らかになるというのが典型である。

これはドラマで起きているよりもはるかに可能性は低い。つまり、「頭を強打し、すべての記憶とアイデンティティを失う」こと自体かなりまれである。個々の記憶は脳全体に広がっているため、それらを実際に破壊する損傷は何であれ、同じように脳全体のほとんどを破壊してしまうはずである。[41] もしそうなったら、親友の名前を思い出すことが何よりも大事とはならないだろう。同じように、記憶を思い出す役割を担う前頭葉の実行領域もまた、判断や推論、その他さまざまな処理にきわめて重要であり、したがってそれらが壊れた場合、記憶の喪失は差し迫った問題にくらべむしろ軽症と言えるだろう。逆行性健忘は起こりえることで、実際に起きてはいるが、通常は一過性で、やがて記憶はよみがえる。これはドラマチックでおもしろい筋書きにはならないが、当人にとっては喜ばしいことに違いない。

仮に本当に逆行性健忘になったとしても、障害の本質を調べるのはかなり難しい。患者の記憶喪失の程度を、当人たちの以前の暮らしから評価して測定するのは困難だからである。どうやればその当時のことがわかるというのか？　患者は言うかもしれない。「一一歳のときにバスに乗って動物園に行った記憶があります」。まるで記憶がよみがえったかのように思われるが、その医師が実際に同じバスに乗っていない限り、どうすれば確認できるというのか？　示唆された、つくられた記憶というのも容易に考えられる。したがって誰かの記憶喪失を以前の人生と照らし合わせて測定するには、ずれや欠落を正確に判断するために当人のそれまでの人生の正確な記録が必要となり、そんな状況が整うことはめったにない。

逆行性健忘の一種、過度のアルコール依存によるチアミン欠乏が典型的原因のウェルニッケ・コルサコフ症候群として知られる症例の研究があり、[42] それは発症以前に自伝を書いていた患者Xとされる個人に負うところが大きい。参照できるものがあったおかげで、医師たちは彼のより正確な記憶喪失の程度を検証することができた。[43] 将来的にはこういう事例は多く見られるかもしれない。なにせますます多くの人がSNS経由で自分の人生をオンライン上に記録しているのである。そうは言っても、オンライン上での行為が本人の人生を正確に反映しているとは限らない。記憶喪失患者のフェイスブックのプロファイルにアクセスし、その記憶の大半は、ネコの愉快な動画に笑うことで構成されていると推測する臨床心理学者を容易に想像いただけるはずである。

＊以前ある講師から聞いた話によれば、HMが記憶しえた数少ないものの一つはビスケットの保管場所だった。だが彼はビスケットを食べたという記憶を保持することができなかったため、もっと食べようと繰り返しそこへ向かった。彼の記憶が増えることはなかったが、体重は着実に増えていった。これは事実とは断言できない。要は明確な報告書やエビデンスを見つけられなかったのである。しかし、ブリストル大学のジェフリー・ブルンストロームとそのチームによる研究に、空腹の被験者たちに五〇〇または三〇〇ミリリットル入りのスープを飲ませると告げた実験がある。被験者たちはその後それぞれの分量のスープを与えられた。しかし、目立たないポンプ機能を用いた巧妙なしかけで、三〇〇ミリリットル与えられると告げられた一部の被験者の容器の中身は密かに補充され、彼らは実際五〇〇ミリリットルを飲み干し、一方で五〇〇ミリリットルと告げられていた一部の被験者は、その容器から中身が密かに排出され、実際には三〇〇ミリリットルしか飲まなかった。[40]
興味深い発見は、実際に飲み干した分量は関係ないということで、被験者が飲んだと記憶している（たとえそれが違っていても）分量こそが、被験者たちが空腹を感じる時間を決定づけていた。三〇〇ミリリットルだと思って実際には五〇〇ミリリットルを飲んだ被験者らは、五〇〇ミリリットルと言われて実際には三〇〇ミリリットルしか飲まなかった被験者たちよりもずっと早く空腹を感じたと報告したのである。食欲を判断する際には、どうやら記憶が実際の生理学的信号をねじ伏せられるのは確かで、つまり本気で記憶を混乱させれば、ダイエットにかなり効果があるというわけである。

海馬は混乱しやすく傷つきやすい――身体的外傷、脳卒中、多種多様な認知症など、原因は多岐にわたる。口唇ヘルペスを引き起こすウイルスの単純ヘルペスでさえ、ときとして攻勢に転じ海馬を攻撃する[44]。そして当然ながら、海馬は新しい記憶の形成に必要不可欠なため、より頻繁に起こりえるのは前向性の健忘、外傷によって新しい記憶を形成できなくなるというものだ。これは患者HMが苦しんだ種類の健忘である（彼は二〇〇八年に七八歳で死去した）。もし映画『メメント』〔訳注：主人公が前向性健忘症〕を観たことがあるのならあの通りである。もし観たことがあっても、それがちっとも思い出せないなら、すごく参考になるとは言いがたい（皮肉だが）。

これは、脳の記憶過程が損傷や手術、病気、アルコールなどさまざまなものによって狂いを生じる数ある事例のほんの概要にすぎない。かなり特殊な健忘もあり（事件の記憶は忘れるが事実は覚えているなど）、記憶障害の中には身体的原因が見られないものもある（一部の健忘はあくまでも心理的なもので、心的外傷を受けた経験の否定もしくは反応によるものと考えられている）。

しかし、これほど複雑難解かつ脆弱で一貫性と信頼性に乏しいシステムがいったい何に使えるというのだろうか？　答えはしごく簡単なことで、通常はまともに機能しているからである。それはやはり偉大きわまりなく、現代のスーパーコンピューターと言えども恥じ入らせずにはおかないほどの容量と適応力をそなえたものである。もちまえの柔軟性と不可思議な構造は、何百万年という歳月をかけて進化してきたもので、であるとすれば誰が批判できるであろうか？　人間の記憶は完璧ではない、しかしそれは充分まともなものなのである。

第三章　恐怖——恐れることは何もない

私たちを怖がらせてばかりいる脳のさまざまなやり口

いま心配していることは何であろうか？　おそらく山ほどあると思われる。こんどの子どもの誕生会に必要なものは全部そろっているか？　仕事の一大プロジェクトは滞りなく進んでいるか？　ガス料金は払いきれるか？　母親から電話があったのはいつで、変わりはないのか？　腰の痛みは消えていないが、本当に関節炎ではないのか？　一週間前のあのひき肉の残りが冷蔵庫に入っているが、誰かが食べて食中毒になったらどうする？　どうして足が痒《かゆ》い？　九歳のときに学校でズボンがずり落ちた事件だが、いまだにそれを思い出す奴がいたらどうする？　車の反応が少し鈍くないか？　あの音は何だ？　ネズミか？　ペスト菌を運んでいたらどうする？　それらが原因で具合が悪いのだと電話したところで、ボスが信じるはずもない。それから、それから、それから……。

先の闘うか逃げるか反応の項で考察したように、人間の脳は潜在的脅威を考え出すように準備している。私たちの高度な知能のうち間違いなく確実に負の側面である一つは、その「脅威」というものをかなり身近な存在にしてしまっていることである。人間の曖昧模糊とした進化の過程のある時点では、それは実際に身体的な危害や命を脅かす危険だけに向けられていた。なぜなら世界は根本的に危険で満ちあふれていたからである。しかし、そのような日々はとうに過ぎ去った。世界は変化したがヒトの脳はまだそれに追いついておらず、文字通り何にでも心配の種を探し出す。先に挙げた多様な項目は、私たちの脳がつくりあげる巨大な神経学的氷山のほんの一角にすぎない。否定的な結果をもたらしえるものはなんでも、それがどれほど些細だろうが主観的だろうが、「恐れるに足る」ものとして記録される。しかし、それさえ必要とされないときもある。はしごの下を歩くのを避けた、肩に塩をかけた、あるいは一三日の金曜日は外出を控えた、なんてことはないだろうか？　あなたは迷信深い――実際には何の根拠もない状況や過程を心底気に病んでいる。その結果、現実的には事態に何の効果も及ぼさない行動を取る、ただより安心したいために。

　同じように、陰謀説に囚われ、理論的には可能だが現実にはありえない想像を徐々に膨らませ、被害妄想に陥るときもある。脳が病的恐怖をつくることもできる――危険はないとわかっているものに不安を抱き、意味もなくひどく恐れる。またあるときは、心配すべき理由が取るに足らなくても意に介さず、それこそ何でもないことをただ心配する。「静かすぎる」、あるいは事件がないから何か悪いことが「間もなく起こる」というささやき声を何回聞いたであろうか？　こうしたことが慢性的な不安障害の人びとを苦しめてもいる。これは心配性の脳が、現実に私たちの体に影響を及ぼし（高血圧、緊張、震え、体重の増減など）、日々の暮らしにも影響を及ぼしかねないほんの一例である――無害のものをひどく気にすると、本当に害になる。イギリスの国家統計局（ＯＮＳ）を含む各機関の調査によると、同国の成人一〇人に一人が、一生に一度以上不安に関連する障害を患うとの報告があり[1]、その二〇〇九年の報告書「In the Face of Fear（恐怖に直面する中で）」でイギリスのメンタルヘルス財団は、不安に関連する疾患が一九九三年から二〇〇七年のあいだで一二・八パーセント上昇したことを明らかにした。[2] つまり、イギリスにおける成人の百万人以上が不安障害に苦しんでいるわけである。

絶え間ないストレスをもたらすほど膨れあがった頭脳をもっているいま、人を捕って食う動物なんてもう誰も必要としない。

四つ葉のクローバーとUFOの共通点は？（迷信、陰謀説、その他奇っ怪な思い込みの接点）

ここでおもしろい小話《トリビア》を少々。私は社会を裏で牛耳るさまざまな影の陰謀に加担している。利益を目的として、あらゆる自然療法や代替医療、ガン治療などに圧力をかける「大手製薬企業《ビッグ・ファーマ》」と結託している（潜在的顧客が絶えず死んでくれることほど「荒稼ぎ」できることはない）。月面着陸が巧妙ないんちきだったことを一般人に決して悟らせない計略の片棒を担いでいる。わたしの稼業は表向きはメンタルヘルスと精神医学だが、実は自由思想の持ち主を叩きのめし、服従の強要を目論んでいる。それに加え、気候変動、進化論、ワクチン接種、地球球体説にかんするフェイクニュースを喧伝する世界の科学者らの大いなる陰謀にも関与している。なんといっても地球上には科学者以上に富と権力を握る者はおらず、彼らは世界が現実にどう機能しているかを一般人に気づかれて、この高貴な地位を失う危険を冒すことはできないのである。

私がこれほどの陰謀に加担していると知って驚かれたかもしれない。私だってびっくりした。なにせ「ガーディアン」紙に寄稿した自分のネット記事に寄せられたコメント投稿者の緻密な作業のおかげでたまたま気づいたくらいなのだ。それが示唆するところによれば、私は宇宙空間と人類史上で最悪のライターであり、母親やペットや家具相手に口にするのもおぞましい肉体的行為に耽っているに違いなく、私が邪悪で多種多様な陰謀へ加担している「証拠」を誰でも見つけられるという。

これは主要なメディア・プラットフォームに何かを寄稿する際には覚悟すべきことらしいが、それにしても衝撃的であった。陰謀説のいくつかはまるで意味不明だった。トランスジェンダーの人びとに対するひどく悪意ある記事（私の執筆ではない、取り急ぎ付け加える）に続いて、私が彼らを擁護する記事を書いたときは、反トランスジェンダー勢の陰謀に加担している（なぜなら充分積極的に擁護しなかったから）とされ、さらにトランスジェンダー支持者の陰謀の片棒を担いでいる（なぜならとにかく擁護したから）と非難された。私は数多くの陰謀に関与しているだけでなく、その過程で自分の意見にも熱心に異議を唱えているらしい。

読者が自らの抱く見解や信念に批判的な記事を目にし、それがカーディフ在住のソファに座った若はげ野郎ではなく、弾圧せんと躍起になっている邪悪な勢力の仕業とすぐさま結論づけるのはよくある。

インターネット時代の到来と日々相互接続されていく社会は、陰謀説を大きく育んできた。おかげで人びとは自宅にいながらにして、ずっと容易に9・11にかんする自説の「科学的根拠（エビデンス）」を見つけ出すことができ、ＣＩＡやＡＩＤＳについての過激な結論を同じ考えを抱く仲間同士でシェアすることができる。

陰謀説はいまに始まった現象ではない[3]。とすれば、それは脳の奇行、つまり人びとには被害妄想の想像物を鵜呑みにしたいという強い願望があり、実際それが可能だからではないのだろうか？　ある意味、その通りである。しかし、タイトルに立ち返れば、これは迷信といったいどのような関係があるのだろうか？　ＵＦＯは実在すると宣言し、エリア51［訳注：米空管理区域。ＵＦＯ信者が、空飛ぶ円盤やその乗員の異星人を隠していると主張する場所］に押し入ろうとするのは、四つ葉のクローバーを幸運のしるしだと考えるのとはわけが違う。だとすれば、いったいどんな関係があると言えるのだろうか？

皮肉な問いである。それは陰謀と迷信両方を関連づける、（たいていは無関係な）ものごとにパターンを見つける傾向なのである。実際、何もないところに関係性を見出す作用の名称まである。「アポフェニア」[4]。たとえば、うっかり下着のパンツを裏返しに履いてしまい、そのあとスクラッチカードでいくらかの賞金を得た場合、それ以降スクラッチカードを買うときには必ずパンツを裏返しに履く。それがアポフェニアである。パンツの裏表がスクラッチカードの賞金に影響を及ぼしようがないのは明らかだが、パターンを見つけ出してそれに従う。同様に、もし二人の無関係な著名人が自然に、あるいは事故でそれぞれ同じ月に死亡した場合、それは悲劇である。しかし、その二人について調べあげ、どちらもある特定の政治団体、もしくは政府に批判的だった事実を発見し、本当はそれが理由で暗殺されたと結論づけたとすれば、それはアポフェニアである。どんな陰謀や迷信でもその根源を突き止めれば、たいていは無関係の出来事のあいだに意味のあるつながりを築き上げた誰かに行き着くのである。

この傾向にある人が極端に被害妄想または迷信的だというのではなく、誰でもそうなりえる。そしてどうしてそうなのかを理解するのはとても簡単である。

脳はつねに多用多種な情報を受け取っており、その中から何らかの意味を把握しなければならない。私たちが認識する世界は、脳がそうして処理をした最終的な結果である。網膜から視覚野、海馬や前頭前野に至るまで、脳は多くの異なる機能を連携させてはたらかせるため、異なるさまざまな部位をあてにしている（神経科学の「発見」を報じる新聞記事は、脳の特定の機能にはそれ専用で単独の決まった領域があるようにも読めてまぎらわしい。それはよくても一部を説明しているにすぎない）。

さまざまな脳の領域が外界を感知し認知するのに関与しているにもかかわらず、いまだに大きな限界がある。それは脳が力量不足なのではなく、つねに非常に高密度の情報攻撃にさらされ続けていて、関係するものはそのほんの一部でしかなく、しかも脳が処理して使用可能にするための時間はコンマ一秒もないというだけである。このため脳は、（程度の差こそあれ）すべてを把握するために多様多彩なショートカットを採り入れている。

脳が重要でないものから重要なものを選別する一つの方法は、パターンを認識して注目することである。これの直接の事例は視覚系の項で確認できるが（第五章参照）、あえて言うなら、脳は終始、観察するものごとの中につながりを探している。これが生き残り戦略なのは疑いようがなく、人類種がつねに危険にさらされていた時代に由来し――闘うか逃げるか反応を覚えているだろうか？――、当然ながら頻繁に誤警報を発する。しかし、命が保証されるのであれば、誤警報の一つや二つ、どうでもいいではないか？

しかし、これらの誤警報が問題を引き起こす要因なのである。私たちはやがてアポフェニアに陥り、そこに脳の闘うか逃げるか反応と最悪の展開になると速断する傾向が加わって、いきなりさまざまなことを気にし始める。ありもしない世界の中でパターンを見つけ、悪影響を及ぼす可能性を完全に否定できないからとそこに重大な意味をもたせる。不幸や不運を避けるための迷信的行為がいくつあるか考えてみていただきたい。人助けを意図した陰謀など聞いたことないはずである。得体の知れないエリート連中は、慈善目的で焼き菓子販売を企画したりはしない。

脳はさらに、記憶の中の情報からもパターンと傾向を認知する。自分の経験した出来事がその人の考え方に影響するのであり、それは理にかなう。しかし、私たちの最初の経験は幼少期であり、これがその後の人生に多大な影響を与える。一般に親に最新のビデオゲームの使い方を教えようとするときが、親は全知全能であるとの考えを一掃する機会になるだろうが、幼少期を通じて親とはそのように見えるものである。子ども時代は、環境のほとんど（すべてではなくとも）がコントロールされている。特に自分の知っていることはすべて、知っている信頼する大人たちから教えられたことであり、ものごとはすべて彼らの監視下で起こる。人生最大の自己形成期は、彼らが主な判断基準となる。したがって、もし親に迷信に基づく習慣があれば、それらを裏づける証拠がいっさいなくても受け入れる可能性が高い(5)。

きわめて重大なのは、これはまた、私たちの初期の記憶のほとんどが、首をひねりたくなる実力者らが組織し、支配しているらしい世界で形成されるということでもある（ひたすら無秩序、あるいは混沌の世界ではない）。そのような漫然とした理解が強固に根づき、その思考体系が成人期にまでもちこされたりする。一部の大人たちにとって、世界は巨大な権力をもつ者たちの計画に沿って構成されていると信じるほうがより安心できる。それが金持ちの巨頭でも、人肉が大好物のトカゲ星人でも、科学者でもいいのである。

前述の段落は、陰謀説を信じる人びとは自信のない成長しきらない人間で、大人になったがために得られなくなった親の承認を無意識に求めていると読めるかもしれない。中にはそういう人も確かにいるが、一方で陰謀説に囚われない人も多い。ここでだらだら何段落もかけて二つの無関係な事象に根拠の乏しい結びつきを見つけ出し、自らそれを証明するようなことはしない。何が述べられているかと言えば、脳の発達段階で陰謀説をさらに「まことしやかに」するかもしれない可能性をほのめかしているだけである。

しかし、パターンを見つけ出すという私たちの傾向から浮かび上がる（あるいはそれが原因とも考えられる）のは、脳が無秩序なものごとをうまく処理できないということである。偶然以外は認められるような理由もなく何かが起こるという考えを受け入れきれないらしい。これもあらゆるところに危険を探し求める脳のさらにもう一つの影響なのかもしれない——もし出来事に本当の原因がなければ、危険な状態になったらそれに対処する手立てがなくなってしまい、それは耐えられないというわけである。あるいはまったく違う何か他の理由もありえる。もしかすると、あらゆる無秩序な出来事に抵抗する脳の傾向は、生存に役立つと実証された突然変異なのかもしれない。そうだとすれば、他はともかく、なんとも言えない皮肉である。

原因が何であれ、無秩序なものごとへの拒否反応は連鎖的にさまざまな影響をもたらす。すべての出来事は理由があって起きると反射的に決め込むこともその一つで、それはしばしば「運命」と呼ばれる。現実には、単に運が悪いだけの人もいるが、それは脳が容認できる説明ではなく、したがって一つ理由を見つけ出して薄弱な論理的解釈を加えなければならない。どうして運が悪いことばかり続くのかしら？　あの割ってしまった鏡のせいよ、魂が入っていたのに、いまじゃひびが入っているじゃない。違うわ、きっといたずら好きの妖精が来てるのよ。妖精は鉄が嫌いだから、身近に馬蹄《ばてい》を置いとけば追い払えるはず。

　陰謀説を唱える者たちは、邪悪な組織が世界を動かしているのは、そうでないよりもまし！　だからだと確信しているとも言える。人間社会全体が偶発的な出来事や運のせいでしくじってばかりいるという考えは、うさんくさいエリート連中がものごとを支配しているという考え――それが奴らの目的通りであったとしても――よりもいろんな意味で悩ましい。誰もいないよりは、酔っぱらったパイロットでも操縦席にいたほうがましというわけである。

　パーソナリティ研究において、この概念は「統制の所在《ローカス・オブ・コントロール》」と呼ばれ、個人が自分に影響を及ぼすものごとを統制できると信じる程度を指す[6]。統制の所在が高いほど、自分が「統制している」と確信している（実際にどの程度統制しているかは関係ない）。なぜ人によって統制していると感じやすいのかはあまり解明されていない領域である。拡大した海馬を高い統制の所在と関連づける研究もある[7]。しかし、ストレスホルモンのコルチゾールは海馬を縮小させるらしく、加えて統制できていると感じる度合いが低い人ほどストレスを受けやすい傾向にある。したがって海馬の大きさは統制の所在の根拠というよりも、それがもたらす結果と言える[8]。脳は決してなにごともわかりやすくしてはくれないのである。

　とにかく、統制の所在が大きいほど、それら出来事の原因に影響を及ぼせると感じることになる（実際には存在しない原因だが、それは別として）。もしそれが迷信であれば、肩に塩をかける、木に触れる、はしごや黒ネコを避けるなど、合理的説明をいっさい寄せつけないやり方の自分の行動がこうして大惨事を防いでいるのだと安心する。

　さらにもっと統制の所在が大きい者たちは、気づいた「陰謀」を密かに転覆させんがため、それらの周知に努め、細部を「より深く」研究し（その情報源の信憑性はほぼ顧みず）、耳を傾ける者には誰彼となくそれについて吹聴し、聞く耳をもたない者はすべて「愚かなヒツジ」やそのヴァリエーションだと言い放つ。迷信的行為は受動的になりやすく、それらに忠実に従うだけであとはごく普通に生活できる。陰謀説を信じるためには多くの場合、より専念して努力しなければならない。あなたがウサギの足が幸運を招く理由に秘められた真実を最後に説かれたのはいつでしょう？

　総体として、脳がパターンを好み、無秩序を嫌うことにより、多くの人がかなり極端な結論を下しているようである。これはそんなに問題にはならないだろう。だが脳はまた、エビデンスがどれほどそろっていようとも、信じ切っている意見や結論が間違っていることを非常に納得させにくくしている。そうして迷信的行為と陰謀説を唱える者たちは、合理的な社会が突きつけるあらゆるものを無視し、自らの奇っ怪な信念を保ち続ける。ひとえにそれは私たちのバカな脳のせいなのである。

　いや、そうなのであろうか？　ここで述べたことは、神経科学と心理学により示された現時点での理解に基づいているが、その理解はむしろ限定的である。この主題そのものを考えてみても明確にするのは困難である。心理学上の迷信的行為とは何か？　脳活動の側面からはどのようにとらえられるのか？それは信念なのか？　観念なのか？　私たちははたらいている脳の活動をスキャンできるまでに進歩したかもしれないが、活動が見えたからと言ってそれの意味するものが解明されるわけではない。ピアノの鍵盤が見えたからモーツァルトが弾けると言うようなものである。

科学者が証明しようとしなかったわけではない。たとえば、マリャーナ・リンデマンとそのチームは、超自然現象を信じると自認する一二人と、懐疑的な一一人のfＭＲＩ（機能的核磁気共鳴撮像法）スキャンを実施した。[9] 被験者たちは重大な人生の場面を想像するよう言われ（たとえば差し迫った失業の危機や人間関係の破綻など）、そのあとに「情緒に訴える無生物のものや風景の写真」（たとえば二つの柄がつながったサクランボ）を見せられた——壮観な山の頂のようなやる気を起こさせるポスターに見られる類のものである。超自然現象を信じる被験者たちは、映像の中に自身の個人的な状況を解決するであろうヒントやサインを見たと報告した。たとえば、もし人間関係の破綻を思い浮かべていた場合、柄のつながった二つのサクランボは強固な結びつきと約束のしるしなので大丈夫だと感じるといった具合である。懐疑的な者たちは、ご想像通り、そうはならなかった。

この研究の興味深い要素は、写真を見ることで、映像処理に関連づけられる領域の左下側頭回の活性化が被験者全員に認められたことである。超自然現象を信じる被験者は、懐疑的な被験者にくらべて右下側頭回の活動が弱いこともわかった。この領域は認知の抑制に関連づけられており、つまりそれ以外の認知処理を調節し、減らすとみなされている。[10] この場合は非論理的な思考様式や結びつきを形成する活動を抑制しているとも考えられ、非合理的なことや起こりそうもないことをすぐに信じる人がいる一方で、真剣に説得しなければならない人もいる説明にもなる。右下側頭回が弱い場合、脳の非合理的な学習の処理はより影響を及ぼすということである。

しかし、これはさまざまな理由から結論を導く実験とは言えない。一つは被験者の数があまりにも少ない点である。だが何よりも、他人の「超自然現象の学習」をどうやって測定、あるいは判断するのかという問題がある。これはメートル法で測れる類のものではない。徹底した合理主義者だと信じたがる者もいるが、それ自体が皮肉な自己欺瞞《ぎまん》なのかもしれない。

陰謀説の研究はなおさらやっかいである。同じ規則を応用できるが、主題を考えると、進んで引き受ける被験者を得るのはさらに難しい。陰謀説を唱える者たちは、秘密主義で被害妄想的、さらに名の知れた権威に不信感を抱いている場合が多く、もし科学者が「我々の安全に管理された施設にお越しいただき、あなたの人体実験をさせてもらえませんか？　脳をスキャンできるように、金属管に封じ込めさせていただくことになるかと思います」と言った場合、「はい」という答えは望むべくもない。よってこの章に含まれるすべては、現時点で得られたデータに基づいた学説と仮説を合理的に組み合わせたものである。

しかし、これはいかにも私が言いそうなことではないだろうか？　なにせこの章全体が、人びとに真実を知らせないための陰謀の一端かもしれないのだから……。

カラオケで歌うくらいならオオヤマネコとの格闘を選ぶ人びと（恐怖症、社会不安、そのさまざまな症状）

カラオケは世界的に人気の娯楽である。見ず知らずの人たち（大半はかなりの酔っ払い）の前に進み出て、たいていはあいまいにしか知らない歌を披露するのが大好きな人もいる。むろん歌唱力はおかまいなし。これについての研究はなされてないが、熱意と能力のあいだには反比例関係が成り立つはずである。アルコールの摂取がそれを推進する要因であるのはほぼ間違いない。そして才能を競うコンテストがテレビで放映されるこのご時世、人びとはわずかばかりの無関心な酔っ払いではなく、何百人という観衆の前でも歌を披露することができる。

これは一部の人にとってはぞっとするような光景である。実際、悪夢以外のなにものでもない。もし、ある特定の人たちにみんなの前で歌を披露してみないかと尋ねたら、彼らはかつての配偶者や恋人がずらりと見守る中、裸で手投げ弾のジャグリングをしなくてはならないとでも告げられたかのような反応を示す。顔面蒼白になり、緊張で息が乱れ、闘うか逃げるか反応で引き起こされる典型的な症状を次々と見せるだろう。歌を披露するか戦闘活動に参加するか選べるのなら、彼らは喜んで決死の戦いに加わるはずである（そこには観客がいないという前提で）。

いったいそこでは何が起きているのであろうか？ どう考えてもカラオケには危険はない。その聴衆が筋肉増強剤乱用の音楽愛好家たちでなければ。もちろん、最悪の状況にはなりえる。あなたの音程がめちゃくちゃなせいで聴衆全員がこぞって安楽死を懇願するかもしれない。しかし、それがどうだと言うのだろうか？ 二度と会うことのない連中があなたの歌唱力は標準以下だと考える。そのどこに危害があるのだろうか？ しかし、脳の立場から言えば、それは害なのである。恥ずかしさ、気まずさ、人前での屈辱感、これらはすべて強烈な否定の感覚で、よほどの変人でもなければわざわざ求めたりはしない。このような状況のいずれか（あるいは全部）のわずかな可能性だけでも、ほぼすべての意欲を削ぐのに充分なのである。

カラオケよりもずっと身近で人びとが恐怖を抱くものはたくさんある。電話で話す（私が可能な限り避けるもの)、長蛇の列の中で代金を支払う、人数分の酒の注文を覚えておく、プレゼンテーションをする、散髪する――何百万という人びとが毎日つつがなく行っていることだが、一部の人たちにとっては恐怖とパニックをもたらすものであることに変わりない。

これらは社会不安である。実際には誰もがある程度感じているものだが、それが現実に激しすぎて、個人の機能を衰弱させる水準にまで達したときには、社会的恐怖症［訳注：対人関係や人前の場面に対する恐怖症］に分類される。社会的恐怖症はいろいろな恐怖症の中でも一番顕著なので、根底にある神経科学を理解するため、少し戻って一般的な恐怖症を考察していこう。

恐怖症とは何かに対する非理性的な恐怖である。クモがいきなり手の上に落ちてきたとき、悲鳴を上げてちょっと腕を振り回しても周りは理解してくれるだろう。薄気味悪いもぞもぞ動く生き物があなたを驚かせたのであり、人は虫に触れられるのを好まないため、その反応は正当と認められる。だが、クモが手の上に落ちてきたからといって、けたたましい悲鳴をあげ、テーブルを蹴り倒して漂白剤で手をごしごし洗い流し、着ていた衣服を全部燃やして一ヶ月ものあいだ外出を拒んだとすれば、これは「非理性的」だと受け止められる。結局のところクモ一匹の話なのである。

恐怖症の興味深い一面は、その症状を示す人たちが、たいてい自分がいかに非論理的であるかをしっかり認識していることである。[11] クモ恐怖症の人は、意識のレベルでは、たかが硬貨ほどの大きさのクモに危険はないとわかっているが、それでも異常な恐怖反応を示さずにはいられない。他人の恐怖症に対する決まり文句、「あなたに危害を加えることはない」が善意のアドバイスではあっても、まったく無意味なのはこれが理由である。危険なものではないとわかっていてもほとんど意味がない。引き金となる恐怖は明らかに意識レベルよりも深層にまで達しており、だからこそ恐怖症は非常にやっかいで執拗なのである。

恐怖症は、特定（つまり「単一」）または複合的なものに分類できる。それらの分類名はどちらも恐怖症の原因を表す。単一の恐怖症は、ある特定の物体（たとえばナイフ）、動物（クモ、ネズミ）、状況（エレベーターの中）、もの（血、吐しゃ物）に対する恐怖症である。したがってこれらを避ける限り、支障なく日常生活を送ることができる。引き金となるものを完全に避けきれないときもあるが、多くは一過性で、エレベーターが怖くてもふつうは数秒間の旅でしかない。まあ、あなたが『チャーリーとチョコレート工場』のウィリー・ウォンカで空飛ぶエレベーターに乗っているというのであれば話は別であろうが。

これらの恐怖症が実際どのように発現するのかにはさまざまな理由が挙げられる。もっとも根本的なレベルでは、特定の反応（たとえば恐怖反応）を特定の刺激（たとえばクモ）に結びつける連合学習［訳注：出来事の関連性を学習すること］がある。神経学的にきわめて単純な生き物、たとえばアメフラシ、別名カリフォルニアウミウシにさえもその能力がそなわっているらしい。これは非常に単純な一メートル長の水生の腹足類で、一九七〇年代、学習で生じるニューロンの変化を観察するための初期の実験に使われた[12]。この生き物は単純かつヒトの水準では原始的な神経系かもしれないが、連合学習能力が見られ、さらに重要なことに、起きていることを記録するための電極を刺せるほど巨大なニューロンをもつ。アメフラシのニューロンは最大で直径一ミリメートルの神経突起（ニューロンの長い「幹」部分）になる。これはたいしたことないように思われるかもしれないが、実はかなり巨大である。もし、ヒトの神経突起が飲み物のストローほどの長さだとすれば、アメフラシの神経突起は英仏を結ぶ海峡トンネルの長さに相当するであろう。

だが、いくら巨大なニューロンでも、その生き物が連合学習を示せなかったら何の役にも立たず、それがここの核心である。以前にもこれについて軽く触れている。第一章の食事と食欲の項で、脳がケーキと不快感を関連づけ、それについて考えるだけでも不快感をもよおす仕組みを考察したが、それと同じ原理が恐怖症と恐怖にもあてはまる。

もし、あなたが何か（よそ者、電気配線、ネズミ、細菌性の病気）について警告を受けた場合、脳はそれに遭遇したときに起こりうるあらゆる悪い出来事を推測し始める。そして実際それに遭遇すると、脳はそれらの「起こりうる」シナリオすべてを展開させ、闘うか逃げるか反応を作動させる。記憶に恐怖の構成要素を符号化する役目を担う扁桃核は、遭遇の記憶に〈危険〉のラベルを貼りつける。したがって、次にこの状況に遭遇したときは〈危険〉を思い出し、同じ反応を示すようになる。何かに警戒することを学ぶと、わたしたちは最終的にそれを恐れるようになる。これが人によっては恐怖症となるのである。

この通り、恐怖症の対象はまさになんでもありえる。既存の恐怖症のリストをご覧になれば、よくおわかりになるだろう。有名な症例には、チーズ恐怖症（チーズに対する恐怖）、黄色恐怖症（黄色に対する恐怖、チーズ恐怖症と明らかに重複）、極端に長い単語恐怖症（長い単語に対する恐怖症。なぜなら心理学者は基本的に意地悪）、恐怖恐怖症（恐怖症に対する恐怖。なぜなら脳はしばしば論理的概念に反抗して叫ぶ、「だまれ、実の父親でもないくせに！」）がある。しかし、いくつかの恐怖症は他よりもはるかに顕著であり、他の何かが関係していることが示唆される。

私たちは特定の対象を恐れるように進化してきた。ある行動学研究では、チンパンジーにヘビを恐れるよう教え込んだ。これは比較的容易な作業で、一般的にはチンパンジーにヘビを見せ、続いて不快感、たとえば軽い電気ショックやまずい食べ物といった、できれば避けたいと思うようなものを与えるだけである。興味深いのは、ヘビをひどく恐れる仲間を見て、周囲のチンパンジーが教え込まれなくともすぐ同じようにヘビを恐がり始めることである[13]。これはしばしば「社会的学習」と言われる*。

社会的学習と手がかりはきわめて強力で、しかも脳は危険となると「後悔よりも用心」の対応を取るので、誰かが何かを恐れているのを見れば、同じようにそれを恐れることは大いにありえる。これは特に子ども時代にあてはまる。そこではまだ世の中に対する理解の発展途上にあり、そのほとんどを自分より物知りであるはずの他人から吸収するからである。したがって、両親がある特定の恐怖症を強く示した場合、不安の受け売りのように本人もそうなる可能性が高い。当然ではあるまいか。子どもが親や主な教育者、教師、扶養者、あるいはロールモデルがハツカネズミを見て金切り声を上げてうろたえているのを見たら、それは生々しい不安を募らせる経験となり、幼い心に強烈に刻み込まれるはずである。

脳の恐怖反応がつまり恐怖症であり、したがって消し去るのは難しい。学習された関連づけの多くは、パヴロフの有名な犬の実験で確立されたプロセスを使って最終的には消せる。ベルの音が餌に関連づけられ、それが聞こえるたびに学習された反応（唾液分泌）を誘発するが、その後ずっと餌なしにベルが鳴らされ続けると、最終的にその関連づけは消え去る。これと同じ手順が多くの文脈において使え、それは「消去《エクスティンクション》」と言われる（ちなみに恐竜に起きたこと（絶滅《エクスティンクション》）と混同してはならない[16]）。ベルの音のような刺激は何にも関連づけられていない、したがって特定の反応は必要ないと脳が学習するのである。

恐怖症もその原因となるほとんどがまったくの無害であることを考えると、同様の経過をたどるとお考えであろう。しかし、ここにやっかいな問題がある。恐怖症によって生じる恐怖反応は、それが正当化されてしまうのである。循環論法の模範的な例となり、脳は何かを危険だと判断し、その結果としてそれに遭遇した時点で闘うか逃げるか反応を起動させる。これはいつもの身体的反応を引き起こし、体内システムにはアドレナリンがあふれ、私たちは緊張やパニック、その他もろもろの症状を味わう。闘うか逃げるか反応は生物学的に負担が多く、疲れ切り、しばしば不快な経験となるため、脳はこれを「前回これに遭って体がひどいことになった。つまり私は正しかった。これは危険だ！」として記憶する。かくして実際の危害がいかに小さくとも、恐怖症は強まりこそすれ弱まりはしないのである。

さらには恐怖症の性質も関係する。これまで論じていたのは単一の恐怖症についてだが（特定のものや物体によって引き起こされる恐怖症。容易に識別でき、避けられる要因がある）、混合的なものもある（文脈や状況といった、さらに複雑な要因によって引き起こされる恐怖症）。広場恐怖症は複合的な恐怖症の一種で、広い空間に対する恐怖と誤解されることが多い。より正確を期すると、広場恐怖症は逃げることができない、あるいは助けがこない場所にいることへの恐怖である。[17] これは厳密には自宅以外のすべての場所ということになり、よって深刻な広場恐怖症になると外出できなくなり、それが「広場に対する恐怖」という誤解につながるのである。

広場恐怖症はパニック障害と密接に結びついている。パニック発作は誰にでも起こりえる――恐怖反応にどうすればいいかわからなくなり、心痛や恐怖、息苦しさ、吐き気、目眩、囚われの感覚に襲われる。その症状は人によってさまざまである。二〇〇四年のニュースサイト「ハフィントン・ポスト」のリンゼイ・ホームズとアリッサ・シェラーによる「パニック発作が起きるとこうなる」と題する興味深い記事には複数の患者の個人的な証言が集められており、その一つにこうある。「わたしの場合、立てない、話せないという感じかしら。感じることと言えば体中の激しい痛みだけ。そうね、何かが私をこ

*社会的学習は恐怖症の多くを説明する。私たちが知っていることと身の処し方のほとんどは他人の行動から採り入れている。特に脅威への対応などがそうで、チンパンジーもその観点では同じである。社会現象については第七章でより詳しく述べているが、ここですべてを説明することはできない。なぜなら奇妙なことに、ヘビの代わりに花を用いて同じ方法を用いたところ、チンパンジーには同様に花を恐れるよう教え込めたが、仲間のチンパンジーはそれを観察しただけでは同じ恐怖をほとんど学習しなかった。ヘビに対する恐怖は容易に伝搬しても、花に対する恐怖はそうではない。ヒトは死に至る危険性を本能的に察知するよう進化しており、したがってヘビやクモに恐怖を感じやすい[14]。対象的に、特にたちの悪い花粉症を患っていない限り、誰も花には恐怖を感じない（花恐怖症）。あまり目立たないが恐怖を抱きやすく進化したものには、エレベーターや注射、歯医者への恐怖がある。エレベーターは「囚われた」状態にするため、それが脳の警報を作動させる。注射と歯医者は痛みを伴ない、体の正常な機能を乱す恐れがあるため恐怖反応を引き起こす。死体（動転させるだけでなく、疫病の伝搬や差し迫った危険を示唆する）を警戒したり、進化を畏怖する傾向は、不気味の谷現象〔訳注：ロボットが人間に似るにつれ、ある一定レベルまでは好感をもつが、それを超えると逆に嫌悪感をもつ〕の背景にあるのだろう[15]。ほぼ人間の外見をしているが完全にそうではないコンピューターアニメーションやロボットは不気味で不安を覚えるが、一方で靴下に目をつけたパペットのようなものだと問題ない。生身の人間がもつ細やかさやしぐさを欠く人間そっくりは、「楽しめるもの」というより「生命のないもの」と映るのであろう。

の小さなボールの中に無理矢理詰め込もうとしているみたいな。ほんとにひどいときは息もできなくて、過呼吸が始まって、吐いてしまうの」

他にも違いは顕著だが同じくらいひどいものがたくさんある。[18] そしてすべては同じところに行き着く。ときに脳は、まともな原因もなく、まわりくどいことをいっさい飛び越し、恐怖反応を引き起こすということである。明白な原因がないため、事態への対処法は文字通り何もなく、したがってそれはたちまち「どうすればいいかわからない」ものになる。これがパニック障害である。これに苦しんでいる人びとは、無害な場面でも怯え警戒し、やがて恐怖とパニックを関連づけてしまい、最終的にそれらに対するひどい恐怖症に陥る。

このパニック障害が発症する理由はまだわかっていないが、説得力のある説はいくつかある。当人の過去のトラウマによるもので、脳が起きた問題をまだ引きずっていて処理しきれていないのかもしれない。特定の神経伝達物質の過剰または欠乏に関係しているのかもしれない。遺伝的要素も考えられるが、それはパニック障害に苦しむ患者と直接の血族関係にある人たちは自らもそれを経験する傾向にあるからだ。[19] さらには患者らが破壊的な思考に陥りがちだとする説もあり、体にかんする些細なトラブルや問題について、さして理にかなわなくても必要以上に心配する。[20] もしくはこのようなものすべての組み合わせ、あるいはまだ解明しきれていないものの可能性もある。非理性的な恐怖反応という点では、脳は選択肢には事欠かない。

ここでようやく社会不安である。それが強くなりすぎると体を衰弱させる社会恐怖症となる。社会恐怖症は他人からの否定的な反応への恐怖に根ざしている――自分のカラオケを聴いている人たちの反応をひどく気にするのもそうである。私たちは敵意や攻撃だけを恐れるのではない。ちょっとした非難でもその場で動きを止めるのに充分なのだ。他人が恐怖症の大きな要因にもなるという事実は、脳が世界とそこでの自分の立ち位置を調整するのに他人を利用するというもう一つの事例である。結果として、他人からの承認が重要となるが、たいてい相手は誰でもよい。名声は多くの人びとが追い求めるものだが、他人からの承認でない名声とは何であろうか？　すでに脳がいかに自己中心的であるかは考察した。だからたぶん、すべての有名人たちは単に大勢の承認を手に入れたいだけなのではないだろうか？　それは正直、いささか嘆かわしい（が、本書を称賛する有名人は別である）。

　社会不安は、否定的な結果を予測し心配する脳の傾向が、社会的受容と承認を求める脳の要求と結びつけられたときに生じる。電話での会話はふつう直接的な手がかりなしのやりとりなので、人によっては（私のように）とても難しいと感じ、相手の気持ちを害するのではないか、退屈させるのではないかとパニックになる。背後に長蛇の列ができている中での代金の支払いは、自分の計算能力を駆使して支払額を算出しようとしているあいだ、それをじっと見つめている大勢の人たちを事実上足留めしているため神経をすり減らす。これら無数の似たような状況によって、脳は他人を悩ませ、イラつかせて否定的な評価を受け、不興を買う行為を見つけることができる。煎じ詰めればパフォーマンス不安、つまり観客の前でへまをしないか心配するのである。

　このような問題がない人がいる一方で、その逆の問題がある人もいる。理由については諸説あるが、ロザリンド・リーブが行った研究によれば、育児スタイルが不安障害を発症させる可能性が高いことがわかった[21]。理論はこうである。過度に批判的な両親は、たとえ些細な行為であっても大事な権力者を逆上させるという絶え間ない恐怖を子どもに教え込ませる可能性がある。一方過保護な両親は、行動のどんな小さな否定的結果でさえも決して子どもに体験させないようにするため、成長し親の庇護を離れた子が自分の行為で否定的な結果を招くと、慣れていないことで必要以上に影響を受けてしまい、要は対処できなくなって、それがふたたび起きるのを非常に恐れるようになる。さらには、他人の危険性を幼いころから繰り返し教え込まれると、他人に対する恐怖を異常なレベルにまで強めてしまうこともある。

このような恐怖症を患っている人びとは回避行動を示すことが多く、恐怖症の反応が出そうな状況をいっさい避けようとする。[22] これは心の安定にはいいかもしれないが、恐怖症に対して長期にわたって何らかの行動を取るのはよくない。それを避ければ避けるほど、強力かつ鮮明に脳内にとどまるからである。言ってみればネズミが齧った壁の穴に上から紙を貼るようなもので、傍目から見るぶんにはよくとも、依然として齧歯《げっし》動物の問題は残ったままなのである。

現時点のエビデンスによれば、どうやら社会不安と社会恐怖症が恐怖症の中で一番よくあるタイプらしい。[23] これは驚くべきことではない。なにせ脳は、危険がないものにも恐怖を抱かせる被害妄想的傾向があり、わたしたちは他人からの承認をよりどころにしているのである。これら二つをまとめれば、自分が無能なために他人が否定的な意見をもつのを異常なほど恐れる羽目になる。その証拠に、これがこの結論を書き終えるまでの~~九回目~~、~~十回目~~、~~十一回目~~、~~十二回目~~、二八回目の原稿であることを考えてみてほしい。そして、もちろん、これが気にくわないとお考えになる方々がいるのも重々承知している。

悪夢に苛《さいな》まれるな……その手のものにのめり込まない限りは（恐怖に怯えたがり、それを追い求める理由）

なぜこれほど多くの人びとが、つかの間の興奮を追い求め、無慈悲な地面に我が身の血肉を塗りたくるやもしれぬ危険を犯すことに字義通り飛びつくのだろうか？　ベースジャンパー、バンジージャンパー、スカイダイバーを考えてみていただきたい。ここまでに学んできたことはすべて、自己保存のための脳の基本的衝動と、それがもたらす緊張感や回避行動などについてである。しかし、スティーヴン・キングやディーン・クーンツを始めとする作家たちは、恐怖を呼び覚ます超自然現象や登場人物の残忍で暴力的な死を描いて大儲けしている。二人でおよそ一〇億冊の売上である。ホラー映画『ソウ』シリーズは、人間ははっきりした理由もなく若くして殺害されうることを創意あふれる残忍な手法で披歴しており、それは現在七作目を数え、全作品が鉛のコンテナに封印されて太陽のまっただ中に向けて打ち上げられることもなく、世界中の映画館で上映された。私たちはキャンプファイアーを囲んで怪談話をし、幽霊列車に乗り、お化け屋敷を訪れ、ハロウィーンでは近隣の住人たちからお菓子をせしめるため、ゾンビの仮装をする。では、子ども向けまである、怖がることを楽しむという我々のこうした娯楽をどう説明するというのであろうか？

偶然にも、恐怖のスリルとお菓子から得られる満足感はどちらも脳の同じ領域に依存していると考えられる。これは中脳辺縁系経路で、しばしば中脳辺縁系報酬経路または中脳辺縁系ドーパミン作動性経路とされるが、それは脳の報酬感覚を担い、その経路としてドーパミンニューロンを使うためである。これは報酬伝達のいくつかある回路や経路の一つではあるが、「中心的」なものであると広く認識されている。そしてこれが「恐怖を楽しむ人びと」現象にとって重要な役割を担っているのである。

この経路は腹側被蓋領域（ＶＴＡ）と側坐核（ＮＡｃ）から構成される。[24] 脳の奥深くに位置する回路と神経細胞のリレーする密な集合体で、海馬や前頭葉を含むより高度な領域と、脳幹などのより原始的な領域との接続やリンクが多く、したがって非常に大きな影響力をもつ脳の部位である。

ＶＴＡは刺激を検出し、それが肯定的か否定的か、歓迎すべきものか避けるべきものかを判断する脳の構成要素《コンポーネント》である。ＶＴＡは次にその判断をＮＡｃに伝え、そこが経験されるべき適切な反応を引き起こす。よって美味しいおやつを食べた場合、ＶＴＡはこれをいいこととして記録し、ＮＡｃに伝え、するとそこから満足と喜びがもたらされる。うっかり腐った牛乳を飲んでしまった場合、ＶＴＡはこれを悪いこととして記録してＮＡｃに伝え、それが強い不快感やむかつき、吐き気など、実際に脳が取りえるあらゆる方法で、「二度とやるな！」というメッセージを確実に伝える。このシステムは協働することで中脳辺縁系報酬経路となる。

この文脈における「報酬」とは、脳が承認する何かをしたときに経験する肯定的な快楽の感覚である。典型としては、空腹時にものを食べる、あるいは食べたものが滋養または栄養素に富むなどの生物学的機能となる（脳にとって炭水化物は貴重なエネルギー源であり、よってダイエットする人にとってはかなり抗しがたい）。その他に、脳内報酬系をひときわ活性化させるものがある。たとえばセックス。ゆえに人びとは、多大な時間と労力をかけてそれを追い求める、それなしでも生きることができるというのに。そうだ《イエス》、できる《ウィキャン》のだ。

そこまで本質的、あるいは刺激的なものでなくとも構わない。痒くてたまらないところを掻くだけでも快い満足感を得られ、それも報酬系からもたらされる。脳がついさっき起きたことはいいことだからまたやるべしと告げているのである。

心理的な意味での報酬は、ある出来事に対する（主観的に）肯定的な反応で、行動の変化を引き起こす可能性があり、よって報酬の中身にはかなりの開きがある。もし、ネズミがレバーを押して少量のフルーツを得たとすれば、ネズミはレバーをさらに押すので、フルーツは有効な報酬である[25]。

しかし、フルーツの代わりに最新のプレイステーションを得たとすれば、もっと頻繁にレバーを押しはしないだろう。平均的なティーンエージャーらは異を唱えるかもしれないが、ネズミにしてみればプレイステーションは役に立たず、動機づけにもならない代物で、よってそれは報酬ではない。ここでのポイントは、異なる人びと（つまり生き物）は異なるものに報酬を見出すというのを明確にすること――つまり、ドキドキやハラハラが好きな人がいる一方で、それに魅力を感じない、感じられない人もいるということである。

恐怖と危険を「欲しい」ものにするためにはいくつかの方法がある。第一に、私たちは生まれながらにして好奇心旺盛である。ネズミのような動物でさえ、機会が与えられると新奇なものを探索する傾向がある。人間はさらにその傾向が強い[26]。単にものごとがどうなるか知るだけにどれだけのことをしているであろうか？　子どもをもつ者なら誰しも、しばしば破壊的となるこの傾向はおなじみのものであろう。私たちは斬新さの価値に引き寄せられる。そして実にさまざまな新しい刺激と経験に直面しており、そうであればなぜ、数多の目新しく、無害なものではなく、危険と恐怖という二つの悪しきことに魅了されるのであろうか？

中脳辺縁系報酬経路は何か好ましいことをしたときに喜びを与える。しかし、「何か好ましいこと」には幅広い可能性があり、これには起きていた悪いことが止まるときも入る。アドレナリンと闘うか逃げるか反応により、不安と恐怖を感じているあいだは驚くほど生気にあふれ、体中の感覚とシステムが機敏で危険に身構えている。しかし、たいてい危険や恐怖の発生源は消えてなくなる（わたしたちの過度に被害妄想的な脳を考えれば特に）。脳は脅威があった、だがいまは去ったと認知する。

あなたは幽霊屋敷の中にいたが、いまは外に出ている。避けられない死に向かって空を疾走していたが、いまは地上に降り、生きている。身の毛のよだつ話を聞いていたが、それは終わり、残虐な連続殺人鬼は現れることはなかった。いずれの場合も、報酬経路は突如として止んだ危険を認知しており、したがって危険を食い止めた方法が何であろうと、次にもそうすることが何よりも重要になる。だからこそ、それは非常に強力な報酬反応を引き起こす。食べることやセックスなど、ほとんどの場合は短期的に人生を上向かせることをしたにすぎないが、ここでは死を回避した！　これは何よりも重要である。それに加え、闘うか逃げるか反応のアドレナリンが体中を駆け抜けており、すべてが強化され強烈に感じられる。恐怖のあとに続く快感と安堵は、強烈な刺激となりえる——他のどんなものよりも。

中脳辺縁系経路は海馬と扁桃核につながる重要な神経的接続と物理的リンクをもち、それが重要と判断する特定の出来事の記憶を強調させ、さらにそれらに強い感情的共鳴を加えることができる。[27]ものごとの発生時に報酬を与えたり意欲を奪ったりするだけでなく、出来事の記憶そのものも特に強力にしているのである。

高揚した意識、激しい興奮、鮮明な記憶。このすべてが結びつくことで、ものすごく恐ろしい経験が他のどんなときよりも「生きている」実感を与えることにもなる。それにくらべて他のどんな経験もつまらなく平凡に思えるようになったとき、それが同様の「高揚感」を追求する強い動機づけになる。二倍濃いエスプレッソコーヒーを飲み慣れている人は、エクストラミルクラテに深い満足感を味わうことがないのと同じである。

そしてそれはかなりの頻度で、偽りのものではない「本物」のスリルでなければならない。脳の意識的な思考の領域は、数多の状況で容易にだまされてしまうが（本書でその多くを説明している）、そこまでだまされやすくはない。そのため、超高速車を運転するビデオゲームが視覚的にどれほどリアルであろうと、実際に運転しているときと同じ緊迫感や興奮が提供されることは望むべくもない。ゾンビとの戦闘やスターシップの操縦も同じである。一昔前の「ビデオゲームは暴力的な思考に結びつく」という主張に反し、ヒトの脳は現実と非現実を認識し、違いに対処できるのである。

しかし、リアルなビデオゲームが怖くないとすれば、完全に抽象的なもの、たとえば本の物語がどうしてそんなに恐ろしいのであろうか？　おそらくそれは制御に関係する。ビデオゲームで遊んでいるときはその状況を完全に制御できる。ゲームなら一時停止することもできるし、それが自分の操作通りに反応するなどいろいろある。恐怖小説や映画ではそうはいかない。そこでは個人は受動的な観察者であり、物語に夢中になっているあいだ、そこで展開されている出来事に対して何の影響力ももたない（本を閉じることはできても物語を変えられはしない）。映画や本の衝撃や感覚は場合によってはそれ以降も残り、かなりのあいだ不安な気持ちにさせる。これは鮮明な記憶のせいで、それらは「定着」するくらい繰り返し現れ出てきては活性化されるからである。一般的には、脳が出来事に対する制御力を維持しているときほどそれに対する恐怖は和らぐ。これが「想像力に任せるに限る」ものが、流血場面の特殊効果よりもずっと恐ろしい理由である。

CGや高度な人工装具などまったくなかった一九七〇年代は、ホラー映画の黄金時代として広くそのジャンルの専門家たちに認められている。すべての恐怖は、ほのめかしやタイミング、気配やその他巧妙なトリックからもたらされるべきものであった。結果として、脅威と危険を探し出し、予測するという脳の傾向がほぼその作業を担うこととなり、人びとは文字通り影にも怯えた。ハリウッドの大手スタジオによる先端技術を用いた特殊効果の時代になると、実際の恐怖はそれまでよりもずっと露骨で直接的になり、心理的な緊張感は大量の血とCGに取って代わられた。双方もしくは他のはたらきかけが入る余地があるとはいえ、恐怖があまりに直接的に伝えられた場合、脳はこれまでのようには関与せず、自由に考え分析する余裕が残り、これがいつでも回避できる全部架空の話だと認識したままとなり、したがって恐怖は当初の威力をもたなくなる。ビデオゲームメーカーはすでにこれに気づいており、サバイバルホラーゲームは、特大のレーザー砲で吹き飛ばして木っ端微塵にするのではなく、緊迫した不確実な環境での抗しがたい危険をかいくぐるキャラクターを必要とする様式になっている。(28)

極限のスポーツなどのスリルを求める行為も同じであることはほぼ間違いない。ヒトの脳は現実の危険と人工の危険を完全に区別でき、一般に本物のスリルを味わうには、不愉快な結果をもたらすきわめて現実的な危険を伴わなければならない。スクリーンやハーネス、巨大扇風機を用いた複雑な仕掛けは、バンジージャンプの感覚をうまく再現するかもしれないが、かなりの高所から落下していると脳に信じ込ませるほど本物に迫る可能性は低く、したがって実際に地面に叩きつけられる危険は取り除かれ、経験は同じにはならない。空中を素早く上へ下へと移動する感覚を得るのは、実際行わずに再現するのが難しく、かくしてジェットコースターが存在するのである。

恐怖の感覚に対して制御できる割合が少ないほどスリルは大きくなる。しかし分岐点があり、単に怖いのではなく「楽しい」恐怖にするためには、やはりそれに対してある程度の影響力を維持していなくてはならない。パラシュートを装着して飛行機から降下するのはエキサイティングで楽しいと考えられている。パラシュートを背負わずに飛行機から降下するのはそうではない。脳がスリリングな行為を楽しむためには、現実的な危険を伴わなくてはならないが、結果を左右できる影響力があり、だからリスクも回避できるという状況でなければならないようである。車の衝突事故で助かった人のほとんどは生きていることに安堵するだろうが、もう一度それを経験したいという欲求はまずないはずである。

前にも少し触れたが、脳には反事実的思考と呼ばれる奇妙な癖もある。起きなかったことの起こりえた否定的結果をくよくよ思い悩む傾向である。[29] これは出来事自体が恐ろしければ現実の危機感を伴うため、さらにいっそう顕著になる。もし、道を横断中にあやうく車に轢《ひ》かれそうになったとしたら、それから数日間、轢かれていたかもしれない状況についてあれこれ考えたりする。実際、轢かれてはいない。身体的にいっさい何も変わっていない。それでも脳は、過去であろうが現在であろうが未来であろうが、潜在的な危険に注意を向けるのが大好きなのである。

この種のものを楽しむ人びとはしばしばアドレナリン中毒者と呼ばれる。「刺激追求」は認識されている性格特性で、[30] 彼らは身体的、経済的、法的リスクを冒してまでも、新しく変化に富んだ複雑かつ強烈な経験をつねに追い求める（金を失う、逮捕されるというのも多くの人がぜったい避けたいと願う危険である）。前段落で、適切にスリルを味わうためには行為に対するある程度の制御力が必要であると述べたが、刺激追求の傾向は、正しくリスクを評価もしくは認識し、制御する能力を鈍らせる可能性がある。一九八〇年代後半のある心理学的研究では、スキーヤーに着目し、負傷したスキーヤーとしていないスキーヤーとの比較を行った[31]。それによれば、負傷したスキーヤーは負傷しなかったスキーヤーよりも刺激を求める傾向がかなり強いことがわかり、つまりスリリングな刺激への衝動が、本人の制御能力を越えてものごとを押し進める判断や行動の原因であることがうかがわれる。リスクを追い求める欲望が同時にリスクを認識する能力を低下させる可能性があるというのは残酷な皮肉である。

なぜ人によってそこまで極端な傾向になるのかはわかっていない。偶然少しずつそうなっていき、危険な経験を伴うつかの間の気まぐれな遊びが楽しいスリルをもたらし、もっともっとと際限なくそれを求め続けるようになるのかもしれない。これは「滑りやすい坂」論〔訳注：一つ例外を認めたらすべてそうなるという論理〕の典型で、まったくもって、スキーヤーにはぴったりの言葉である。

生物学や神経学的な要因をさらに詳しく調べた研究もある。たとえばＤＲＤ４など、特定クラスのドーパミン受容体を塩基配列によって指定する特定の遺伝子が刺激を追求する者の中で突然変異する可能性を示す科学的根拠（エビデンス）もある[32]。そのため、中脳辺縁系報酬経路の活動が変えられ、刺激の報われ方も変えられる。中脳辺縁系経路がより活発化した場合、強烈な体験はよりいっそう強力になるかもしれない。しかし、もし活発でなければ、正真正銘の喜びを味わうためにはより強い刺激を求める結果になるかもしれない。つまり、ほとんどの人たちがあたりまえと考えるようなことにも、さらなる命がけの努力を求めるのである。どちらにしても、結局はより多くの刺激を追い求めることになるだろう。脳の特定の遺伝子の役割を突き止める作業は昔から長く複雑なプロセスであることに変わりなく、したがってこれについてもまだ明らかではない。

二〇〇七年からのサラ・B・マーティンとそのチームによる別の研究では、刺激欲求の性格特性スコアが異なる多数の被験者の脳スキャンを実施した。その論文によれば、刺激欲求的行為は拡大した右前海馬と相関関係がある。[33] ここが斬新なものを処理し認知する役割を担う脳と記憶システムの領域であることがエビデンスから示唆される。要するに、記憶システムはこの領域を経由して情報を出して、「これを見てくれ。見覚えあるか？」と問いかけ、右前海馬があるかないかの返事をしているのである。拡大したこの領域が何を意味するのかは正確に解明されていない。斬新なことばかり経験しているので、斬新さ認知領域がそれに対処できるように拡大したとも考えられる。もしくは斬新さ検出領域が発達しすぎたため、斬新なものとして実際に認知するためにもっと多くの珍しいものが必要なのかもしれない。そうであれば、斬新な刺激と経験はそのような個人にとってより重要かつ注目すべきものかもしれない。

この右前海馬の拡大要因が実際に何であろうと、一脳神経学者にとって、人格特性のような複雑でとらえがたいものが、脳内で目に見える物理的な相違として反映されているかもしれないという事実にはかなり興をそそられる。それはメディアが示唆するほど頻繁に起きはしないのである。

全体として、恐怖に怯える経験を確かに楽しんでいる人びとがいる。これに誘引される闘うか逃げるか反応により、高揚を伴うさまざまな経験（と、それが収束したときに生じる明らかな安堵）が脳内で引き起こされ、これはある一定の範囲内で楽しむためにも活用されえる。中には脳の構成や機能が微妙に異なり、このような強烈なリスクや恐怖に関連する刺激をときとして危険なレベルまで追及する人もいるのかもしれない。でもそれは何ら批判することではない。なぜなら、総体的な構造上の整合性をクリアすれば、誰しも脳は違うのであり、これらの違いは何ら恐れるべきものではない。たとえあなたが恐れることを楽しんでいたとしても。

いかしてるよ――体重を気にしないっていいな　（批判のほうが称賛よりも気になる理由）

「棒と石では骨を折ることがあるかもしれないが、言葉では傷つかない」。この主張はよく考えてみたらおかしくはないだろうか？　第一に、骨折による痛みはどう考えても相当のもので、したがって痛みの指標として軽々しく用いるべきではない。第二に、もし言葉や侮辱が本当に傷つけることがないのであれば、いったいどうしてこのことわざが存在するのか？　「ナイフとカミソリでは切り裂かれることがあるかもしれないが、マシュマロはいたって安全である」と指摘する同様の格言はない。ここは正直になろう。称賛はとても心地よいが、批判は刺すように痛むのである。

額面通り受け取れば、この項のタイトルは褒め言葉である。それどころか実際、外見と生き方への賛辞として、二つのことを褒めている。しかし、それを言われたほうはまずそのまま受け取ることはない。批判はたいてい言外にほのめかされるので、とらえがたく、ある種の解釈が必要になる。それにもかかわらず、本領をより強く発揮するのは批判である。これは脳のはたらきから生じる数限りない現象の一つにすぎない。言うなれば、一般的に批判は称賛よりも重みがあるのだ。

髪型を変えた、服を新調した、仲間内でおもしろい話を披露したというようなことを何かしらした場合、何人から外見を褒められようが、どれほど冗談が受けようが関係ない。一瞬ためらってから何か気の利いた言葉を口にする、げんなりしたあきれた表情を見せる相手こそ、あなたの頭にこびりつき、嫌な気持ちにさせるのである。

ここでは何が起きているのだろうか？　もしそれほど不快ならば、脳はなぜ批判をそこまで真に受けるのだろうか？　そのための神経学的な仕組みが実際あるのだろうか？　あるいは、かさぶたをはがす、抜けそうな歯を指でいじるといった奇妙な衝動にも似た、不快感に酔う病的な心理状態なのだろうか？もちろん、ありえそうな答えは一つではない。

脳にとって、悪いことはよいことよりも強力なのが典型である。[34]より根本的な神経学レベルでは、批判が作用するのはホルモンのコルチゾールのはたらきによると考えられている。コルチゾールはストレスの多い出来事に応じて脳から分泌される。つまり闘うか逃げるか反応を引き起こす化学的誘引物質の一つで、ストレスにさらされ続けることによって生じるあらゆる問題の原因として幅広く認識されている。その分泌は主に視床下部・下垂体・副腎（ＨＰＡ）軸によって制御される。そこはストレスに対する全般的な反応を調整する、神経と内分泌腺（つまりホルモン調節）が複雑につながり合う脳と体の領域である。ＨＰＡ軸はこれまで、突発的な大きな音など、ストレスの多いあらゆる種類の出来事に反応して活性化されると考えられていた。しかし、最近の研究によって、それよりもやや選択的で、ある特定の状況においてのみ活性化されることが判明した。現在の一つの説によれば、ＨＰＡ軸は「目的」が脅かされたときにだけ活性化される。[35]たとえば、道を歩いていて鳥の糞が体に落ちた場合、それは不愉快で衛生的には確かに有害だが、「飛び交う鳥による汚染から身を守る」というのはあなたの意識的な目的ではないため、HPA軸を介した反応は活性化されにくい。しかし、非常に重要な就職の面接に向かっているときに同じように鳥があなたを標的にした場合は、HPA軸の反応を引き起こす可能性がかなり高い。なぜならあなたには確固たる目的がある。面接に行き、担当者を感服させ、仕事を得るというものだ。その目的がここで大きく妨害されたのである。就職の面接の服装指南は数あれど、「鳥のぼってりした消化の副産物への対策」についてはいずれでも考慮されていない。

「目的」の最たるものは自己保存である。そのため生き延びるという「目的」を妨げる恐れのある何かが起こった場合、HPA軸はストレス反応を活性化させる。これがHPA軸を介した反応はあらゆるものに応じると考えられていた理由の一つである。なにせヒトは自分に対する脅威をどこでも感じることができ、実際感じているのだから。

しかしながら、ヒトは複雑であり、この一つの結果として他人の意見やフィードバックにかなり依存する。社会的自己保存理論によれば、ヒトには自らの社会的立場を保持するため（その承認を重んじる相手から好かれ続けるため）の強固な動機づけがそなわっているという。これは社会的評価への恐怖を引き起こす。具体的には、認められた社会的地位やイメージを脅かすものは何であれ、好かれるという目的の妨害であり、したがってHPA軸が活性化され、体内システムにコルチゾールが分泌される。

批判、侮辱、拒絶、嘲笑などは、特に公然と行われた場合、わたしたちの自尊心を攻撃し、損なわせる可能性もあり、それは好かれる、認められるという目的を妨げる。これによるストレスがコルチゾールを分泌させ、それがさまざまな生理作用（たとえばグルコースの分泌を増やすなど）だけでなく、脳にも直接影響を及ぼす。闘うか逃げるか反応がいかに集中力を強化し、記憶をより鮮明に際立たせるかについてはすでに学んだ。コルチゾールは可能性として、批判を受けた際に、分泌される他のホルモンと共に、（多かれ少なかれ）この状態を引き起こす。つまり、体を敏感にして、出来事の記憶を強調するという実際の身体的反応をもたらすのである。この章全体は、脅威を探すとなると極端に走る脳の傾向に基づいており、そこに批判が含まれないわけはない。そして何かしら否定的なものごとが起き、それが直接的な体験であった場合、そこから関連するさまざまな感情や感覚が生じ、海馬と扁桃核の処理がふたたび勢いづき、情緒的に記憶を強化し、より顕在化させて保存することになる。

　称賛を受けるなどのよいこともまた、オキシトシンの分泌を介して神経的反応を引き起こし、それが快の感覚をもたらすが、効き目は弱く、薄れるのも早い。オキシトシンの化学作用とは、つまりそれが約五分で血流から消え去る。対してコルチゾールは一時間以上、ときに二時間も滞留し、したがってその影響はずっと長く続く。[36] 喜びの信号のはかない性質はやや無情の感があるが、激しい喜びを長期にもたらすものは身体的機能を大きく損なう傾向があり、それは後半で確認する通りである。

　しかし、脳内の出来事すべてを特定の化学物質の作用に関連づけるのはわかりやすいが誤解を招きやすく、これは「主流派」とされる脳神経学者の研究報告でしばしば見受けられる。ここでは、この批判が強調される理由の他の可能性に目を向けてみることにする。

　斬新さもまた重要な役割を果たしている可能性がある。オンライン上のコメント欄が示唆するものとは異なり、ほとんどの人びと（当然ながら文化的多様性をもつ者たち）は、社会規範と礼儀があるがために他人と丁寧に接している。道ばたで誰かに向かって暴言を浴びせるのは良識ある者がすることではない。ただし、明らかにこのルールの対象外である交通監視員に向けられた場合は別である。思いやりやさりげない称賛はふつうであり、レジ係がおつりを渡してくれたとき、たとえそれが自分がもらうべきもので、レジ係がもらうものではなくとも「ありがとう」と言うのと同じである。あることがふつうになると、わたしたちの斬新なもの好きな脳は、習慣化する過程でそれをどんどん除外し始める。[37] つねに何かしら起きているのであり、であればなぜ無視しても安全なものに貴重な脳の資源を無駄に費やさなければならないのか？

　ささやかな称賛はごくふつうであり、よって純粋にふつうではないという理由から、批判がより大きな影響力をもつようになる。笑っている観客の中のたった一人の不満げな顔がより際立つ理由は、それがあまりにも異質だからである。ヒトの視覚と注意システムは、斬新なもの、異質なもの、そして「脅威」に集中するよう発達してきたのであり、そのすべてが厳密に言うと不機嫌な顔の人物に体現される。同様に、意味のない決まり文句として「よくやった」「上出来だ」を聞き慣れていれば、「役立たず！」は頻繁に耳にしないからこそいっそう不快に響く。そしてそれが起きた原因を究明し、次は回避できるようにと、不快な経験についてさらにくよくよ考え込むことになるのである。

　第二章では、脳のはらたきのせいで誰もがやや自己中心的で、よりよい自己像をつくるために出来事を解釈し、ものごとを記憶する傾向にある実態を述べた。もしこれが既定の状態であるなら、称賛はすでに「わかっている」ことを伝えているだけで、一方で直接的な批判は都合よく解釈しづらく、脳のシステムにとっては衝撃である。

　もしあなたが、演芸や創作物、あるいは共有する価値があると考えた意見など何らかの形で自分を

「さらけ出した」場合、それは本質的に「あなたはこれを気に入るはず」と言っていることになる。要は目に見える形での他人の称賛を求めているのである。驚くほどの自信家でない限り、自分の誤りかもしれないという疑念と自覚がつねにある。この場合、拒絶のリスクに敏感になり、非難や批判のどんな徴候をも見逃さないと身構えていて、もしそれがかなり自信のある、あるいは多大な労力と時間を費やしたものであればなおさらそうである。心配している何かを見つけようと身構えているときのほうが、それを見つけやすい。心気症患者［訳注：健康を気にしすぎる人］が自分には奇病の憂慮すべき症状があると必ず気づくのと同じである。この過程は確証バイアスと呼ばれる――私たちは自分の探しているものに飛びつき、それに合わないものはすべて無視するのである。(38)

脳は実質的に知っていることだけに基づいて判断を下すことができ、知っていることとは、自分自身の結論と経験に基づき、したがって人びとの行動を評価する際は世間の行動を基準にする傾向にある。そのため、社会規範がそうあるべきだという理由だけで人びとが丁寧で好意的であったとすれば、誰もが同じようにするはずではないだろうか？　結果として、人びとから受ける称賛はすべて、その真偽のほどがあいまいになる。しかし、誰かから批判された場合は、単にあなたのできが悪かっただけでなく、あなたのできが非常に悪かったがために、相手は自ら社会規範を犯してまでそれを指摘したことになる。こうして、またしても、批判は称賛よりも影響力をもつのである。

潜在的な危険を特定して対処する脳の精巧なシステムのおかげで、人間は大自然の中で生き延び、今日のような知的で文明化した種となれたのかもしれないが、欠点がないわけではない。複雑な知性により、わたしたちは脅威を見つけ出すだけでなく、それらを予測し想像することもできる。人間を脅かし、怖がらせる過程は数限りなく、そのために脳は、神経学的、心理的、あるいは社会的にも反応することになる。

この過程は、気の滅入ることに、他人が巧みに利用できる脆さとなり、ある意味、現実の脅威となる。もしかするとあなたは「けなす」ことをよくご存じかもしれない。ナンパ師が使う手口で、女性に近づき、一見褒め言葉のようだがその実批判や侮辱がこもったことを言う行為である。もし男が女に近づき、この項のタイトルを口にした場合、それは「けなす」ことである。他にも彼はこんなことを言うかもしれない。「きみの髪型好きだな――きみのような顔立ちの女性はたいていそんな髪型にするなんて冒険はしないからね」とか、「普段はきみくらい背の低い子は好きじゃないんだけど、きみはいかしてるよ」とか、「もうちょっと痩せればその格好も抜群に似合うと思うな」とか、「女性とどう話していいかわからないんだ、なにせ双眼鏡越しにしか見たことがないから。だからきみの自信をズタズタにして、俺と寝たいと思わせるように心理的な小細工を弄するつもりさ」。確かに、最後のものは典型的なけなしのせりふではないが、現実的に連中が言っていることである。

しかし、ここまで意地の悪いものである必要はない。おそらくは、人が誇りに思う何かをしたとき、すぐにどうでもいい粗を探し、指摘し始めるタイプの人間に心当たりがおありだろう。だって他人の誇りを傷つけるだけで自分の気分が上向くのだから、わざわざ自ら何かをやり遂げる努力をする必要などないではないか？

せっせと脅威を探し出しているうちに、脳は実際にそれをつくりだしてしまうとは、なんとも残酷で皮肉な結果である。

第四章　自分は賢いって思ってるだろ？

知能の不可解な科学

人間の脳を特別かつ特異な存在たらしめているのは何であろうか？　答えになりそうなものは山ほどあるが、なんと言っても優れた知能をもたらしていることだろう。多くの生物も人間の脳が担う基本的な機能すべてをそなえているが、これまでのところ、彼ら自身の哲学、乗り物や衣類、エネルギー資源、宗教、あるいはパスタを三〇〇種類どころか一種類でさえつくりあげたことで知られる生物はいない。本書が主に人間の脳の非効率で奇妙な作用について述べている事実はともかく、見過ごしてはならないのは、もし脳が人間をとても豊かで多面的で多様な内面的存在たらしめ、そのもてる力を存分に発揮できるようにしているのであれば、明らかに脳が何かしらまともなことをしているという事実である。

有名な格言がある。「もし、人間の頭脳が我々が理解できる程度に単純であったならば、我々は単純すぎてそれが理解できないであろう」。脳の科学とそれがどのように知能と関係しているのかを調べた場合、この格言が真実である要素は非常に強い。脳のおかげで私たちは、高い知能をもっと自覚できる知能と、これが世界の標準でないことを自覚できる観察力と、どうしてそうなのかを不思議に思う好奇心をもつことができる。しかし、いまだに私たちは、知能がどこから生じ、どのように機能しているかを容易に理解できるほど知的ではないらしい。したがって、さまざまな過程で起きていることを理解するには、脳と心理学の研究に頼るしかない。科学自体はわたしたちの知能のおかげであり、こんどはその科学を用いて知能の仕組みを解明する？　これは非常に効率的であるか、さもなければ堂々巡りのどちらかで、私はそれに答えられるほど賢くない。

まぎらわしくて、やっかいで、矛盾だらけで、理解しがたい。これが捜し出せそうなもっとも的確な知能それ自体の説明である。測ることも、確実に定義することさえも難しいが、この章では、私たちが知能とその奇妙な特性をどのように活用しているかを考察していこう。

おれのＩＱは二七〇、まあそのあたりの高さかな（知能の測定が想像以上に難しい理由）

あなたには知性はありますか？

それを自分自身に問いかけた場合、その答えは間違いなくイエスである。それは「地上で一番知性的な種」の称号を自動的に付与するための数々の認知処理が可能であることを実証している。あなたは知能のような、現実世界に確固たる定義も物理的実体もない概念を理解し、保持していられる。自らを世界の中の一個体、限られた存在として認めている。自らの特性と能力を鑑みて、それらをある種の理想ではあるが現存しない目標に照らして評価し、他人のそれとくらべて限界があるだろうことを推論できる。地上の生き物で、このレベルの精神的な複雑さをそなえるものは他に存在しない。本質的に軽い神経症の生き物にしては上出来である。

よって人間は、いくらかの差異はあるものの、地球上で一番知能の高い種である。しかし、それは何を意味するのであろうか？　知能は、皮肉や夏時間のように、多くの人が大枠は把握していても、詳細な説明には苦労する類のものである。

これは明らかに科学にも問題を提起する。知能には、何十年にもわたり多くの科学者たちが示してきた多種多様な定義がある。最初の厳密な知能指数（ＩＱ）テストの一種を考案したフランスの科学者ビネーとシモンは、知能を次のように定義した。「適切に判断すること、適切に理解すること、適切に推論すること」。これらは知的活動に必要不可欠である」。デイヴィッド・ウェクスラー、いまでも「ウェクスラー式成人知能検査」などのテストで用いられている知能にかんする理論と測定方法を多数考案したアメリカの心理学者は、知能を「目的をもって行動し、環境を効果的に処理するための包括的能力の総体」としている。この分野のもう一人の代表的人物フィリップ・Ｅ・ヴァーノンは、「関係と理由を理解して把握するための効果的で多彩な認知能力」と述べた。

しかし、すべて要領を得ない考察でしかないと結論づけないでいただきたい。知能について一般に合意を得ている解釈も多々ある。つまり、脳の「ある」能力を反映している。もっと正確に言えば、情報を処理し活用する脳の能力である。推論、抽象的思考、演繹パターン、把握といった用語の数々。この手のものは優れた知能の例示としてよく言及されるものである。これは論理的にある程度理解できる。これらのすべては通常、まったく実態のないものを基礎にした情報の評価や処理にかかわる。端的に言えば、人間には直接それにかかわらなくてもものごとを理解できるだけの知能がそなわっているのである。

たとえば、一般的な人が特大の南京錠がかかった門に近づいた場合、すぐに「ああ、閉まってる」と考え、他の入口を探しに行くだろう。これはどうということのないように思えても、知能の証拠に他ならない。その人はある状況を観察し、その意味を推論し、それに沿って反応している。「やれやれ、閉まってる」とわかった時点で、実際に門を開けようとはしない。要は必要がないのである。論理、推論、把握、計画。これらすべてが行動を決めるために活用されている。これは知能である。しかし、それで知能の研究や測定方法が明確になるものでもない。脳で複雑な情報処理が行われることにかんしては文句のつけようがないが、それは直接観察できる類のものではなく（最新鋭の脳スキャナーでさえ、現時点では異なる色がぼやっと表示されるにすぎず、たいして役に立たない）、したがって測定するには、特別に設計されたテストでの行動と成績を観察するという間接的な方法しかない。

この時点で、主要なものが抜けているとお考えかもしれない。私たちには知能の測定手段が、IQテストなるものがあるではないか、と。おなじみのIQ、つまり知能指数。言うなれば賢さの尺度である。あなたの重さは体重を量れば示される。背の高さは身長を測れば測定される。血中アルコール濃度は、警察が息を吹き込むよう指示するあの機械に息を吹き込めば計算される。そしてあなたの知能は、IQテストで判断される。簡単なことではあるまいか？

それが必ずしもそうではないのである。IQは、つかみどころのない詳細不明な知能の性質を考慮に入れた測定法だが、ほとんどの人が実際よりも決定的だと思い込んでいる。ここで覚えておくべき重要な事実をお教えしよう。それは、母集団の平均IQは一〇〇ということである。例外はない。誰かが（X国）の平均IQは八五しかないと言った場合、それは間違いである。「（X国）の一メートルの長さは八五センチしかない」と言っているのと同じで、これは論理的にありえず、それはIQも同じである。

正式なIQテストは、提案された「正規」分布に従って、自分がその属する母集団内の典型的知能分布のどこに収まるかを教えてくれる。この正規分布は「平均」のIQを一〇〇と定めている。IQが九〇から一一〇は平均、一一〇から一一九は「平均の上」、一二〇から一二九は「優秀」、一三〇以上はすべて「きわめて優秀」に分類される。逆に、IQが八〇から八九は「平均の下」、七〇から七九は「境界線級《ボーダーライン》」、六九から下はすべて「きわめて劣る」となる。

このシステムを用いると、母集団の八〇パーセント以上が平均の領域内、IQ八〇から一一〇のあいだに収まる。そこから離れるほど、それらのIQをもつ者が少なくなり、その集団の五パーセント未満がきわめて優秀、あるいはきわめて劣るIQとなる。典型的なIQテストは、人のもちまえの知能を直接的に測定するのではなく、その集団の他の人たちと比べてどの程度なのかを示すものなのである。

これはある種の混乱を引き起こしかねない。たとえば、強力で奇怪な特定のウィルスにより、世界のIQ一〇〇以上の人たちが一人残らず死亡したとする。残された人びとは、それでも平均IQ一〇〇を維持したままである。伝染病が流行る前にIQ九九だった人びとは、にわかにIQ一三〇以上となり、「最《クレーム》高《デラ》位《クレーム》」の知的エリートとなる。それを通貨で考えてみていただきたい。英国において、ポンドの価値は経済動向によって変動する。しかし、ポンドはつねに一〇〇ペニーであり、したがってポンドは変動と固定の両方の価値をもつ。IQも基本的には同じで、平均IQは必ず一〇〇だが、知能の観点から見たIQ一〇〇の実際の価値は変動するのである。

この正規化と母集団平均に忠実に従う方式のため、IQ測定はやや限定的になりえる。アルバート・アインシュタインやスティーブン・ホーキングといった人びとは一六〇程度のIQだと報道されており、それは非常に優れていることに変わりないが、母集団の平均が一〇〇だと考えれば驚異的という印象は受けない。したがって、IQが二七〇かその付近であると主張する人に出会ったとしても、おそらく彼らは間違っている。科学的に有効と認められない別の種類のテストを用いているか、その結果をとんでもなく誤解しているかで、そうであれば彼らの超天才というせっかくの主張もかたなしだろう。

だからといってそのようなIQの人がまったくいないと言うのではない。現にギネスブックによれば、記録に残る最高知能の人びとは二五〇を越えるIQだとされる。とはいえ、最高IQのカテゴリーは、そのレベルでのテストが不確実であいまいなため、一九九〇年にギネスブックから廃止されている。

科学者や研究者らが用いるIQテストは細心の注意を払って設計されており、顕微鏡や質量分析計と同じように実際のツールとして使われている。コストもかなりかかっている（よって、オンラインで無償提供されることはない）。テストはできる限り広範な人を網羅する、標準の平均知能を評価するよう設計されている。結果として、平均から遠ざかるほどその有用性は下がる傾向にある。学校の教室で身近なものを用いて物理的現象の概念を説明することはできても（たとえば、異なる大きさの重りを使って一定の重力を示す、あるいはバネで伸縮性を示すなど）、複雑な物理的現象を徹底して調べるとなると、粒子加速器や原子炉や恐ろしいほど複雑な数学的処理が必要になる。

つまり、驚異的に高い知能をもつ人というのはこの段階であり、ひたすら測定が難しくなっていく。

これらの科学的なＩＱテストが測るのは、パターンの完成検査〔訳注：欠けたところを埋めさせる知能テスト〕を使った空間認識、特定の質問を用いた理解力のスピード、あるカテゴリーから単語を列挙させることによる発話の流ちょう性などの項目である。検査としてすべて合理的だが、超天才に課して、そのまぎれもない知能の限界を測れるようなものではないだろう。言ってみれば、バスルームの体重計でゾウの重さを測るようなもので、一般的な範囲の体重には役立っても、それほどの水準になると有用なデータが得られないばかりか、粉々のプラスチックと壊れたバネが積み重なるだけである。

もう一つの問題は、知能テストが知能を測るものと明確に述べていることで、私たちが知能がなんたるかを知っているのは知能テストが示すからである。へ理屈をこねたがるタイプの科学者がこの状況に不満なのがよくおわかりいただけるはずである。現実には、使用頻度の高いテストは定期的に改訂されており、信頼性の評価も度々行われているのだが、それでも依然として根本的な問題を無視しているだけだと感じている者もいるのである。

知能テストの成績は、どちらかと言えば社会的な教育や総体的な健康、テストへの適応能力、教育レベルといったものを表していると指摘したがる者は多い。つまるところ知能ではないもの。したがって、テストは有用かもしれないが、それは意図されたものではないということである。

そうとはいえ、暗い見通しばかりではない。科学者たちがこのような批判を知らないはずはなく、彼らは才覚あふれた集団である。今日では、知能テストはより役に立つ――一つの一般的な評価ではなく、むしろ多方面の評価を示し（空間認識や計算能力、その他もろもろ）、そのためより堅実で仔細な能力を測ることができる。研究によれば、知能テストの成績もまた、本人の経験するさまざまな変化や学習にもかかわらず、その人生において変動がないらしく、そうであれば単なる任意の細目だけにとどまらず、本来そなわっている資質をある程度検出しているのだろう(1)。

そういうわけで、あなたはいま、人びとが知っていること、あるいは人びとが知っていると思っていることを知っている。一般的に認められている知能の証の一つは、自分の知らなかったことに気づき受け入れること。たいへんよくできました。

教授、おズボンはどうされましたか？ (頭のいい人たちがまぬけなことをしでかす理由)

ステレオタイプの学者像は、初老期ごろの白衣をまとった白髪の人物(ほぼ必ず男)で、自分の専門分野について早口でまくし立てる一方、世間にはとんと疎く、ミバエのゲノムについて造作もなく説明するが、うっかりネクタイにバターを塗ってしまう。社会通念や日々の雑事は完全に未知の世界で戸惑いしかなく、自分の研究テーマについて知るべきことはすべて知っているが、それ以外はほとんど何も知らないというもの。

知能が高いということは、力が強いのと同じようにはいかない。力が強い者は、あらゆる状況で強い。しかし、ある状況で才能がずば抜けている者が、他では怯えたうすのろに見えたりする。

これは知能が身体的な強さとは異なり、単純であったためしのない脳の産物だからである。そうであれば、知能を支える脳の処理とはどういうもので、どうしてこれほど変幻自在なのだろうか？ まず第一に、ヒトは単一の知能を使うのか、異なる種類の知能を使うのかという現在進行形の心理学上の議論がある。現時点のデータによれば、それはいろいろな要素の組み合わせであるらしい。

支配的な見解は、知能を支える単一の特性があり、それがさまざまな形で表現されえるというものである。これは、「g因子」、あるいは単に「g」としてよく知られている。科学者のチャールズ・スピアマンにちなんで名づけられたもので、彼は一九二〇年代に因子分析を考案し、知能の研究と科学全般に大きく貢献した。前項では、IQテストが一定の条件つきであるにもかかわらず幅広く用いられている現状を述べた。因子分析とは、それら（や他のテスト）を役立てるものである。

因子分析は数学的に難解なプロセスだが、知るべきことは、統計的分解の一形態だということである。これは、大量のデータを用い（IQテストで生成されたものなど）、それを数学的にさまざまな方法で分解し、その結果に関連するか影響する要因を見つけ出すというものである。それらの要因は事前にわからないが、因子分析によって洗い出すことができる。もし学校の試験で生徒たちが全般的に中程度の得点だった場合、校長はより詳細な得点配分を知りたいと考えるだろう。因子分析を用いることにより、全試験の得点の情報を精査し、さらに詳しく調べることができる。算数の問題は総じてよく解けていたが、歴史問題の正解率が低かったことが判明するかもしれない。そうすれば校長は、時間と費用の無駄だと歴史の教師を叱責してもよいと納得できる（だが、悪い結果についてはさまざまな説明が成り立つので正当化はされない）。

スピアマンはこれと同様のプロセスを用いてIQテストを評価し、テストの成績を裏づける一つの根本的な要因があるらしいことを突き止めた。これが単一の一般因子、「g」と名づけられたもので、もし一般的な人が知能と考えるであろうものが科学的に何かしら認められる場合、それはgとなる。g＝「すべてのありえる知能」とするのは誤りで、知能はさまざまな形で示される。それはむしろ知的能力の一般的な「核」、家の土台と枠組みのようなものと考えられるだろう。建て増しすることも家具をそなえることもできるが、基礎の建物が頑丈でなければそれは無駄でしかない。同様に、好きなだけ難解な言葉や記憶術を学ぶことはできるが、もしgが一定の水準に達していなければ、それを使ってできることはたかが知れているというわけである。

研究からは、gをつかさどる脳領域の存在がうかがえる。第二章では短期記憶について論じ、その際に「作動記憶」という単語について軽く触れた。これは実際の処理過程と操作、つまり短期記憶の中にある情報を「使用」することを指す。二〇〇〇年代始め、クラウス・オベラウアー教授らのチームは一連のテストを実施し、被験者の作動記憶の成績は、その被験者のgを判定するための試験結果とかなり一致することを突き止め、人の作動記憶の能力が総体的な知能の主な要因であることを示した(2)。つまり、作動記憶の課題で高得点であれば、IQテストの分野でも高得点である可能性がきわめて高くなる。それは論理的につじつまが合う。知能には、可能な限り効率的に情報を取得して保持し、使用することが含まれ、IQテストはこれを測定するために設計されている。だが基本的には、そのような処理は作動記憶が行っているものである。

脳障害を負った患者のスキャン研究や調査からは、gと作動記憶両方の処理に前頭前皮質がきわめて重要な役割を担うという説得力のある科学的根拠（エビデンス）が示されている。前頭葉の損傷に苦しむ患者は、異常な記憶障害が広範に見られ、一般的にそれは作動記憶の不具合に起因するため、ここからもその二つがかなり重なり合っていることが示唆される。この前頭前皮質は額のすぐ後ろ、思考や注意、意識といったより高度な「実行」機能に関連づけられることの多い前頭葉の先端部分に位置する。

しかし、作動記憶とgがすべてを説明するわけではない。作動記憶の処理は主として言語情報を使って行われ、心の中でつぶやくような、口に出して言える単語や言葉に支えられている。かたや知能は、あらゆる種類の情報に適用されるため（視覚、空間、数値、他もろもろ）、研究者たちは知能を定義して説明する際には、gの先にあるものに目を向けがちである。

レイモンド・キャッテル（チャールズ・スピアマンの教え子）と彼の生徒ジョン・ホーンは、一九四〇年代から一九六〇年代にかけた研究から因子分析の新しい手法を考案し、二つの知能の種類を特定した。流動性知能と結晶性知能である。

流動性知能とは、情報を使うための能力で、それを活用したり応用したりすることである。ルービックキューブを解くのに必要なのは流動性知能であり、自分では気を悪くさせるようなことをした記憶がいっさいないのにパートナーが口をきいてくれない理由を解明するのもそれである。いずれの場合も、手持ちの情報は新しく、自分に利益をもたらす成果を得るため、それを使って何をするか考える必要がある。

結晶性知能とは記憶に保存してある情報で、よりよい状況を得るために役立てられるものである。パブのクイズ大会で、無名の一九五〇年代映画の主演俳優を答えるには結晶性知能が必要となる。北半球に位置する首都すべてがわかるのも結晶性知能のためである。第二（あるいは第三、第四）言語の習得にも結晶性知能を利用する。結晶性知能は蓄積してきた知識であり、流動性知能のほうは、それをうまく活用する、あるいは解決しなければならない不慣れな事態にうまく対処するためのものである。

流動性知能は、gと作動記憶のもう一つの形と言っても差し支えないであろう。要は、情報の操作と処理である。しかし、結晶性知能は別の系統《システム》として考えられることが増えてきており、脳のはたらきがこれを裏づける。一つの有力な事実として、流動性知能は加齢にともない低下することが挙げられる。流動性知能テストでは、八〇歳の人は、本人が三〇歳、あるいは五〇歳のときより成績が劣るだろう。神経解剖学研究（および数多の解剖）により、流動性知能を担うと考えられている前頭前皮質は、脳領域の他のどこよりも加齢とともに萎縮することが判明している。

対象的に、結晶性知能は生涯を通じて安定した状態を保つ。一八歳のときにフランス語を習得した人は、使わずに一九歳のときに忘れてしまったというのでなければ八五歳になっても話すことができるだろう。結晶性知能は長期記憶に支えらる。それは脳の幅広い領域に分布していて、経年の損傷に耐えられるくらい丈夫であることが多い。前頭前皮質は、流動性知能を支えるために絶えず活発な処理を行うかなり酷使される活動的な領域で、非常に動的な活動のため、徐々に傷んでいきやすい（激しいニューロン活動は、たとえばフリーラジカルのような細胞に有害なエネルギー粒子など、数々の老廃物を産出する傾向にある）。

それぞれの知能は互いに依存し合っている。情報を操作できたとしても、情報にいっさいアクセスできなければ意味がないし、逆もまたそうであろう。研究のために二つを明確に線引きするのは困難である。幸いにも、知能テストは流動性か結晶性知能のどちらかにほぼ焦点を絞って設計することができる。未知のパターンを分析し、他とは異なるものを特定する、あるいはそれらの相関性を解くことが求められるテストは、流動性知能を評価すると考えられている。すべての情報が新しく、処理される必要があるため、結晶性知能の使用が最小限となるからだ。同様に、単語リストを思い出すことや前述のパブクイズといった想起や知識のテストは、結晶性知能に焦点を合わせたものである。

もちろん、それほど単純なことではすまない。未知のパターンを並べ替える作業もやはり、イメージや色、さらにはテストを完了させる手段までも自覚に依存している(もし一連のカードを並べ替えるならば、カードの種類と並べ方についての知識を使っているはずである)。これは脳スキャン研究を難しくするもう一つの問題で、ごく単純な作業でさえ複数の脳領域が関与している。だが一般的に、流動性知能の作業は前頭前皮質および関連領域がより活発な動きを示す傾向にあり、結晶性知能の作業は大脳皮質のより広範な領域、多くの場合、縁上回やブローカ野などの頭頂葉(脳の上側中央部分)の関与が示唆される。前者はしばしば感情や感覚データに関連する情報の保持と処理に必要であるとされ、一方後者は言語処理システムの重要な領域とされる。どちらも相互に結びついており、長期記憶データへのアクセスが必要とされる機能であることがうかがえる。まだ明確ではないが、一般知能に対するこの流動性/結晶性の区別を支持するエビデンスが増えている。

この理論をマイルス・キングストンが見事にとらえている。「知識とは、トマトがフルーツであるとわかっていることで、分別とは、それをフルーツサラダに入れないことである」。トマトの分類を知るには結晶性知能が必要であり、フルーツサラダをつくるときにこの情報を応用するには流動性知能が必要になる。もしかするとここで、流動性知能とはかなり常識に近いものとお考えかもしれない。確かにそれも一つの説明となるだろう。しかし、知能の区分が二つではまだ不充分とする科学者もいる。もっとほしいのである。

その論理は、人間が表現できる幅広い知能を説明するのに単一の一般知能では不充分だというものである。サッカー選手を考えてみていただきたい――彼らは学問的には成功しない場合が多いが、サッカーのような複雑なスポーツでプロとしてプレイするには、的確なコントロール、力とアングルの判断、広範な空間認識といったかなりの知的能力が求められる。自分の仕事に徹しながら偏執狂的ファンの非難に耳をふさぐには不屈の精神が要る。「知能」の一般的な概念では明らかに少し狭すぎる。

おそらく、もっとも顕著な事例は「サヴァン症候群」であろう。ある種の神経学的障害を有するが、数学や音楽、記憶などに関係する複雑な作業に驚くべき親和性や能力を示す者たちである。映画『レインマン』でダスティン・ホフマン演じるレイモンド・バビットは、自閉症だが数学的に優れた才能を示す精神病患者である。そのキャラクターはキム・ピークという実在の人物から着想を得ており、彼は一万二千冊もの本を一字一句記憶していたその能力から「メガ・サヴァン」と呼ばれていた。

これらの事例を含めた多くが多重知能理論の発達に結びついている。もし知能が一種類しかなかったら、脳の片側の半球に知能がなく、もう片側は天才なんてありえないではないか？　この性質についての一番古い理論はおそらく一九三八年にルイス・レオン・サーストンが明確にしたもので、彼は人間の知能は次に挙げる七つの基礎知能（Primary Mental Abilities）からなると提唱した。

言葉の理解（単語や文を理解する。「よう、あれはそういう意味だったんだな！」）

言葉の流ちょう性（言語を使う。「ここに来て言ってみろよ、おまえはノータリンだ！」）

記憶（「おい、あんたケージファイティングのワールドチャンピオンだろ！」）

算数能力（「ぼくがこの試合に勝つ確率は約八二五二三分の一だ！」）

知覚速度（細かいことに気づき関連づける。「あいつのネックレス、人間の歯でつくったやつじゃないか？」）

帰納的推理（状況から観念や規則を抽出する。「この獣をなだめようと何をしようが、さらに怒らせるのが関の山だ」）

空間的可視化（三次元環境を心的に想起／操作する。「もしこのテーブルをひっくり返したら、やつの動きが鈍るだろうから、あそこの窓から飛び降りられる」）


サーストンは独自の因子分析の方法を考案し、それらを数千人の大学生のIQテスト結果に応用したのち、彼の提唱するPMAを抽出した。[3] しかし、従来の因子分析を用いて彼の結果を再分析したところ、複数の異なる能力ではなく、すべてのテストに影響を及ぼす一つの能力があった。要するに、彼はふたたびgを発見したのである。これに対するその他の批判（たとえば、彼の研究対象は大学生に限られ、一般的な人間の知能という点で、とても代表集団とは言えない）はつまり、PMAはそれほど幅広く受け入れられなかったということである。

多重知能理論は一九八〇年代、ハワード・ガードナーによってふたたび返り咲いた。卓越した科学者である彼は、脳に損傷を受けたが一定の知能を保持していた患者の研究を通じ、知能には複数の形式（種類）があることを示し、そのままタイトルとされた『多知能の理論』を著した。[4] 彼の提唱した知能はある意味サーストンのものと似ているが、音楽的知能と対人的知能（他者とうまく交わる能力および内省する能力）が含まれる。

むろん、多重知能理論にも支持者はいる。多重知能が好まれるのは、誰しもが優れた知性を有する可能性を秘めるからで、決して単なる「標準」の賢い科学者にとどまらないからである。この一般化もまた批判の的となっている。もし、誰もが優れた知能をもつのであれば、その概念自体が科学的に意味をなさない。それは運動会の参加者全員にメダルを与えるようなものだろう。誰もがいい気分になるのは素晴らしいが、「競技」の核心を無にしてしまう。

いまのところ、多重知能理論のエビデンスには議論の余地が残る。現時点のデータは、むしろ個人差や嗜好を盛り込んだgg、あるいはそれに類似するエビデンスというのがおおかたの見方である。これは、一人は音楽、一人は数学に秀でている二人は、実際には二種類の異なる知能を現しているのではなく、同じ一般知能を異なる種類の作業に応用しているということである。同じように、プロの水泳選手とテニス選手は同じ筋肉群を使用して競技をするが、それは人間の体にテニス専用の筋肉はそなわっていないからである。それでも水泳のチャンピオンが無条件でトップレベルのテニスができるわけではない。知能も同様の仕組みではたらくと考えられている。

多くが主張するのは、高いgをもっていてもそれを特定の方向に活用してあてはめようとするので、一定の方法で調べた場合には異なる「種類」の知能として現れることは充分にありえるというものである。他にも、これらの異なる種類とされる知能は、むしろ生い立ちや性向、影響などに基づく個人的傾向を表すとの説もある。

現在の神経学的エビデンスは依然としてgと流動性／結晶性の組成を支持している。脳の知能は個々に分離したシステムではなく、さまざまな種類の情報を統合して連係させる脳のやり方に起因しているとされる。これについては本章の後半でもう少し詳しく説明する。

私たちはみな自分の知能を、それが嗜好、育ち、環境、あるいはとらえにくい神経学的特性に基づく傾向によるものであろうとなかろうと、何らかの形や目標に振り向けている。これがずば抜けて賢いとおぼしき人びとがバカとしか思えないことをしでかしてしまう理由である。それは彼らがもっとよく理解できるだけの知恵がないというのではなく、集中しすぎていて他のことにはいっさい気が回らないからである。このプラスの側面は、おそらく彼らを笑っても問題ないということである。どうせ上の空で気づきやしないだろう。

空き樽は音が高い（能力の高い人が論争で負け続ける理由）

なにより腹立たしい状況の一つは、相手が自分は絶対に正しいと信じ切っていて、あなたはその相手が間違っていることを認識し、事実と論理でもって証明できるのに、それでも相手が認めようとせずに口論になったときだろう。以前、激しく口論している二人組に出くわしたことがある。片方がいまは二〇世紀で二一世紀ではないと譲らなかった。なぜなら「二〇一五なんだから、二〇世紀なのは当然だろう！」。まさにこれが二人が言い争っていたことだった。

これと「詐欺師症候群《インポスター》［訳注：自己評価が低く、他人からの評価が受け入れられない状態］」として知られる心理現象とをくらべていただきたい。さまざまな分野において、高い評価を得た者たちが、現実の証拠があるにもかかわらず自分を実際よりも過小評価してやまない。これには多くの社会的要素がある。たとえば、伝統的に男性優位の環境（つまりほぼすべて）で成功を収めた女性に特によくみられることから、彼女たちは固定観念や偏見、文化的規範などに影響されている可能性が高い。しかし、それは女性に限ったことではなく、より興味深い一つの側面は、高い評価を得た者――典型として知的レベルの高い者――たちに主に作用している点である。

死ぬ間際にこう言った科学者は誰でしょう？「私の生涯の仕事に定着した誇大評価がたまらなく不安だ。自分が望まずしてぺてん師になってしまったと思わずにはいられない」。

アルバート・アインシュタイン。低い成果にとどまったとは言いがたい人物である。

これら二つの特徴、能力が高めの者たちのインポスター症候群と能力が低めの者たちの非論理的な自信は、救いがたい状況でいつも重なり合う。現代の公の議論はこのために破滅的に歪められている。予防接種や気候変動などの重要課題はいつも、経験豊富な専門家の冷静な説明よりもむしろ情報不充分な個人的見解をわめく声に席巻されるが、それはすべて脳のはたらきから生じるいくつかの奇行のせいなのである。

基本的に人びとは、情報源として他人を頼り、自分自身の見解や信念、自尊心を確認している。それについては第七章の社会心理でより詳しく考察しよう。しかし、さしあたり、自信があればあるほど説得力が増し、人びとはその主張を信じる傾向にあるらしい。これは数々の研究によって実証されており、パノロッドとカスターが実施した法廷現場に着目した一九九〇年代の研究もその一つである。これらの研究は陪審員が目撃者の証言にどの程度確信をもつかを調査しており、陪審員は、不安やためらいを見せ、犯罪の詳細について確信がなさそうな目撃者よりも、自信をもって断言する目撃者のほうを支持する傾向が強いことを突き止めた。これは明らかに憂慮すべき発見である。陪審の下す評決において、証言内容がその証言を述べる態度よりも重要ではないというのは、司法制度に深刻な問題をもたらしえる。そしてそれは法廷に限ったことではない。政治でも同様の影響がないと誰にわかるというのだろうか？

現代の政治家たちはメディア対策に長けているので、どんな問題についても、何の価値もないことを延々と自信ありげによどみなく語ることができる。しまいにはこんな愚かなことまで口走る。「彼らはわたしを誤過小評価している」（ジョージ・W・ブッシュ）［訳注：「誤解する」と「過小評価する」を掛け合わせた言い間違いとされる造語］、あるいは「我が国の輸入品のほぼすべては外国からだ」（ふたたびジョージ・W・ブッシュ）。あなたは最終的にはもっとも賢い者たちがものごとを動かすとお考えであろう。賢ければ賢いほど、より巧みに仕事をこなせるはずである、と。しかし、直観に反するように思えるが、賢くなればなるほど、自分の意見に自信をもてない割合が高まり、そして自信がなくなるほどに信頼されなくなる。これが万人のための民主主義。

知的なタイプの人びとが自信をもてないのは、知識階級に対して一般的によく敵意が向けられるからかもしれない。私は神経科学者としての教育を受けているが、直接訊かれない限り言わないようにしている。かつてこう返されたことがあるからだ。「そりゃまあ、自分は賢いって思ってるんだろ？」

他の人びとはこんな言われ方をするだろうか？　もしオリンピックの短距離走者だと誰かに言った場合、「自分は速いって思ってるんだろ？」と言う人は果たしているだろうか？　あまり考えられない。

しかし、それでもまだ私はこんなことを口走っている。「ぼくは神経科学者だけど、言うほどたいそうなものでもないさ」。反知性主義の社会的、文化的な理由は山ほどあるが、一つ考えられるのは、脳の自己中心的、つまり利己的なバイアスと、ものごとを恐れる傾向の現れである。人びとはそれぞれの社会的立場と幸福を気にかけており、自分より賢そうな相手を脅威としてとらえることがある。体が大きくて強そうな人にも確かに脅威を感じるかもしれないが、それは一つの知られた属性である。鍛えている人はわかりやすい。ひたすら足しげくジムに通うか、好きなスポーツをずっと長く続けているかだろう？　それが筋肉やその類のものの仕組みである。もし彼らのようにすれば、もし時間とその気があれば、誰でも最終的には彼らと同じようになれるかもしれない。

しかし、自分よりも能力の高い人は、その力量は未知のもので、よって予測や理解できないような行動を取ることもありえる。そのため脳は相手が危険な存在かそうでないのかを判断できず、「この場合、昔からの「後悔よりも用心」本能が起動され、疑念や敵意を引き起こす。確かに、学び習得してもっと知能を高めることもできるかもしれないが、それは身体を鍛えるよりもずっと複雑で不確実である。ウエートトレーニングをすればたくましい腕になるが、学習と知能の関係はかなり漠然としている。

能力の低い人のほうが自信にあふれている現象には学名がつけられている。ダニング・クルーガー効果。その現象を初めて詳細に調べた科学者であるコーネル大学のデヴィッド＝ダニングとジャスティン・クルーガーにちなんだ名前である。研究のきっかけは犯罪記録で、顔にレモンジュースを塗りたくって銀行を襲った犯人は、レモンジュースは不可視インクとしても使えるので、自分の顔もカメラに映らないと考えたという(5)。

しばしそれについて考えをめぐらせてみようではないか。

ダニングとクルーガーは被験者にさまざまなテストを課し、それと同時に自分でどの程度できたと思うかを予測させた。これが注目すべき傾向を示したのである。テストでの成績が悪かった者たちは、ほぼ必ずもっとずっとよくできたと思っていたのに対し、よくできた者たちは決まってもっとできなかったと思っていた。ダニングとクルーガーは、知能の低い人は、知的能力が足りないだけでなく、ものごとを不得意だと認知する能力も不足していると論じた。ふたたび脳の自己中心的傾向が割り込んできて、自分自身の否定的見解につながりかねない要因を抑圧しにかかるのである。それだけでなく、自分の限界と他者の優れた能力を認めるにも、それ自体に知性が必要とされる。ゆえに、自分に実践的経験がないテーマであっても、さらにそれについて相手が生涯かけて研究していても、熱心に論争を挑む者が現れるのである。脳は自らの経験を唯一の原点としているうえに、私たちの基準とする前提は、みな似たりよったり。ということは、自分たちがバカだったら……。

要は、能力のない人は能力が著しく秀でることの意味を事実上「認知」できないということ。つまり、色覚異常の人に赤と緑でできた模様を説明してくれと頼むようなものなのである。

もしかしたら「知能が高い」も世の中において同じような解釈ができ、ただ現れ方が違うのかもしれない。もし高い知能をもつ人が何かを簡単だと思った場合、誰にとっても簡単だと考えるかもしれない。彼らは自分の能力の水準はふつうだと考え、したがってその知能もふつうだと考える（しかも高い知能をもつ人びとは、職場や社会環境において同じようなタイプに囲まれている可能性が高いので、これを支持するエビデンスには事欠かないはずである）。

しかし、もし高い知能をもつ人びとが一般に新しいことを学び新しい情報を得ることに慣れていたとすれば、自分が与えられたテーマのすべてを知っているわけでなく、知るべきことがどれほどあるかを自覚している可能性が高く、それが主張や発言をする際に自信を削いでしまうのだろう。

たとえば、科学においては、(理想としては)データを丹念に調べ徹底的な調査を行ってから何かの仕組みについて主張しなければならない。同水準の知能をもつ人びとに囲まれている帰結として、ミスや誇大な主張をすれば、彼らがそれを見抜いて間違っていると非難する可能性が高くなる。これの論理的帰結として、知らないことや確実でないことを鋭く認識するようになり、それがしばしばディベートや議論の足かせとなるのである。

これらの状況はよく知られていて問題ではあるが、言うまでもなく絶対ではない。高い知能をもつ者すべてが疑念にさいなまれてはいないし、知能の低い者すべてが自己拡大を図る愚か者でもない。自らの声の響きを愛するあまり、それを聴かせるためにまぎれもない大金を請求する知能の高い者たちもごまんといるし、思慮深く謙虚に自分の知的能力の限界を率直に認める知能の低い者も多い。さらには文化的な側面もうかがえる。ダニング＝クルーガー効果を支持する研究はほぼ例外なく欧米社会に焦点があてられているが、複数の東アジアの文化ではかなり異なる行動パターンを示す。この裏づけとなる一つは、これらの文化には認識の欠如を改善の機会として受け止める(より健全な)姿勢があるためで、したがって優先事項と行動はかなり異なる。(6)

実際にこの種の現象をもたらす脳領域はあるのだろうか？「自分はいまやってることがうまくできているのか？」を判断する脳の部位は存在するのだろうか？驚くようなことだが、あるらしい。

二〇〇九年、ハワード・ローゼンたちのチームは、神経変性疾患の患者約四〇人を調査し、自己評価の正確さは、前頭前皮質の右腹内側（下部、中央方向）領域の組織の体積と相関すると結論づけた。[7] 研究によれば、前頭前皮質のこの領域は、自分自身の傾向や能力を評価する際に不可欠な感情的、生理的過程に必要とされる。これは、複雑な情報を処理し、その最良の判断を導き出して対処することのほぼすべてにかかわるとされる前頭前皮質の機能と相対的に一致する。

注意が必要なのは、この研究自体が決定的ではないということである。患者四〇人では、そこから得られたデータが万人にあてはまると主張するには充分でない。しかし、自分の知的能力を正しく評価するという、メタ認知能力（考えていることについて考えること、もしそれで意味が通じるのならば）として知られるこの能力の研究は非常に重要なものと考えられており、なぜなら正確な自己評価ができないのは認知症のよく知られる特徴だからである。これは前頭前皮質がある前頭葉を主に破壊する疾患の一形態である前頭側頭型認知症に特にあてはまる。この症状を示す患者は往々にして多様な種類のテストで自分の成績を正しく把握できないため、自分の成績を把握し評価する能力が著しく損なわれていることがうかがわれる。多岐にわたり自分の成績を正しく評価できないこの症状は、異なる脳領域を傷つける他の認知症には認められないため、前頭葉の領域が自己評価にかなり深くかかわっていることが考えられる。よってこれでつじつまが合う。

認知症患者がひどく攻撃的になるのはこれが理由の一つとの説もある。彼らはものごとに対処できないが、その理由を理解することも認めることもできず、激高するしかないのだろう。

だが、たとえ神経性疾患がなく、正常に機能する前頭前皮質をそなえていたとしても、それは単に自己評価できる能力があるというだけのことで、その自己評価が確かだという意味ではない。というわけで、結局は自信に満ちた愚人と自信に欠けた知識人となる。そしてどうやら人間の性質として、私たちは自信に満ちた人のほうにより意識を向けるらしい。

クロスワードパズルは実際に頭を鍛えはしない（脳力を向上させるのがきわめて難しい理由）

より知的に見せる方法はたくさんあるが（「エコノミスト」紙が使う au courant［訳注：フランス語で事情通］のような大げさな単語を活用するなど）、実際により知的になれるのだろうか？「脳力を向上させる」ことはできるのだろうか？

体の面では、力は通常何かをする、あるいは特定の方法で行動する能力を指し、「脳力」は例外なく、知能の部類に入る能力に結びつけられる。脳内に蓄えられるエネルギーは、頭に工業用発電機を接続させて回路を完成させれば増やせるかもしれないが、自分の思考を文字通り（粉々に）吹き飛ばしたいと切に願っているのでなければ何の恩恵ももたらしはしない。

おそらくは、脳力を向上させるための物質やツール、技術を提供すると宣伝する、往々にしてかなり値が張る商品の広告を見かけたことがあろうだろう。そのようなものが優れた効果をもたらすことはおよそありえない。なぜなら、もし効果があったとすれば大ヒット商品になっているはずだし、誰もがどんどん賢くなって、脳も肥大していき、しまいには自らの頭蓋の重さで押しつぶされてしまうからである。しかし、どうすれば本当に脳力を上げて、知能を向上させることができるのであろうか？

これについては、低い知能の脳と高い知能の脳とを区別するものは何か、私たちはどうやって前者を後者に変えてゆくのかを知るのは役立つであろう。一つの仮説は完全な誤りにも思える。どうやら賢い脳はエネルギーの消費が少ないらしいのである。

この直観に反した議論は、機能的磁気共鳴画像法（ｆＭＲＩ）といった脳の活動を直接観察して記録する脳スキャン研究から浮上したものである。これは被験者をＭＲＩスキャナーの中に入れることで、その代謝活動（体の組織や細胞が「やってる」ところ）が観察できるという優れた技術である。代謝活動には酸素が必要で、血液から供給される。ｆＭＲＩスキャナーは、酸素化した血液と脱酸素化した血液との違い、および一方からもう一方に変化したときを示すことができ、それは作業に懸命に取り組む脳領域など、代謝の活発な体の領域で頻繁に起きる。要するに、ｆＭＲＩは脳の活動をモニターし、特に活発になった脳の部位を特定できる。たとえば、被験者が記憶の課題に取り組んでいる場合、記憶の処理に必要な脳の領域が通常より活発になり、これがスキャナー上に示される。こうして活発化した領域は記憶処理の領域として特定されるわけである。

それほど単純にいかないのは、脳が常時さまざまな形で活発にはたらいているからで、「より」活発な部分を見つけ出すにはかなりの選別力と分析力を必要とする。それでも、特定の機能をもつ脳領域を見きわめる今日の研究の大半はｆＭＲＩが活用されている。

ここまでは問題ない。ある特定の活動を担う脳の領域は、その活動をするときにより活発になる——重量挙げ選手の上腕二頭筋がダンベルを持ち上げるときに多くのエネルギーを使うのと同じ——とお考えであろう。それが違うのである。一九九五年のラーソンたちグループを始めとする複数の研究によれば[8]、流動性知能の検査を目的とした課題において前頭前皮質で活発な動きが観測された……が、それは被験者がその課題がよくできたときは除かれるという奇妙な結果が示された。

説明すると、流動性知能を担うとされる領域は、どうやら流動性知能が高い水準にある人びとには使われていなかったらしいのである。これは理屈に合わなかった——まるで体重を測定し、軽めの人だけが体重計に表示されるという事実を突き止めたようなものである。さらなる分析からは、知能が高めの被験者らは、前頭前皮質の活性化が確かに認められたが、それは取り組んでいる課題の難易度が高いとき、少し努力が要るくらい難しい場合に限ってのことだというのがわかった。これはいくつかの興味深い発見につながる。

知能は脳の局所的な領域ではなく、複数領域のはたらきによるもので、すべてが連結している。知能が高い場合、それらの経路と相互連絡がより効率的に統合されており、総体として低い活動ですむようなのである。車でこれを考えてみていただきたい。一群のライオンがうなるかのごとく轟々とエンジン音をあげる車と、何の騒音もたてない車があったとして、前者が無条件で優れたモデルとなるわけではない。この場合、音と動きは何かをしようとするためのもので、効率のいいモデルは最低限の活動で行える。知能に大きく影響するのは、関与する領域（前頭前皮質や頭頂葉やその他もろもろ）間の相互接続の程度と効率であるとの意見が高まりつつある。伝達や相互作用が優れていればいるほど処理が素早くでき、判断や計算に必要な活動が少なくてすむというわけである。

これは、脳の白質の統合性と密度がその人の知能の確かな指標であることを示す研究によって裏づけられる。白質はないがしろにされがちな脳の組織の一種である。灰白質ばかり注目されるが、脳の五〇パーセントは白質であり、それも非常に重要なものである。注目度が低いのは、それが同じように「仕事」していないからだろう。灰白質はあらゆる重要な活動が生み出される場所であり、白質は活動を他の場所に伝達する線維束と帯で構成された部位である（軸索、標準的なニューロンの長い先端部分）。もし灰白質を工場とするなら、白質は配送と補給に必要な道路と言える。

二つの脳領域間における白質の相互連絡がよいほど、二領域とそれぞれが担う役割の調整に要するエネルギーと活動が少なくてすむ。そしてそれはスキャナーで見きわめるのは難しい。干し草の山から一本の針を探し出すようなもので、干し草よりいくらか大きめの針でできた巨大な山がいっしょくたに洗濯機の中で回っているようなものである。

さらなるスキャン研究からは、脳梁《のうりょう》の太さも一般的な知能レベルに関係していることが示唆される。脳梁とは左右の大脳半球間の「橋」である。白質の太い神経路で、それが太いほど二つの半球間にある相互連絡が増え、情報のやりとりが強化される。一方に保存されている記憶をもう一方の前頭前皮質で使わなければならない場合、脳梁が太いほどそれがより容易かつ迅速になる。これらの領域がいかに効率よく効果的に接続されているかが、課題や問題にその知力をどの程度活かせるかに大きく影響するらしい。この結果、構造的にかなり異なる脳（特定領域の大きさ、大脳皮質の配列のされ方、その他もろもろ）でも、同水準の知能となって現れる。言うなれば、異なる企業が製造した同程度に優れた二種類のゲーム機といったところだろう。

そういうわけで、脳力よりも効率のほうが重要であることはわかった。それがわたしたちの知能向上の取り組みにどう役立っているというのだろうか？　教育と学習は一つの明確な答えである。より多くの事実や情報、概念に積極的に触れることにより、記憶する一つひとつが活発に結晶性知能を増やし、できるだけ多くのことがらに流動性知能を繰り返しあてはめることで、そこでの状況が改善される。これは詭弁ではない。新しいことを学び、新しい技術を磨けば脳の構造を変えることもできる。脳は可塑性の器官であり、自らの要求に物理的に順応でき、現にそうしている。これについては第二章で述べた通りで、新しい記憶を符号化しなければならないとき、ニューロンは新しいシナプスを形成し、このような処理は脳内全域で確認されている。

たとえば運動皮質は、随意運動の準備と制御を担う。異なる運動皮質の部位が異なる体の部位を制御しており、体の部位に運動皮質がどの程度割り当てられるかは、どの程度の制御を要するかで異なる。体幹への運動皮質の割り当ては少ないが、それは体幹そのものではさしたることはできないからだ。呼吸や何かに触れるために腕を伸ばすのには重要だが、動きにかんして言えば少し回したり曲げたりするだけである。一方で運動皮質の多くは、さまざまな細かい制御を必要とする顔と手に割り当てられている。そしてそれは一般的な人の話である。研究からは、規範通りに練習を積んだ音楽家、たとえばヴァイオリニストやピアニストなどは多くの場合、運動皮質のかなりの領域が細かい制御を要する手と指に割り当てられているのが判明している。[9]このような音楽家たちは、ますます複雑かつ巧妙さを増す手の動き（通常かなりの速度）で演ずることに生涯を費やすため、脳はその動作を援護するよう変化しているのである。

同じように、海馬はエピソード記憶だけでなく、空間記憶（場所とナビゲーションの記憶）に必要とされる。海馬は認知が複雑に組み合わさった記憶の処理を担い、それが環境をナビゲートするのになくてはならないことを考えると、これは理にかなう。エレノア・マグワイア教授らのチームによる研究では、「知識」(ロンドンの驚くほど広大で入り組んだ道路網に必要とされる精緻な認識)をもつロンドンのタクシー運転手は、一般の人とくらべて拡大した後方海馬――ナビゲーション部分――をもつことが示された[10]。とはいえ、これらの研究の大部分はサトナブやGPSが登場する前に実施されているので、いまどう出るかはわからない。

他にもいくつかのエビデンスから(もっともそのほとんどがマウスを使った研究である。いったい奴らはどれほど賢くなれるのか?)、新しい技術と能力の習得は、神経周囲のミエリン(信号の伝搬速度と効率を調節する支持細胞の専用の膜)の特性を強化し、関与する白質の強化に結びつくことも示唆される。よって、厳密に言えば、脳力を高める方法はあるのである。

それはいいニュースだ。次は悪いニュースである。

上述したすべては、かなりの時間と労力を要し、得られるとしても限定的である。脳は複雑であり、途方もない数の機能を担っている。結果として、他に影響を及ぼすことなく一つの領域に限って能力を向上させるのは楽にできる。音楽家は、楽譜を読む、キューを聞く、音を分析することなどには模範的な知識を有するだろうが、だからといって数学や言語にも同じように優れているわけではない。一般的なレベル、流動性知能を強化するのは難しい。それはさまざまな脳の領域と経路からもたらされるので、限定的な作業や方法によって「高める」のがことのほか難しいのである。

脳は生涯を通じてある程度の可塑性を維持するが、その配列や構成の大部分は実質的に「設定」されている。白質の長い神経伝導路や経路は、人生の初期、まだ成長段階の時期に構築される。そして二〇代半ばに達するころには、ヒトの脳は事実上完全に発達しており、それ以降は微調整になる。ちなみにこれは現時点での一致した見解である。そのため、一般的な認識では、流動性知能は成人の場合「固定」されており、それは主に遺伝と生育過程での発達的要因（たとえば親の態度や社会的背景、教育など）によって決まるとされている。

これは多くの人にとって、特に知能を強化する手っ取り早い対策や容易な解決策、近道を求める人たちにとっては悲観的な結論に違いない。脳科学からすればそんなことは不可能なのである。だが残念ながら必然的に、なんとしてでもそれを提供しようとする輩が世間には山ほどいる。

いまや無数の企業が「脳トレ」ゲームやエクササイズを売り出し、知能を向上することができると喧伝する。それらはパズルや難易度の異なる課題と相場が決まっていて、確かにそれらを何度もこなせばどんどん上達していくだろう。だが、それだけである。いまのところいずれの製品に対しても、一般知能を高める可能性があるという認められたエビデンスはない。それらは単にある特定のゲームを上手くやれるようにするだけで、脳はそれを上手くできるようにするために他のすべてを強化する必要はないと容易に判断できるくらい複雑なのである。

一部では、特に学生の中には、試験勉強の集中力と注意力を高めるために、ADHDの治療のためのリタリンやアデロールなどの医薬品を服用するようになった者もいる。短時間、ごく限定的には目的を達せられるかもしれないが、それが治療するはずの根本的な症状もなしに脳に強力な作用を及ぼす薬を長期服用した場合の影響は、かなりやっかいなことになるかもしれない。さらには裏目に出ることもある。薬で集中力と注意力を無理やり高めることで力を消耗して枯渇させてしまう場合があり、そうなるといつもより早く燃え尽き、（たとえば）そのために勉強していたのに試験のあいだじゅう眠りこけてしまう。

精神機能の改善や強化を意図した薬品は、向知性薬、別名「スマートドラッグ」に分類される。ほとんどが比較的新しく、記憶や注意力といった特定の過程にだけ作用するものであり、一般知能に対するその長期的効果は現時点では誰にもわからない。より強力なものは、アルツハイマーのようなまさに驚異的スピードで脳が劣化していく神経変性疾患に使用がほぼ限定されている。

他にも多様多種な食品（魚油など）が一般知能を高めるとされているが、これもまた疑わしい。脳のある側面をわずかばかり向上させるかもしれないが、知能を恒久的かつ広範に高めるには充分ではない。最近では技術的な方法さえ喧伝されており、特に盛んなのは系頭蓋直流電気刺激（ｔＤＣＳ）という手法である。ジャミーラ・ベンナビら研究チームの二〇一四年のレビューによれば、ｔＤＣＳ（低レベルの電気を脳の対象領域に流すこと）は、どうやら健常者と精神疾患患者両方の記憶や言語などの能力を向上させるようで、これまでのところ副作用もほとんどないらしい。だが、その他のレビューや研究では、この手法の実用的効果はまだ確立されていない。明らかに、さまざまな検証がなされてからでなければ、この手のものを治療として幅広く利用できるようにはならない[11]。

それにもかかわらず、いまや多くの企業がｔＤＣＳを活用してビデオゲームの類の操作能力を向上させると謳うガジェットを売り出している。誰かの名誉を損なわないために言っておくが、何もこれらのものが機能しないと言うわけではない。だが、もし機能するのならば、企業は脳の活動を意図的に変える（強力な薬のような）製品を、科学的に確立も理解もされていない手段でもって、専門家による指導や監視を受けていない人びとに売っていることになる。これはスーパーマーケットで板チョコや電池パックの隣に抗うつ剤を並べて売るようなものとも言えるだろう。

というわけで、確かに、知能は高めることができるが、それには長期にわたる膨大な時間と労力が必要となる。そして得意なことやすでに習得していることだけはそれにあてはまらない。何かにかなり上達した場合、脳はそれを効率よくこなすようになり、事実上それをしていることを考えなくなる。そしてやっていることを意識しなければ、それに順応することも反応することもなく、したがって自己制御に任せられる。

大きな問題は、もしもっと知能を高めたいならば、覚悟してかかるか、己の脳の裏をかくためにずる賢く立ち回らねばならないということだろう。

きみは背が低いわりには賢いね（背の高い人のほうが賢く、知力が遺伝しやすい理由）

背の高い人のほうが低い人よりも賢い。本当である。これは多くの人びとが驚く事実であり、不快にさえ感じることである（もし背が低かったならば）。背の高さがその人の知性に関係するなんてばかげているではないか？　どうやら、そうでもないのである。

怒り狂った小柄な暴徒たちに包囲される前に、これは決して絶対的なものではないと念を押しておくことが大切だろう。バスケットボール選手が必然的に騎手より利口なわけではない。プロレスラーのアンドレ・ザ・ジャイアントはアインシュタインよりも賢くはなかった。キュリー夫人はハグリッド［訳注：『ハリーポッターと賢者の石』に登場する魔法魔術学校の森番の大男］に出し抜かれたりはしなかったはずである。身長と知能の相関は一般的に約〇・二あるとされており、つまり身長と知能が関連しているのは五人に一人しかいないらしい。

加えて、それには大きな差異はない。適当に背の高い人と低い人を一人ずつ選び出し、それぞれのＩＱを測定してみればおわかりいただける。どちらの知能のほうが高いかは誰にもわからない。しかし、これを何度も繰り返した場合、たとえば一万人の背の高い人と一万人の背の低い人で試すと、全体的な傾向では背の高い人の平均ＩＱのほうが背の低い人のそれよりも若干高くなる。たかだか三、四ポイントの違いだろうが、それでも傾向であることに変わりなく、この現象を調べた数多くの研究で必ず確認されている。[12] いったいそこでは何が起きているのだろうか？　なぜ背が高くなるとより知性的になるのだろうか？　それは人間の知能の奇妙でまぎらわしい特性の一つなのである。

この身長と知能を関連づける推定原因の一つは、現時点の科学によれば、遺伝子によるものである。知能はある程度遺伝することがわかっている。説明すると、遺伝率とは遺伝的性質によってその人の性質や特性が変化する範囲である。何かの遺伝率が一・〇であれば、特性の起こりうる差異すべてが遺伝子によるもので、遺伝率が〇・〇ということは、その差異はどれも遺伝によるものではないという意味になる。

たとえば、あなたの種は純粋にあなたの遺伝子がもたらしたものであり、したがって「種」は一・〇の遺伝率をもつ。もしあなたの両親がブタだった場合、成長過程で何が起きようが、あなたはブタになる。ブタをウシに変える環境的要因はない。対照的に、もしあなたがいま燃えていたら、それは純粋に環境がもたらしたもので、したがって遺伝率は〇・〇である。ヒトを炎上させる遺伝子はない。ヒトのDNAは、体を燃やし続け、小さな燃える赤ん坊をつくりだすことはない。しかし、脳の無数の特性は、遺伝子と環境の両方からもたらされている。

知能そのものも、驚くべきことにかなりの割合で遺伝する。トーマス・J・ボーチャードによる既存のエビデンスのレビューによれば[13]、成人の場合、その遺伝率は約〇・八五だが、興味深いことに子どもの場合は約〇・四五にとどまる。これは奇妙に思えるかもしれない。どうして子どもよりも成人の知能のほうが遺伝子から受ける影響が大きくなりえるというのか？　しかし、それは遺伝率の解釈を誤っている。遺伝率とは、グループ間の差異が本質的に遺伝子にどれだけ起因するかを測定したもので、遺伝子が何かをどれだけ引き起こすかではない。遺伝子は成人と同程度に子どもの知能にも影響を及ぼすかもしれないが、子どもの場合、知能に影響しえるものが他にもっとたくさんあるだろう。子どもの脳はまだ発達段階で学び続けているため、確かな知能に役立つことがいろいろ起きている。成人の脳はもっと「固定」されている。すでに発達および成熟過程を経てきているので、外的要因はもはやそれほど大きな影響をもたず、したがって個人間の相違は（義務教育が整った典型的社会で育った者たちは、おおよそ同程度の学問的背景をもつ）、より内的（遺伝的）な相違に起因する可能性が高い。

これらすべてが、知能と遺伝子について誤った考えを抱かせ、実際よりももっと単純でわかりやすい仕組みのような印象を与えているのかもしれない。一部の人たちは、知能の遺伝子がある、活性化もしくは強化することでより賢くなれるものがあると考え（あるいは期待し）たがる。これは見込みがなさそうだ。知能がさまざまな過程の総和であるのと同じように、それらの過程はさまざまな遺伝子によって制御されていて、それらすべてに果たすべき役割がある。知能などの特性を担う遺伝子がどれかを知りたがるのは、交響曲を奏でるピアノの鍵盤がどれかを知りたがるようなものである。*

身長もやはりさまざまな要因によって決定づけられ、その多くが遺伝子によるものである。一部の科学者は、知能に影響を及ぼし、身長にも影響を及ぼす一つ（または複数）の遺伝子があり、そのために高い身長と高い知能間のつながりが生じていることも考えられるとする。一つの遺伝子が複数の機能を有するのは充分ありえることで、これは他面発現性として知られる。

別の議論によれば、身長と知能の両方を媒介する遺伝子（一つもしくは複数）はなく、むしろその関連性は性選択によるもので、高い身長と知能が一般的に女性を惹きつける男性の長所だからだとする。結果として、背の高い知性的な男性が一番性的なパートナーをもちやすく、子孫という形で自らのDNAを個体群の中により多くばらまくことができ、彼らのすべてがそのDNAの中に高い身長と知能の遺伝子をもつことになるという。

興味深い説ではあるが一般に認められているものではない。そもそも男性に対する偏見が強く、二つ

*確かに、知能の媒介に重要な役割を果たす可能性があると思われる遺伝子がいくつかある。たとえば、さまざまな身体機能において特定の脂肪を多く含む分子の形成につながる遺伝子のアポリポ蛋白質Eは、アルツハイマー病や認知作用に関与している。しかし、知能における遺伝子の影響は、既存の限られたエビデンスでさえ唖然とするほど複雑なので、ここでは深く追求しない。

の魅力的な特性さえあれば、女性はひょろ長い賢い彼らにまるで蛾のように吸い寄せられると言っているようなものである。人びとが惹かれるのは背丈に限ったことではない。それに背の高い父親は背の高い娘をもつ傾向にあり、多くの男性が背の高い女性を敬遠し、尻込みする（そのように上背のある女性の友人たちは言っている）。

知能の高い女性に対しても同じである（そのように賢い女性の友人たちは言っているし、一応断っておくが、全員口をそろえている）。女性がつねに知能の高い男性に惹かれることを示す具体的なエビデンスも現になく、そこにはさまざまな理由が挙げられる。たとえば、自信はしばしば魅力的とみなされるが、先に見てきたように、知能の高い人びとは総体的に自信が低くなりがちである。さらにこれは、知性が不安や反感を喚起するときもあるという事実に触れていない。「ナード」や「ギーク」などの言葉は、最近では差別的な意味合いはほぼ払拭されただろうが、それまではずっと侮辱用語であり、典型としてはつねに異性に対して恐れを抱いている者たちだ。これらは、背丈と知能両方の遺伝子の拡散がいかに限定的かを示すわずかな事例でしかない。

もう一つの説は、背が伸びるには健康で良好な栄養状態が保たれなければならず、それはまた脳と、それゆえに知能の発達を促進させる可能性があるというものである。それくらい単純なのかもしれない。発達期により良好な栄養状態と健康的な暮らしが保たれることで、背丈と知能の両方が高くなるのかもしれない。しかし、それだけのはずはなく、なぜなら考えうる最高に恵まれた健康的な暮らしを享受している無数の人びとが、結局はチビのまま、もしくはバカのまま、もしくはその両方のままだからである。

それは脳の大きさに関係するのだろうか？　背の高い人は確かに脳も一般的に大きく、脳の大きさと一般知能のあいだにはわずかな相関がある。[14]これはかなりの論争を起こす問題である。脳の処理と相互接続の効率がその人の知能に大きな影響を及ぼすが、しかしその一方で、前頭前皮質や海馬など特定の領域は知能が高い人のほうがより大きく、灰白質も多いという事実もある。より大きな脳は、論理的には、拡張や発達に使える脳資源があるというだけで、よりこれを実現しやすくする、あるいはその可能性を高める。全般的な印象としては、大きめな脳ももう一つの要因かもしれないが、決定的な理由ではなさそうである。大きい脳が必然的に知能を高めるのではなく、たぶん知能を高めるチャンスを与えてくれるだけなのではないだろうか？　高価な新しいトレーニングシューズを買うことで速く走れるようにはならないが、それがやる気を高めるかもしれない。実際には、同じことが特定の遺伝子にも言えるのだろう。

遺伝的性質、育児スタイル、教育の質、文化的規範、固定観念、総合的な健康、個人の関心、障害、これらを含むさらに多くのものが、多かれ少なかれ脳の知的な活動に結びつくか、結びつく可能性がある。魚が育つにはそれが棲む水がなければならないのと同じように、人間の文化から人間の知能を切り離すのは不可能である。たとえ魚を水から取り出したところで、その生育が「そこまで」になるだけのことだろう。

文化は知能を現すのに極めて大きな役割を担う。これの完璧な事例は、一九八〇年代にマイケル・コールにより示された。[15]研究チームはアフリカの人里離れ、現代文化や外部の世界とあまり接触していない部族のクペル族を訪れた。西洋文明の文化的要因から隔絶されているクペル族の人びとが同等の人間的知能を示すかの調査を目的としていた。最初はフラストレーションが募るだけだった。クペル族の人びとは初歩的な知能しか示せず、先進国の子どもであればわけもない基本的なパズルさえ解けなかったのである。たとえ研究者が「うっかり」正しい答えの手がかりを与えてしまったときでさえ、やはりそれを理解できなかった。これは彼らの原始的文化が高度な知能を生み出すほど豊かでも刺激的でもないか、クペル族の生態になんらかの急変が起きて複雑な知能の獲得を妨げていることを示唆した。しかし、苛立たしさから研究者の一人が「バカにするように」テストをしたところ、彼らは即座に「正しい」答えを導き出したというのが顛末である。

テストには、言語や文化の壁を考慮し、ものをカテゴリーに分類することが含まれた。研究者は、ものをカテゴリー（道具、動物、石でつくったもの、木など）に分類することは、抽象的思考や処理を要し、より知能が高いと判断していた。しかし、クペル族の人びとは、ものを決まって機能別（食べられるもの、身につけられるもの、掘るのに使えるもの）に分類した。これは知能の「低さ」と思われたが、クペル族が見解を異にするのは当然だった。彼らはその地に住む人びとであり、恣意的なカテゴリーにモノを分類することは無意味、無駄な行為であり、「バカ」がすることなのである。この事例は、自身の先入観によって相手を判断しない（そしてよく下準備をしてから実験を開始する）ことへの重要な教訓であると同時に、知能の概念そのものが、社会環境や先入観にかなり影響されていることを示している。

これのそれほど極端でない事例はピグマリオン効果として知られる。一九六五年、ロバート・ローゼンタールとレノア・ジェイコブソンはある研究調査を行い、そこで小学校の教師たちは、特定の児童らはレベルや知能が高いので、それに応じて教育し見守る必要があると告げられた。[16] 予想通り、その児童たちはテストや学業においてより優秀な範囲の成績を収めた。問題点は、彼らがずば抜けた才能をもっていなかったことで、ごくふつうの児童だったことである。しかし、より優秀で賢い児童として扱われることにより、実質的に期待に沿う成果を上げ始めた。大学生での同様の研究でも同様の結果を示し、学生は、知能が固定されていると告げられたときはテスト結果が悪くなる傾向にある。それが変えられると告げられたときには、よりよい成績を収めるのである。

もしかすると、これが総体的に背の高い人たちが知能が高めらしいもう一つの理由なのではないだろうか？　若くして背が伸びた場合、周囲は本人を大人として扱うかもしれず、そうなればより成熟した会話に関与することになり、したがって発達中の脳はその期待に合わせる。しかし、どの場合であっても、自信が重要なことは間違いない。だから、本書で知能は「固定」されていると言及するたびに、私は本質的に読者の発達を妨げていることになる。誠に申しわけない、私が悪うございました。

知能についてのもう一つの興味深く奇妙な現象についてはどうであろうか？　それは世界中で増えているが、理由は不明である。フリン効果と呼ばれるもので、流動および結晶知能両方の一般的な得点が世界各地のあらゆる世代のさまざまな集団において、各国に認められる環境の違いにもかかわらず上昇している事実である。これは、世界的な教育の向上、医療と健康意識の改善、情報や複雑なテクノロジーに接する機会の増加、ひょっとしたら人類を徐々に天才社会へと変えてゆく休眠状態だった突然変異体の能力の覚醒によるものかもしれない。

その最後のことが現に起きているというエビデンスはないが、映画の題材にはもってこいだろう。

なぜ背丈と知能が結びついているのかについては、可能性のある説明は数多くある。すべて正しいかもしれないし、どれ一つ正しくないのかもしれない。真実は、これまでのように、これら両極のどこかあいだにあるのだろう。本質的には、古典的な論争、遺伝vs環境のもう一つの事例なのである。

知能についてわかっていることを考えると、これほど不確かなものだという事実に驚ろくのではないだろうか？　定義するのも、測るのも、区別するのも難しいが、明らかにそこにあり、私たちはそれを研究することができる。それは複数の能力で構成される一つの特異な一般能力。知能をもたらすために使われる脳の領域は多数あるが、おそらくそれらの接続のされ方があらゆる差異を生むのだろう。優れた知性の持ち主だからといって自信があるとは限らず、知性が劣るからといって自信がないとは限らない。なぜなら脳のはたらき方がその論理的並びをひっくり返すからで、例外は能力が高い者として扱われたときで、その場合は本人をより賢くするらしく、つまるところ脳自体も、それが責任を負うところの知能で何をするつもりなのか定かではないのである。そして一般知能の水準は、本質的には遺伝子と生育によって決まるが、懸命に努力するのならこの限りでなく、その場合は向上させられる。かもしれない。

知能の研究は、羊毛の代わりに綿アメを素材に、図案なしにセーターを編むようなものであろう。総体的に、それに挑もうとすることだけでも、実に信じがたいほど感動的である。

第五章　この章が来ることは予想通り？

脳の観測システムの場当たり的特性

人間の素晴らしい脳が授けてくれる、興味が尽きない、（そして明らかに）類いまれな能力の一つは、「心の内」を見る能力である。私たちは自分を認識し、内面の状態や精神を感じ取ることができ、さらにはそれらを評価、研究することさえできる。結果として、内省や哲学的考察は多くの人びとから高く評価されるものとなっている。しかし、脳が実際に頭蓋骨を越えて外の世界をどのように読み取っているのかも非常に重要であり、脳の仕組みの多くは多少なりともこの面に捧げられている。私たちは感覚を通じて世界を認知し、その重要な要素に焦点をあて、それに応じて行動している。

多くの人びとは、脳で認知していることはあるがままの世界の一〇〇パーセント正確な描写だと考えているかもしれない。目や耳やその他すべてが要は受動記録システムのようなもので、情報を受け取り、それを脳に伝え、脳が計器をチェックするパイロットのようにそれを分類、整理して関連部署に送る、と。だがそれは現実に起きていることとはまったく異なる。生態はテクノロジーではない。感覚を通じて脳に到達する実際の情報は、私たちがしばしばあたりまえのように思っている景色や音や感触の豊かで仔細な流《ストリーム》れではない。現実に感覚が提供する生データは、むしろ泥混じりの細流に近く、脳は私たちに包括的で豊かな世界観を与えられるまでにそれを研磨加工するという、途方もない作業を行っているのである。

他人からの説明に基づいて一人の人物の姿形を組み立てる似顔絵捜査官を思い浮かべていただきたい。そしてこんどは情報を伝えているのは一人ではなく一〇〇人、しかもみないっせいに話し出している場面を。そのうえ、作成しなければならないのは似顔絵ではなく、犯罪が起きた街のフルカラー3Dレンダリングで、一人も漏らさずにその中に描き込む。加えてそれらは常時更新されていなければならない。脳はそれに少しだけ似ていて、おそらくこの似顔絵捜査官が悩むほどには悩まないだけである。

限られた情報から脳がそれほど詳細に周囲の世界を描き出せるのはまぎれもなく素晴らしいことではあるが、エラーや勘違いが入り込む。脳が外界を認知し、注目に値する重要なものを判別するやり方は、人間の脳の驚異的な能力であると同時に、その数々の欠陥を表すものでもある。

どんな名前で呼んでもバラ……　（味よりもにおいのほうが強力な理由）

ご存じの通り、脳は五つの感覚を利用している。とはいえ、現実にはそれよりも多いと神経学者たちは信じている。

すでにいくつかの「おまけ」の感覚が挙げられており、たとえば、固有受容感覚（体と手足の物理的配置の感覚）、バランス（空間における重力と動きを検知する内耳を介する感覚）、さらには食欲までも、血液や体の栄養水準を検知するのは一種の感覚であるという理由から含まれる。これらの多くは私たちの体内の状態に関係しており、五つの「正統」な感覚は、私たちを取り巻く世界、つまり環境を監視し、認知する役目を担う。当然ながらこれらは、視覚、聴覚、味覚、嗅覚、触覚のことである。もっと学術的に言えば、それぞれ ophthalmoception、audioception、gustaoception、olfacoception、tactioception となる（もっともほとんどの科学者はこれらの用語を使って時間を無駄にしたりはしない）。それぞれの感覚は精緻な神経学的メカニズムに基づいており、そこから提供される情報を利用する際に、脳はさらに精緻になる。基本的にすべての感覚は、周囲のものごとを検知し、それを脳に接続されているニューロンが使う電気化学的信号に変換することに徹している。このすべてを調整するのは大仕事であり、脳はそれに多くの時間を費やしている。

個々の感覚についてはいかようにも書けるだろうし、現に大量の書籍がある。そこでここではおそらくもっとも奇妙な感覚である嗅覚から始めることにしよう。嗅覚は見過ごされやすい。文字通り目の真下にあるからである。これは間が悪いことだが、脳の嗅覚システム、匂いをかぐ部分は（「匂い感知処理」として）一風変わっていて興味をそそる。嗅覚は進化した最初の感覚だと考えられている。それは非常に早い時期に発達する、つまりは子宮内で発達する最初の感覚であり、現に胎児は母親のかぐ匂いをかげることが証明されている。母親の吸い込んだ粒子が羊水まで届き、そこでそれを検出できるのである。かつては、人間は最大一万種類の個別のにおいをかぎ分けられると信じられていた。ずいぶん多いように思えるが、この総計は精査らしい精査が行われなかった考察と仮説を主として数を割り出した一九二〇年代の研究に基づいていた。

二〇一四年になり、キャロライン・ブッシュディドたちチームが実際にこの主張の検証に取りかかった。被験者を使って嗅覚システムが一万種類の匂いに限られるなら実質的に不可能なもの――非常に似通った匂いの化学薬品の混合物――をかぎ分けさせた。驚いたことに、被験者らはそれをごく容易にやってのけた。そして最終的に、人間は実際約一兆種類の匂いをかぎ分けられると見積もられた。この手の数字はふつう天文学的な距離を表すのに適するもので、人間の感覚のような凡庸なものには適さない。まるで掃除機をしまう戸棚がモグラ人間の地下都市につながっているのを発見するようなものである。*

では、嗅覚とはどのように機能しているのであろうか？　匂いが嗅神経を通じて脳に伝達されるのはわかっている。人間の機能を脳に結びつける脳神経は一二対あり、嗅神経は第一とされる（視神経が第二）。嗅神経を構成する嗅覚ニューロンは多くの点で特異であり、その代表格は、再生可能な数少ない人間のニューロンの一種だということ。つまり嗅神経は、神経システムの（映画『X-MEN』シリーズで名をなした）ミュータント・ウルヴァリンなのである。このような鼻ニューロンの再生能力とは、それを活用して損傷を受けた他の部位のニューロン、たとえば対麻痺患者の脊椎などへの応用を目的とした幅広い研究が行われているという意味でもある。

嗅覚ニューロンが再生するのは、繊細な神経細胞を傷つけがちな「外部」の環境に直接さらされる数少ない感覚ニューロンの一種だからである。嗅覚ニューロンは鼻上部の裏側にあり、そこに埋め込まれた専用の受容体が粒子を検出する。受容体は特定の分子に触れると、匂いの情報を照合し整理する役割を担う脳の領域である嗅球に信号を送る。嗅覚受容体には多くの種類がある。リチャード・アクセルとリンダ・バックのノーベル賞を授賞した一九九一年の研究では、嗅覚受容体がヒトゲノムの三パーセントを占めていることが明らかになった(2)。これもまた、人間の嗅覚に対する認識がこれまで考えられていたよりも複雑だという裏づけになるだろう。

嗅覚ニューロンは特定の物質（チーズの分子、甘い食べもののケトン、歯の衛生状態が疑わしい他人の口から排出されるもの）を検出すると、嗅球に電気信号を送り、そこがその情報を嗅核や梨状皮質などの領域に中継し、そうして私たちは匂いを感じる。

嗅覚はしばしば記憶に関連づけられる。嗅覚システムは、海馬およびその他記憶システムの主要な構成要素の真横に位置し、そしてあまりにも近いため、初期の解剖学研究では記憶システムがそこにあるのは嗅覚のためであると考えられていた。しかしそれらは、厳格な菜食主義者が肉屋の隣に住むように、たまたま隣同士になった単なる二つの領域ではない。嗅球は記憶処理の領域と同じ辺縁系の一部で、海馬や扁桃体につながる活発なリンクがある。結果として、特定の匂いは鮮明で情緒的な記憶に特に強力に関連づけられ、ローストディナーの匂いをかぐと突然祖父母の家で過ごした日曜日がよみがえることにもなるのである。

誰しもがさまざまな場面で似たような経験をおもちなのではないだろうか。特定の香りや匂いをかぐと、なぜか子ども時代の強烈な記憶が呼び起こされ、匂いと結びついた感情的な気持ちがわいて出る。

＊一部の科学者たちはこの発見を疑問視しており、この嗅覚の途方もない数値は、わたしたちのたくましい鼻腔によるものではなく、むしろ研究で使われた疑わしい数字のカラクリによるものだと主張している(1)。

子ども時代に祖父の家で多くの楽しい時間を過ごし、祖父がパイプ煙草をくゆらしていれば、ただよう煙の匂いになつかしさを覚えるようになるだろう。嗅覚が辺縁系の一部ということは、他の感覚よりも感情を呼び覚ます、より直接的な経路があるということで、匂いがしばしば他の感覚よりも強い反応を引き起こすのはそのためだと考えられる。焼きたてのパンを見るだけではどうということはないが、その匂いをかぐとわくわくしたり、妙に心がやすらいだりするのは、それが刺激となり、焼ける匂いに関連づけられた、食べておいしかったという楽しい記憶につながるからである。当然ながら、匂いは逆の効果ももたらす。腐った肉を見るのはあまり気持ちのいいものではないが、その臭気は吐き気をもよおさせるものだろう。

記憶や感情を喚起する匂いの効力とその傾向は決して見過ごされてはこなかった。多くが利益のためにこれを利用しようとしており、不動産業者、スーパーマーケット、キャンドルメーカーなど多種多様な業者がこぞって人びとの気分を匂いで操り、消費を煽り立てている。このアプローチの効果は知られているが、人によってかなり異なる点でおそらく限界がある――バニラアイスクリームで食中毒になった人は、その匂いにほっとすることもリラックスすることもないだろう。

嗅覚にかんしてもう一つ興味深い誤解がある。長いあいだ、嗅覚は「だまされる」ことがないと幅広く信じられていた。しかし、複数の研究によりそうではないことが証明されている。人びとはつねに嗅覚の錯覚にとらわれており、たとえば、サンプルの匂いをその分類によってかぐわしく感じたり、不快に感じたりしているのだ（「クリスマスツリー」や「トイレクリーナー」など――念のためだが、これは冗談で挙げたのではない。研究者のヘルツとフォン・クレフが実施した二〇〇一年の実験の事例である）。

嗅覚の錯覚がないと思われていた理由はおそらく、脳が匂いから「限られた」情報しか得ていないからだろう。実験によれば、訓練によって人間も匂いからものを「追跡」できるが、たいていは基本的な検出にとどまる。何かの匂いをかぎ、その匂いを発する何かが近くにあるとわかる、それが限界である。つまり「そこにある」か「そこにない」というわけである。であれば、もし脳が匂いの信号をごちゃ混ぜにし、実際の臭気の元とは異なるものをかぐ結果となったところでどうやって気づくというのでしょう？　匂いは強烈かもしれないが、忙しい人間にはその利用範囲は限られるのである。

嗅覚幻覚*というそこにないものの匂いを感じる現象もある。しかも心配になるほど一般的でもある。頻繁に報告されるのは燃える匂いの幻嗅——トースト、ゴム、髪の毛、あるいは単によくある「焦げたような」匂い。それに特化したウェブサイトが無数にあるくらいよくある。たいていそれは、てんかんや腫瘍、脳卒中といった、嗅球や匂いを処理するシステムのどこかで予想外の活動を引き起こし、焼けつくような匂いと解釈される場合もある神経的症状に関係づけられる。それもまた一つの有用な区別となる。つまり、錯覚は感覚システムが勘違いしたとき、だまされているときに起きる。幻覚のほうは、たいていもっと現実的な不具合で、実際に脳のはたらきに何かしら狂いが生じたときである。

嗅覚は必ずしも単独で機能するとは限らない。しばしば一種類の「化学」感覚として分類されるが、

＊「錯覚」と「幻覚」の違いは明確にしておかなければならない。錯覚は、感覚が何かを検出するが、それを誤って解釈したときで、実際のものとは違うものを認知することである。対照的に、もし要因がないのに何かの匂いを感じたとすれば、これは幻覚である。実際にそこにないものを認知するのは、脳の感覚処理領域の深層で、何かがそうあるべきはたらきをしていないことが考えられる。錯覚は脳のはたらきの奇行の一つだが、対して幻覚はずっと深刻である。

それは特定の化学物質を検出し、それに誘発されるからである。味覚も化学感覚である。味覚と嗅覚はしばしば一緒に使われるが、それはほとんどの食べものに特有の匂いがあるからだ。さらに、舌や口の他の部分にある受容体が特定の化学物質、通常は水（言うなれば、唾液）に溶ける分子に反応するという似た仕組みもある。これらの受容体は、舌を覆う味蕾《みらい》に集中する。一般的な認識によれば、味蕾には五つの種類、塩味、甘味、苦味、酸味、うま味がある。最後のうま味は、グルタミン酸ナトリウム、要は「肉」の味に反応する。実際には他にも味の「種類」が存在し、たとえば渋味（クランベリーなど）、辛味（ジンジャー）、金属味（何から得られるかと言えば…金属）などもそうである。

嗅覚は評価が低すぎるが、味覚は、それとは対照的に、やや評価が高すぎる。私たちの主要感覚の中で一番頼りなく、多くの研究により、味の認知は他の要因に大きく影響されることが示されている。たとえば、おなじみのワインテイスティングの場面だが、通人がワインを一口含み、そのオーク、ナツメグ、オレンジやポークの香りから察するに、フランス南西部の葡萄園産シラー種五四年もので、左踵にいぼのある二八歳のジャックが潰した葡萄でつくられたものであると明言する。

一貫して念の入った、洗練された表現ではあるが、数々の研究が明かすのは、そのような詳細な味の識別力は舌よりも情緒的なものと深く関係していることである。プロのワインテイスターたちの判断は往々にしてまったく相いれない。ある者はある特定のワインを至上とし、一方別のプロは同じものを本質的にほとんど池の水であると表明する。(3) もちろん、美味しいワインなら当然誰でもわかるはずですよね。いや、そこが味覚のあてにならないところで、わからないのである。ワインテイスターたちは味見のために複数のワインを出されたが、どれが有名なヴィンテージものでどれが大量生産された安物なのかも判断できなかった。もっとひどいのは、赤ワインの味を評価させるテストでは、どうやら食用色素を入れた白ワインを飲んでいても気づかないらしい。つまり、私たちの味覚は明らかに、正確さや緻密さとなるとお粗末なのである。

念のために申し上げておくが、科学者たちがワインテイスターにある種のとっぴなねたみを抱いているのではない。ただそれほどまで鍛錬した味覚に頼る職業はそうはないというだけのことである。そして嘘をついていると言っているのでもない。彼らがその主張する味を感じているのはほぼ間違いないが、それは主に期待と経験、そして創造力をはたらかせなければならない脳によるもので、実際の味蕾からもたらされるものではないのである。それでもワインテイスターたちは、神経科学者らがこうして自分たちの鍛錬を傷つけてばかりいると文句を言うのかもしれない。

現実として、何かを味わうには、多くの場合いくつもの感覚が関与している。ひどい風邪をひいていたり、鼻づまりを起こすような病気を患う人びとは頻繁に、食べものの味がわからないとこぼす。それこそ味を判断する感覚間の相互作用であり、それらはいつも頻繁に混じり合い脳を混乱させてばかりいる。そして味覚は、それそのものが脆弱なので、つねに他の感覚に影響され、その筆頭は想像に違わず、嗅覚である。私たちが味わうものの大部分は食べているものの匂いから得られる。鼻栓と目隠しをした（視覚の影響も排除するため）実験では、味覚だけに頼らなければならなかった場合、被験者はリンゴとジャガイモとタマネギを区別できなかった[4]。

マリカ・オーヴレイとチャールズ・スペンスによる二〇〇七年の論文では[5]、食べているものに強烈な匂いのものがあると、信号を伝達しているのが鼻であっても、脳はそれを匂いではなく味として判断する傾向が明らかにされた。感覚の大部分が口の中にあるため、脳は過度に一般化して、あらゆるものがそこから来ると判断し、しかるべく信号を解釈するという。しかし、脳には味覚を生じさせるためにやらなければならない仕事がすでに山ほどあり、不正確な判断をしたとけなすのはケチな了見だろう。

こうしたすべてのことからわかる重要なメッセージは、下手くそな料理でも、招待客がひどい風邪をひいていて暗がりでも喜んで席に着いてくれるのであれば、ディナーパーティーはうまくやりおおせるということである。

さあ、雑音を感じよう（聴覚と触覚が実際に関係している仕組み）

聴覚と触覚は根本的なレベルでつながっている。これはほとんどの人が知らないことだが、考えてみていただきたい。綿棒での耳掃除がものすごく楽しめることだというのをご存じであろうか？　ご存じであると？　それであれば結構、ただこれとは関係ないことを確認したかっただけの話である。だが実は、脳は触覚と聴覚をまったく別様に認知しているかもしれないが、それらを認知するために用いる方法はとにかく驚くほど共通しているのである。

前項では、嗅覚と味覚について考察し、それらがいかに共通しているかについて見てきた。確かに、食べものを認知することにかけては、二つは少なからず同じ役割を担い、互いに影響を及ぼし合っている（圧倒的に嗅覚が味覚に影響を及ぼしている）が、主要なつながりは、嗅覚と味覚がどちらも化学感覚であることだ。味覚と嗅覚の受容体は、たとえば果汁やグミベアなど、特定の化学物質がある場合に誘発される。

それにひきかえ触覚と聴覚だが、これらに共通点はあるのだろうか？　ねばつくような音だと最後に思ったのはいつだろうか？　あるいはかん高い音に「触った」のは？　一度もないのではないだろうか？

実は誤解なのである。かまびすしい音楽のファンはたいていかなり触覚的なレベルでそれを楽しんでいる。クラブや車、コンサートその他もろもろの場所から聞こえてくるサウンドシステムを考えてみていただきたい。それらは低音をかなり増幅するため、内臓が揺さぶられる。迫力充分だったり一定のピッチだったりしたときはしばしば、音が本当に「物理的」なもののように感じられる。

聴覚と触覚はどちらも機械的感覚、いわゆる圧力や物理的な力で活性化されるものに分類される。聴覚が音を基本にしているのは明らかなので、これは奇妙に思われるかもしれないが、音は実際には鼓膜に伝わり、それを代わる代わる振動させている空気の振動である。これらの振動は次に液体で満たされたらせん構造の蝸牛《かぎゅう》に伝達され、こうして音が頭の中を伝わる。蝸牛は基本的に液体に満たされた渦巻き状の長い管のため、かなり精巧である。音はそれに沿って伝わるが、蝸牛の実際のつくりと音波の物理的性質のため、音の周波数（ヘルツ／Hzで測定される）が管を伝わる振動の距離を決める。この管の内側を覆っているのがコルチ器官である。これは一つの分離した自己完結型の構造ではなく層をなしており、器官自体は有毛細胞で覆われている。実際には毛ではなく受容器なのだが、これはときにものごとをひどく混乱させるのが自分たちであることを科学者らが自覚していないせいである。

これらの有毛細胞は蝸牛の振動を検出し、それに反応して信号を発する。しかし、特定の周波数は決まった距離しか移動しないため、蝸牛の特定部分の有毛細胞だけが活性化される。要するに蝸牛の周波数の「地図」があり、蝸牛の入口の領域は高めの周波数の音波（かん高い音、たとえば、ヘリウムを吸い込んだ興奮した幼児の声）により刺激され、対して蝸牛のずっと「奥」の領域は、最低周波数の音波（非常に低い音、たとえばバリー・ホワイトの歌を歌う鯨の声）により刺激される。この極端から極端のあいだの領域が人が聞くことのできる音の領域である（二〇Ｈｚから二〇〇〇〇Ｈｚ）。

蝸牛は、内耳神経と名づけられた第八脳神経に神経支配される。これが蝸牛の毛細胞から信号を介して特定の情報を脳の聴覚皮質に中継する。そこは側頭葉上部に位置する、音の知覚処理を担う領域である。こうして信号が入る蝸牛の特定の部分がその音の周波数を脳に伝えることで、最終的に私たちはそれを音として認識する。すなわちこれが蝸牛の「地図」。ほんと、実によくできたものである。

問題は、このような繊細で精確な感覚機構にかかわるシステムが事実上つねに揺さぶられていて、明らかに少し傷みやすいということである。鼓膜そのものは所定の位置に並んだ三つの小さな骨からなり、これはしばしば液体や耳垢《みみあか》、外傷性障害、その他さまざまなものによって傷つけられ、破られる。また、加齢によっても耳の細胞が硬化して振動が妨げられ、振動しなければ聴力を失う。聴覚システムの加齢に伴う低下は、生物学と同様に物理学にも関係すると言ってもよい。

聴覚にも、たとえば耳鳴りや類似の症状など、そこにはないはずの音を認知する多様多種の狂いやちょっとした問題がある。これらの症状は耳内現象として知られる。それは外的要因のない、聴覚システムの障害によって引き起こされる音である（耳垢が大事な部分に入り込んだ、あるいは重要な膜組織が過度に硬化したなど）。これらは幻聴とは区別される。幻聴はむしろ脳のもっと「高度」な領域、情報が発生する場所ではなく、処理される場所での活動による。通常は「声が聞こえる」感覚だが（詳しくは後半の精神病の項で述べる）、他にも不可解な音楽が聞こえる音楽幻聴症候群や、いきなり炸裂音や轟音が聞こえる、頭内爆発音症候群として知られる、「実際とはかけ離れた騒音が聞こえる状態」に分類される症状もある。

こうしたことがあるにしても、人間の脳が空気中の振動を私たちが日々体験している豊かで複雑な音の感覚に変換するという感動的な仕事をしていることに変わりはない。

というわけで聴覚は、音がもたらす振動と物理的圧力に反応する機械的感覚である。そして触覚ももう一つの機械的感覚である。皮膚に圧力がかかれば、私たちはそれを感じることができる。これは皮膚にくまなく配されている専用の機械的受容器［訳注：機械的刺激に反応する感覚器官］のおかげである。受容器からの信号は次に専用の神経を介して脊髄に運ばれ（頭部に刺激が加えられた場合はこの限りではなく、そのときは脳神経によって処理される）、そこから脳に中継されて頭頂葉の体性感覚皮質に到達し、そこが信号の発生場所を把握することで、それらをそのように感じることができる。きわめて明快に思えるが、当然ながらそうではない。

第一に、わたしたちが触覚と呼ぶものには、全体的な感覚を支えるいくつかの構成要素がある。物理的圧力に加え、振動や温度、肌の伸縮、場合によっては痛みも含まれ、それらすべてが皮膚や筋肉、臓器、および骨の中にそれぞれ固有の受容器をもっている。これはすべて体性感覚システム（ゆえに体性感覚皮質）と呼ばれ、全身はそれを支える神経によって神経支配されている。痛み、またの名を侵害受容も、全身にそれ専用の受容体と神経線維を分布させている。

痛みの受容器がないほぼ唯一の器官は脳自体で、なぜならそれが信号を受け取って処理する役割を担うからである。脳が痛みを感じたら混乱するだろう。自分の電話で自分の電話番号にかけ、誰かが応答するのを期待するのと同じようなものとも言える。

興味深いのは、触覚の感受性が一定ではないことで、同じ接触であっても体の異なる部分は異なる反応を示す。前章で述べた運動皮質と同様に、体性感覚皮質も情報を受け取る領域に応じて体の地図のように割りつけられており、足の領域は足からの刺激を、腕の領域は腕からの刺激というように処理される。とはいえ、実際の体の面積と同等ではない。つまり、受け取る感覚情報は、感覚がもたらされる領域の大きさと必ずしも一致しないということである。胸部と背部は体性感覚皮質のごくわずかな領域しか占めないが、手と唇はかなり大きな領域を占める。体の部位によっては他よりもはるかに触覚の感受性が高い。足の裏は感受性が非常に低いが、小石や小枝を踏みつけるたびに激しい痛みを感じていては不便なのでこれは現実的である。逆に手や唇は、非常に繊細な操作や感覚のために使われるので、体性感覚皮質の不相応に広い領域を占める。したがって感受性もかなり高い。同じことが生殖器にも言えるが、それを深追いするのはやめよう。

この感受性を測定するため、科学者らは二股の尖った器具を使って単純に対象者をつつき、それら二つの突起を個別の圧点として認識できる幅を観察する。(6) 指先は特に感受性が高く、点字が発達したのはそのためである。とはいえ限界はある。点字は一定の突起物を配列したものだが、それは指先が印刷文字の大きさを認識できるまでの感受性がないからである。(7)

聴覚と同じように、触覚も「ださまれる」ことがある。触覚でものを判断する能力は、脳が指の並びを認知していることも一部関係する。したがって、もし人差し指と中指で何か小さなもの（たとえば一個のビー玉）に触れた場合、それを一つの物体として感じるだろう。しかし、指を交差させて目を閉じた場合、それはむしろ二つの異なる物体のように感じられる。触覚を処理する体性感覚皮質と指を動かす運動皮質のあいだにはこの点を指摘して注意を促す直接のやりとりはなく、さらに目を閉じているため、脳の不正確な結論を覆す情報を提供できない。これはアリストテレスの錯覚と呼ばれる。

このように触覚と聴覚にはすぐにわかるもの以上に共通する部分があり、最近の研究により、二つの結びつきがこれまで考えられてきたよりもはるかに根本的であることを示す証拠が見つかっている。すでに特定の遺伝子が聴力に深く関与し、難聴のリスクを高めることは知られているが、二〇一二年のヘニング・フレンゼルたちのチームによる研究では、(8)遺伝子が触覚の感受性にも影響を及ぼし、興味深いことに、聴覚が非常に優れている人は、触覚も繊細だということを突き止めた。同様に、聴覚の低下を招く遺伝子をもつ人は、かなりの割合で触覚の感受性も低かった。聴力と触覚の両方を低下させた突然変異の遺伝子も発見されている。

この分野は依然として多くの検証が求められるが、人間の脳が聴覚と触覚両方の処理に同じ仕組みを用いており、よって片方に悪影響を及ぼす根深い問題は、もう一方にも悪影響を及ぼしかねないことが強く示唆される。これはもっとも合理的な組み合わせではないかもしれないが、前項で考察した味覚と嗅覚の相互作用とそこそこ一致する。まぎれもなく脳は、実用的だと思えるよりもずっと頻繁に感覚をグループ化する傾向があるのだ。しかし一方で、人びとは一般的に認識されているよりももっと字義通り、「リズムを感じる」ことができるのである。

キリストの再来……一片のトーストとして？（視覚システムについて知らなかったこと）

トースト、タコス、ピザ、アイスクリーム、ジャムやバター、バナナ、プレッツェル、クリスプ、そしてナチョスの共通点はご存じであろうか？　そのすべての中にイエス・キリストが目撃されていることである（嘘ではない、調べてみていただきたい）。もっともそれは食べものに限らない。キリストはしばしばニス塗りの木工品の中にも出現する。そしてそれはキリストに限らない。聖母マリアのときもある。エルヴィス・プレスリーのときも。

現実に起きているのは、世界中には明るさや暗さがまちまちの不規則な色や形状の物体がごまんとあり、ときにそれらはよく知られている姿や顔に思いがけなく似ているということだ。そして、もしその顔が抽象的特徴をもつ有名人なら（多くの人にとって、エルヴィスはこの範疇《はんちゅう》に入る）、その表象はより多くの反響を呼び、注目を浴びるだろう。

奇妙なのは（科学的に言うなら）、それがただの焼いた軽食で、トーストに宿るイエス・キリストの生まれ変わりでないとわかっている人にさえ、やはりそれが見えることである。誰もがそこにあるとされるものを認識できる。たとえその出自について論争があるにしても。

人間の脳は、感覚の中で何よりも視覚を優先しており、視覚システムには驚くほど多くの奇妙な性質がある。他の感覚と同様、目について、外界をくまなくとらえ、その情報をそっくりそのまま脳に中継する、心配なまでにぬれて柔らかい二つのビデオカメラのようであるとお考えなら、それは実際の仕組みとはかけ離れている。*

神経科学者の多くは、網膜は脳の一部であると主張するが、それは同じ組織から発達し、脳に直接つながっているからである。目は前面の瞳孔と水晶体を通して光を採り入れ、それが後方の網膜に到達する。網膜は複雑な層をなす、光の検出に特化したニューロンの受容器で、中にはわずか五、六個の光の粒子（光の個々の「小片」）で活性化されるものもある。これはまさに驚異的な感受性で、銀行のセキュリティシステムがそこを襲撃しようと考えた者がいたために起動されたようなものだろう。それほどの感受性を示す光受容器は、主に明暗の差を認識するために使われ、桿体《かんたい》と呼ばれる。これらは夜など、薄暗い状態のときにはたらく。実際明るい日中は飽和状態となり役に立たなくなる。要は、エッグスタンドに五リットル近くの水を注ぎ込んでいるようなものである。もう一方の（昼の光に適した）光受容器が特定の光子の波長を検出しており、それが色の識別を可能にする。これらは錐体《すいたい》として知られ、おかげでわたしたちは周囲をより詳しく見ることができるのだが、それらは多量の光がなければ起動されず、したがって光のレベルが低いときには色を見分けられない。

光受容器は網膜内で均一に分布されているわけではなく、集中の度合いは場所によって異なる。網膜

＊目がたいしたことないというのではない、なにしろ驚異的なのである。それはあまりにも複雑難解であるため、しばしば天地創造説信奉者や進化に異議を唱える者たちから、（冗談ではなく）自然淘汰は現実に起きなかったという明確な証拠として引用される。つまり、目は複雑難解であるため、単純に「できた」はずはなく、となれば偉大なる創造主の手によるものに違いないという。しかし、目の仕組みをよくよく調べてみれば、この創造主が目を金曜日の午後、もしくは二日酔いで早番出勤したとき設計したに違いないと思われるだろう。なにしろその多くがあまり合理的ではないのである。

の中心には細部を認知する領域があり、一方周辺部の多くはぼやけた輪郭だけに限られる。これはそれらの領域における光受容器の密度と接続のためである。それぞれの光受容器は他の細胞（通常は双極細胞と神経節細胞）に接続しており、それらが脳に光受容器からの情報を伝える。個々の光受容器は、網膜の特定部分をカバーする受容野（同じトランスミッション細胞に接続されたすべての受容器で構成される）の一部である。それを携帯電話の基地局アンテナであると想像していただきたい。アンテナはそれがカバーする領域内の携帯端末から中継される異なる情報すべてを受信し、処理する。双極細胞と神経節細胞は基地局アンテナ、受容器は携帯端末で、このような具合に特定の受容野が存在する。光がこの受容野にあたると、それに結合する光受容器を介して双極細胞または神経節細胞が起動され、これを脳が認知するのである。

網膜の周辺では、受容野はシャフトを中心に開いたゴルフ用傘の布のようにかなり広がる。しかしこれは精確さが損なわれることでもある——雨粒がゴルフ傘のどこに落ちてきたかを見きわめるのは難しく、ただそこにあるのがわかるだけだろう。幸いにも、網膜の中心に向かうにつれ受容野は鮮明で精密な像を映し出せるほど小さく高密度になり、小さな印刷文字のような非常に細かいものも見えるようになる。

奇妙なことに、網膜の一部分だけがこういった非常に細かいものを認識することができる。それは中《ちゅう》心《しん》窩《か》という網膜のど真ん中に位置する網膜全体の一パーセントにも満たない領域である。もし網膜がワイド画面のテレビだとすれば、中心窩はその真ん中についた親指の指紋のようなものである。目のその他の部分は、もっとぼやけた輪郭、あいまいな形と色を映し出す。

それはおかしいとお考えかもしれない。片一方が白内障だったにしても、人びとは間違いなく世界をくっきりはっきり見ているではないか？　この説明にある仕組みだと、ワセリン油脂でできた望遠鏡を逆から覗き込んでるのと変わらないではないか、と。しかし、やっかいなことに、これがきわめて純粋な感覚として私たちが「見ている」ものなのだ。ただ脳がこの映像をきれいにするという確かな作業を行って初めて、私たちがそれを意識して認知しているだけのことなのである。フォトショップで加工したもっとも鮮明な画像でさえ、脳が私たちの視覚情報にほどこす仕上げ作業にくらべたら、黄色のクレヨンで描いた雑なスケッチ以上のものではない。しかし、脳はいったいどうやってこれを行っているのであろうか？

眼球はよく動くが、この動きの大部分は、中心窩が見るべき周囲のさまざまなものに向けられることによる。眼球運動を調べる昔の実験には、特殊な金属のコンタクトレンズが使われていた。しばしそれに思いを馳せ、科学にそれほどまで貢献してくれた人びとに感謝しようではないか。*

基本的に、見ているものが何であろうと、中心窩はそれをできるだけ多くかつ素早くスキャンする。カフェインの摂りすぎで死にそうな担当者が操作するフットボール競技場のスポットライトを想像していただきたい。要はその現場にいるようなものなのだ。この処理から得られる視覚情報は、網膜の他の部分から得られる不鮮明だがまだ使える映像を併用することで、脳が懸命に仕上げをほどこし、ものの

＊現代のカメラとコンピュータ技術により、眼球運動の調査は非常に容易になった（不快感もかなり軽減された）。マーケティング会社によっては、店内で顧客が見ているものを観察するため、手押し車に取りつけたアイスキャナーを使っている。その前は頭部装着型のレーザートラッカーが使われていた。科学は近年目を見張る進歩を遂げており、レーザーはもはや時代遅れとなった。なんとも素晴らしいことである。

見え方についての「経験知による推測」を加味するには充分であり、そうして私たちは見るものを見る。

これはかなり不効率なシステムに思われるかもしれない。網膜のそれほど小さな領域にそんなに多くを頼っているのである。しかし、いまほどの視覚情報を処理するために必要な脳の大きさを考えれば、たとえ中心窩が二倍になり、網膜の一パーセント以上に増えたとしても、視覚処理のための脳の物量を結局はバスケットボールくらいの大きさになるまで増やさなければならなくなるだろう。

しかし、この処理とはどのようなものなのであろうか？　脳はそんな粗雑な情報からどうやってこれほど精緻に認知できる状態にしているのであろうか？　それはというと、まずは光受容器が光の情報を視神経（各眼球に一組）に沿って脳に送られる神経信号に変換する。*　視神経は視覚情報を脳の複数の部位に中継する。まず初めに視覚情報は、脳の古い中央駅である視床に送られ、そこから広範囲に伝搬される。一部は最終的に脳幹に達し、光の強度に応じて瞳孔を散大または収縮させる場所である視蓋前域、もしくは躍度《サッカード》と呼ばれる小刻みにジャンプする眼球の動きを制御する上丘のどちらかに行き着く。

右から左、あるいは左から右を見たときの眼球の動きに集中してみれば、眼球は滑らかに移動せず、何度かぴくぴく《ジャークする》動くのに気づくだろう（よくわかるようにゆっくりやっていただきたい）。これらの動きがサッカードで、これにより脳は、一連の高速「静止」映像、つまりジャーク毎に網膜に映し出されるものをつなげて連続した映像として認知できる。厳密に言えば、私たちは各ジャーク間に起きていることを実質ほとんど「見る」ことはないが、それは動画のコマの切れ目のように非常に素早いので実際気がつくことはない（サッカードは、瞬きや、母親が寝室にいきなり入ってきたときにラップトップを閉じるといったことと同様に、人ができるもっとも素早い動作の一つである）。

一つの物体から他へ目を動かすときは必ず断続的なサッカードを伴うが、動いているものを目で追っているときは、眼球運動はワックスをかけたボウリングボールのように滑らかに動く。これは進化として合理的だろう。自然界で動く物体を追跡していた場合、それはたいてい獲物か脅威の対象なので、絶えずそれを注視している必要がある。しかし、それが可能なのは追跡できる動きがあるときに限られる。いったんその対象が視界から外れれば、目は即座に視覚性運動反射と呼ばれるサッカード状態に戻ってジャークする。つまるところ、脳は目を滑らかに動かすことができるが、ただめったにしないのである。

　しかし、目を動かしたとき、どうして周りの世界が動いていると思わないのであろうか？　網膜上の映像にかんする限り、ともかくすべて同じに見えるはずである。幸いにも脳には、この問題に対処するためのきわめて精巧なシステムがある。目の筋肉は、耳の平衡や運動をつかさどるシステムからつねに情報を受け取っており、それらを眼球の動きと、外界の中や外界そのものの動きとを識別することに使っている。それはまた、自分が動いていても物体を注視し続けられるということでもある。だが混乱をきたすシステムでもあり、運動検出システムは動いてないときでも目に信号を送ってしまい、眼振と呼

＊ちなみに、目の手術を受けたとき、眼球が「取り出され」、視神経の終端から頬の上にぶらさがった、テックス・エイヴァリィのアニメのようになったと言う人がいる。これはありえない。視神経にも弾力性はいくらかあるが、当然ながらグロテスクなトチの実のような眼球を筋で支えられるほど強くない。目の手術の場合、通常まぶたを後ろにひっぱり、眼球をクランプで固定し、麻酔注入するため、患者からすれば奇妙に感じるのだろう。しかし、眼窩《がんか》の堅さや視神経の脆さから、眼球が飛び出れば、実質的にそれを破壊することになり、眼科医にすればあまり賢明な処置とは言えないであろう。

ばれる不随意の眼球運動を引き起こすことがある。医療の専門家たちは視覚システムの診断を下す際にこれらの症状がないかを念入りに検査するが、それは理由もなく目が痙攣するのはよくないからである。目を制御する根本的なシステムに何らかの異常が疑われる。医者や検眼士にとって眼振とは、整備士にとってのエンジンからの雑音と同じであり、たいした問題でないときもあれば、それですまないときもあり、だがいずれにしても、起こるべきことではないのである。

これは脳がどこに視線を向けるかを判断する際に行っていることにすぎない。視覚情報がどのように処理されるかについてはまだこれからである。

視覚情報は主に、脳の後方にある後頭葉の視覚皮質に中継される。いままでに頭をぶつけて「星が見えた」経験はおありだろうか？　これに対する一つの説明は、いまわしいキンバエがエッグスタンドに捕まえられたように、衝撃によって脳が頭蓋骨の中で揺れ動くため、脳の背面が頭蓋骨の側面に当たって跳ね返る。それにより視覚を処理する領域に圧力がかかって傷つき、瞬間的な混乱を引き起こし、突如として星のような奇妙な色と形を見るというものだが、もうちょっとましな説明が望まれるところではある。

視覚皮質自体はいくつかの異なる層に分割されていて、それらの層自体もさらに層に分割されていることが多い。

一次視覚皮質は目から入る情報が最初にたどり着く場所で、薄切り食パンが重なったような「コラム」状に配列されている。これらのコラムは方位に非常に敏感であり、つまり一定方向の線状の光景にのみ反応する。実際的な言い方をすれば、エッジを認識する。これの重要性は強調しすぎることはない。

エッジとはすなわち輪郭のことで、これによりわたしたちは、ものをその形の大部分をなす均一の表面としてではなく、個々の物体として認識し、焦点を合わせることができる。加えて、異なるコラムが変化に応じて神経刺激を伝えるので、その動きも追跡できる。個々の物体とその動きを認識できるため、白い斑点がどんどん大きくなってくるのをいぶかっているだけではなく、向かってくるボールとして素早くよけられる。この方位感受性の発見は構成要素として欠かせないものであり、一九八一年にそれを発見したデイヴィッド・ヒューベルとトルステン・ウィーセルはノーベル賞を受賞することとなった。[9]

二次視覚皮質は色を認識する役割を担い、色の恒常性も判断するのでさらに驚異的である。網膜上では、明るい光のもとにある赤い物体は暗い光のもとにある赤い物体とはかなり異なるが、どうやら二次視覚皮質は光の量を考慮に入れ、物体が「実際」何色なのかを判断しているらしい。これは見事だが、信頼度一〇〇パーセントではない。いままでに誰かとものの色について口論になったとすれば（たとえば車が濃紺なのか黒なのか）、それは二次視覚皮質の混乱を身をもって体験していることになる。

このような具合に、視覚処理の領域は脳の奥にさらに広がっており、一次視覚皮質から遠のくほど、処理するものがより具体的になる。それはさらに空間認識を処理する領域をもつ頭頂葉や、特定の物体や顔（振り出しに戻る）の認識を担う下側頭葉といった他の領域にまで入り込んでいる。私たちには顔の認識に特化した脳領域があり、よってあらゆる所で顔を見つける。たとえ彼らがそこにいないとしても。なにしろそれは一片のトーストでしかないのだから。

これらは視覚システムの驚くべき一側面にすぎない。しかし、何よりも肝要なのは、三次元、子どもが言うところの3Dで見られることである。それはかなり欲張りな要求であり、それというのも脳は、まだらな2Dを基にして周囲の色彩豊かな3Dを創り上げなくてはならないのである。網膜そのものは実質的に「平ら」な面なので、黒板と同程度にしか3Dをサポートできない。幸いにして、脳にはこれをなんとかする奥の手がある。

第一に、目が二つというのが役に立つ。目は顔の上ではすぐ近くかもしれないが、微妙に異なる映像を脳に提供できるほどには離れており、脳はこの違いを利用して私たちが認知する最終的な映像の奥行きと距離を測っている。

とはいえ、視覚の相違による視差（先の説明の技術的な言い回し）だけに頼っているのでもない。これには二つの目が一対で機能する必要があるが、片方の目を閉じるかふさぐかしても世界はただちに平面の映像にはならない。これは、脳が奥行きと距離を判断するのに網膜から伝わる映像の要素も併用できるからである。たとえば、閉塞（他の物体をおおっている物体）、キメの勾配（近ければ表面は緻密だが、離れるとそうではなくなる）、輻輳《ふくそう》（遠くにあるものよりも間近にあるもののほうが離れる傾向にある。長い一本道が遠ざかるにつれ一点に収束するのを想像していただきたい）といったものである。目が二つというのは奥行きの判断にもっとも効率がよく効果的だが、脳は片目だけでもうまく処理できるし、細かい操作を含む作業も続けていける。かつての知り合いに片目しか見えないが成功した歯医者がいた。もし奥行き感覚がうまく測れなかったら、その職業を長く続けられはしなかっただろう。

このような視覚システムの奥行きを認知する方法は3D映画に活用されている。映画のスクリーンを見たときに必要な奥行きが見えるのは、これまでに述べた必要とされる要素すべてがそこに使われているからである。そうは言っても、平坦なスクリーン上の映像を見ているという意識はある程度残ったたままになる。まあ実際その通りなのだから。しかし、３Ｄ映画は基本的に二つのわずかに異なる映像の流れが重なり合ったものである。３Ｄグラスをかけるとそれらの画像がフィルタリングされるが、一方のレンズが特定の映像をフィルタリングし、もう一方のレンズがその他の映像をフィルタリングする。結果として左右の目はそれぞれ微妙に異なる映像を受け取る。脳はこれを奥行きとして認知し、いきなりスクリーン上の映像が飛び出てきて、チケット代が二倍に跳ね上がるのである。

視覚システムの処理はそれほど複雑かつ難解なので、だまされる経緯もさまざまである。トーストにキリストの顔が宿る現象は、顔の認知と処理を担う視覚システムとして側頭葉領域があるためで、よってわずかでも顔のように見えるものなら何でも顔として認知される。そこに記憶システムが割り込んできて、それが見覚えのある顔かそうでないかを告げることもある。また別のよくある錯覚は、まったく同じ色が異なる背景に置かれたときは異なって見えるというものである。これは二次視覚皮質の混乱によるものと考えられる。

他の錯視はより実体をつかみにくい。古典的な「見つめ合っている顔か、それとも実は燭台か？」という絵はおそらくご存じであろう。この絵には二つの可能な解釈があり、どちらの絵も「正しい」が相互に排他的である。脳は実際あいまいさをうまく処理できないため、一つの可能な解釈を選ぶことで実質的に受け取るものを指示する。とはいえ、二つの解釈があるので、その考えは変えられもする。

ここに述べたことはすべて、視覚の表面をほんの少しなぞっただけである。わずか数ページでは視覚処理本来の複雑さと精巧さを伝えることはできないが、試す価値があると考えたのは、視覚が生活の大半を根幹から支える非常に複雑な神経学的処理であり、そしてほとんどの人がそれに不具合が起きるまで何も考えないからである。この項が脳の視覚システムの氷山の一角であることを考えていただきたい。その下の奥底にはもっとたくさんのものが隠れている。そして視覚システムがそれと同じくらい複雑であるからこそ、私たちはこれほどの奥行きを認識することができるのである。

耳が火照る理由（人間の注意の長所と短所、そしてつい耳をそばだててしまう理由）

私たちの感覚は豊富な情報を提供するが、脳はその最大限の努力にもかかわらず、そのすべてを処理することはできない。それにそうしなければならないのであろうか？　実際どれだけ関連しているというのであろうか？　利用資源の観点からすると、脳はひどく注文の多い器官で、それをわざわざ無駄な作業に使うのは単なる浪費である。脳は、注目に値するものを取り上げ選別し<u>なければ</u>ならない。そうしてこそ、認知と意識の処理を利益になりそうなものに割りあてることができる。これが注意であり、それをいかに用いるかは、わたしたちが外界の何を観察するかに大きくかかわる。というよりも、しばしばより重要なことに、何を観察できないかにかかわる。

注意にかんする研究では、重要な問いが二つある。一つは、脳の注意の容量とはどれくらいなのか？　現実的に、どれほど注意を払ったら限界に達してしまうのか？　もう一つは、注意の割りあてを決めるのは何なのか？　脳が絶えず爆弾のように感覚情報を浴び続けているとすれば、どんな特定の刺激や入力が優先されるのであろうか？

まずは容量から始めよう。ほとんどの人は注意には限界があることを知っている。おそらく、複数の人たちがいっせいに話しかけてくる「注意を強く要求する」場面に遭遇した経験はあるだろう。これは苛つくことで、たいていは辛抱しきれなくなって大声を張り上げてしまう。「一人ずつにしてくれ！」

初期の実験、たとえば一九五三年のコリン・チェリーが実施したものによれば、[10]注意は驚くほど限定的であることが「両耳分離聴」と呼ばれる技法を用いて示された。これは被験者にヘッドフォンを装着させ、片側ずつ異なる音声を聞かせるというものである（通常は一連の言葉）。被験者はあらかじめ片側の耳から聞こえた言葉を復唱する必要があると告げられていたが、その後、その逆の耳で聞いた内容を思い出せるかを問われた。ほとんどの被験者は男女の声の区別はついたが、それだけで、何の言語が話されていたかすらわからなかった。そうして、注意力はそれほど限られた容量でしかなく、一つの音声以上は対処できないとされた。

これらを含めた同様の発見が、注意の「ボトルネック」モデルにつながり、脳に提供される感覚情報はすべて、注意が提示する狭い空間を通されてフィルタリングされるとの主張が生まれた。望遠鏡を考えてみていただきたい。それは風景や空の小さな範囲を詳細に映し出す。しかし、それ以外のものはそこにはいっさい見えない。

その後の実験により状況は一変した。一九七五年、フォン・ライトたちのチームは、被験者たちを特定の言葉を聞いたときにショックが与えられると思うように条件づけだ。そのあとで彼らは両耳分離聴の課題に取り組んだ。注意を集中していない片側の耳に流される音声は、ショックを誘発する言葉を特徴的に入れ込んでいた。被験者たちは、その言葉を聞かされるとやはり同じように測定できるほどの恐怖反応を示し、そうして脳は明らかに「他」の音声にも注意を払っていることが判明した。しかし、それは意識を処理するレベルにまでは達せず、よって私たちはそれに気づかない。ボトルネックモデルはこうしたデータを前に破綻し、人びとは注意力の境界とされる「外」のものごとを認知し処理できることが示された。

これは臨床的な環境以外でも実証できる。この項のタイトルには「耳が火照る」という慣用句を引いている。これはふつう、他人が自分の噂話をしているのを小耳に挟んだときに使われる。よく起きることで、結婚披露宴や送別会、スポーツイベントなど、いろいろなグループがいっせいに話し出す社交の場では特によくある。あなたが共通の関心事について楽しく話をしているそんなとき（フットボールやお菓子づくり、セロリ、その他もろもろ）、近くで誰かがあなたの名前を口にする。彼らはそのときあなたが話していたグループではなく、その存在すら気づいていなかったかもしれない。しかし、彼らはあなたの名前をもちだし、おそらく次に聞こえてきた言葉は「まったくの役立たず」。そこであなたは自分のグループの会話ではなく、急遽そのグループの会話に注意を傾け、どうしてその男に自分の花婿付添人《ベストマン》になってくれと頼んだのかと考えあぐねる。

注意がボトルネックモデルの示すように限定されるのであれば、これは不可能なはずである。しかし、明らかにそうではない。この現象は「カクテルパーティー効果」として知られる。なにしろ心理学の専門家たちは優雅な一団なのである。

ボトルネックモデルの限界は容量モデルの形成につながり、一般的には一九七三年のダニエル・カーネマンの研究に結びつけられるが(11)、それ以降さまざまな研究者たちによって説明が加えられている。ボトルネックモデルは、一つの注意の「流れ」があり、それがスポットライトのように必要とされるところに素早く移動すると主張するのに対し、容量モデルは、注意はむしろ限りある資源に近く、それが使い果たされない限り複数の流れ（注意の焦点）に分割することができると主張する。

どちらの提唱モデルも、同時に複数の処理を行うのがきわめて難しい理由を説明する。ボトルネックモデルでは、注意の流れは単一で、異なるタスク間を飛び回っていなければならず、よって経過をたどるのが難しい。容量モデルのほうは、一度に複数のものごとに注意を向けられるが、それらを効果的に処理する資源が残されている場合に限られ、その容量を超えたとたん、起きていることの経過をたどる能力を失う。さらに資源は、さまざまな状況において、まるで「単一」の流れしかないかのように限定的である。

しかし、なぜこのように限られた容量なのであろうか？　一説によれば、注意が作業記憶と強く関係しているからだという。作業記憶は、私たちが意識的に処理している情報を保持するために使われるものである。注意は処理すべき情報を提供するので、もし作業記憶がすでに「満杯」であれば、さらなる情報の追加は不可能ではなくても難しくなる。加えて、作業（短期）記憶は容量が限られていることもわかっている。

これはいわゆるふつうの人にとってはたいてい充分だが、状況はきわめて重大である。研究の多くは、注意力の欠如が深刻な事態を引き起こす運転時の注意の払われ方に焦点をあてている。イギリスでは、携帯電話を手にもって話しながらの運転は禁止されており、ハンズフリー装置を使用して、両手でハンドルを握っていなければならない。しかし、二〇一三年のユタ大学の研究により、運転操作への影響という観点では、ハンズフリー装置を使っても、携帯電話をもって話しているのと同じくらい悪い影響を及ぼすことが明らかになった。なぜならどちらも同程度の注意を要するからである[12]。

ハンドルを片手ではなく両手で握っているという点ではいくらかましかもしれないが、研究では反応と状況判断、重要な合図を察知する総合的なスピードが測定された。そしてこれらを含めそれ以上のものが、ハンズフリー装置の使用にかかわらず、同程度の懸念すべき水準まで低下していた。それというのも求められる注意のレベルは変わらないからである。おそらく道路から目を離さないでいられるだろうが、目が映し出しているものに気づかなければそれは関係ない。

懸念が強まるのは、データによればそれが携帯電話に限らないことである。ラジオのチャンネルを変える、同乗者と話を続けるなども同じように注意力を損ないかねない。車や携帯電話に見られる技術の進歩にしたがい（現在イギリスでは、運転中のメールの確認は厳密に解釈すると違法ではない）、注意散漫となる選択肢が増えるのは避けられない。

このすべてを考えると、悲惨な衝突事故を起こさずに一〇分以上運転し続けていられるのかと疑問に思われるかもしれない。これは意識的な注意について話しているからで、容量が限定されるのはそれである。すでに考察したように、あることを何度も繰り返し行い、脳がそれに順応すると、第二章で述べた手続き記憶がつくられる。何かを「考えずに」できると言う人もいるが、それがまさにここにあてはまる。運転は初心者にとっては不安で負荷の大きい体験だが、やがては慣れて無意識の仕組みがはたらき始め、そうなると意識的な注意は何か他にも向けられるようになる。しかし、運転はまったく考えずにできるものではない。他のすべての道路利用者や危険に注意を払うには意識的な認識が必要であり、それらは毎回異なるのである。

神経的には、注意はさまざまな領域に支えられている。その一つはあの違反常習者の前頭前皮質だが、作動記憶が処理されるのはそこなので、それは理にかなう。他に関係しているとされるのは、側頭葉の奥に位置し、頭頂葉にも広がる大きく入り組んだ領域の前帯状回で、そこではさまざまな感覚情報が処理され、意識などの高度な機能と結ばれている。

しかし、注意を制御するシステムはかなり散らばっており、これがさまざまな影響をもたらす。第一章では、脳のより高度な意識の部分と、より「爬虫類」の要素をもつ部分とが結局はじゃまし合っていることを考察した。注意を制御するシステムも同じである。より系統的ではあるが、意識と無意識の処理過程でも似たようなやりとりや衝突が起きている。

たとえば、注意は外因または内因的刺激によって向けられる。わかりやすく言えば、ボトムアップとトップダウン両方の制御システムをもつ。もっとわかりやすく言えば、私たちの注意は、頭の外側、あるいは内側のどちらかのものごとに応答する。いずれも特定の音に注意を向けるカクテルパーティー効果によって実証されており、「選択的聴取」としても知られる。自分の名前が聞こえれば、注意はにわかにそれに向けられる。あなたはそれが聞こえてくることは知らなかったし、実際耳にするまで意識していなかった。しかし、いったん気づいてしてしまうと、あなたはその発生源に注意を向け、その他のものはすべて除外する。外部の音が意識をそらすというボトムアップ型注意の処理がなされ、そしてもっと聞きたいと願うあなたの意識がそこに注意をとどめるという、意識的な脳から発せられる内的なトップダウン型注意の処理がなされる。*

しかし、注意の研究のほとんどは視覚システムに的を絞っている。私たちは実際に注意の対象に視線を向けることができ、現にそうしており、また脳は主に視覚データに依存している。そこが研究の明らかな目的であり、それにより注意がはたらく過程にかんする数多くの知見がもたらされている。

前頭葉の前頭眼野は、網膜から情報を受け取り、それを元にして、頭頂葉を経由したより空間的なマッピングと情報によって補強、強化された視野の「地図」をつくる。もし視野で何かしら関心を引く事態が起きた場合、このシステムはそれが何かを確認するため、両目を素早くその方向に移すことができる。これは脳に「あれが見たい！」という目的があることから、顕在的、もしくは「目的」志向と呼ばれる。たとえば、「特別提供：ベーコン無料」と書かれた看板を見つけたとしましょう。あなたはすぐさまそれに注意を向け、ベーコンを手に入れるという目的を達成すべくその条件を確認する。意識的な脳が注意を動かすので、これはトップダウン型システムである。この一連のはたらきに加えて、潜在的志向と呼ばれる別のシステムも機能しており、これはむしろ「ボトムアップ」型である。このシステムは生物学的に意味のあるもの（近くから聞こえるトラのうなり声、自分が立っている木の幹が折れる音など）が検出された結果であり、注意は自動的にそちらに向けられるが、脳の意識的な領域が起きている事態を把握するよりも先であることから、ボトムアップ型システムとされる。これももう一方と同じ視覚入力と音の刺激を利用するが、異なる領域の異なる一連の神経処理に支えられている。

現時点の科学的根拠（エビデンス）によれば、もっとも幅広く支持されているモデルは、潜在的に重要なものの検出に際して、後頭頂葉皮質が意識的な注意システムを、その時点で処理しているものが何であろうと、そこから引き離すというものである。要は、子どもがゴミ容器をおもてに出すことになっているとき、親がテレビのスイッチを切るようなものだ。次に中脳の上丘が注意システムを望ましい領域に動かす。つまり、親が子どもをゴミ容器のある台所に行かせる。それから視床の一部である視床枕核が注意システムを再活性化する。親が子どもの手にゴミ袋をもたせ、ドアの外へ押し出してその不要物を捨てさせるといった具合である。

このシステムは、意識的な目的志向のトップダウン型の注意を押さえ込めるが、それが生存本能の類であることを考えれば当然である。視野に入る見慣れない形は接近する攻撃者かもしれないし、自分の水虫について執拗に話したがるあの退屈な同僚ということだってあるのだ。

これらの視覚的詳細は、注意を引くために網膜の核となる中心部分、中心窩に映る必要はない。視覚的注意を何かに向けるときは眼球の動きを伴うのがふつうだが、必ずしもそうある必要はない。「周辺視野」についてご説明しよう。直接見ていないものを見るというものだ。はっきりとは見えないが、コンピューターに向かって仕事をしている最中に視界の隅に大きさといい場所といい巨大なクモらしき想

＊聴覚的注意をどのように「集中」させているのかはまだはっきり解明されていない。私たちは興味を引く音のほうに耳を旋回させはしない。可能性として考えられる一つは、コロンビア大学（サンフランシスコ）のエドワード・チャンとニーナ・メガラーニが実施した研究に見られる。彼らは関連する領域に電極を埋め込まれたてんかん患者三人の聴覚皮質を観察した（発作の機能活動を記録し位置を特定するためで、悪ふざけの類ではない）[13]。同時に二つ以上聞こえる音声から特定の一つに集中するよう言われた場合、注意を向けさせられた音声のときにだけに聴覚皮質の活動が見られた。脳はなんらかの方法で競合する情報を抑制し、聞いている音声にすべての注意を向けることができるわけである。ということは実際に「耳を貸さない」でいられるということだろう。たとえば誰かが退屈なハリネズミ探しの趣味をだらだら話し続けているときなどに。

定外の動きをとらえた場合、あなたはそれがまさにそうであった場合を恐れ、それを見ないようにするかもしれない。キーを打ち続けながら、（見たくないという望みに反し）それをもう一度確かめるためにその特定の場所の動きに細心の注意を払う。これが注意の焦点が目の向いている場所と直接結びつかないときである。聴覚皮質と同様に、脳は視野のどの部分に焦点をあてるか指定することができ、目は注意のために動く必要はない。もしかするとボトムアップ型の処理がもっとも優れているように思われるかもしれないが、そうではない。刺激志向は、重大な意味をもつ刺激を検出した際に注意システムを覆すが、ほとんどの場合、状況を判断して何が重大な意味をもつかを決めるのは意識的な脳である。空の爆発音は重大な意味をもつのは明らかだが、一一月五日（米国なら七月四日）に散歩に出ているのであれば、脳は花火を期待しているので、空に爆発音がないほうがより重大な意味をもつだろう［訳注：イギリスでは一一月五日に花火を打ち上げるガイ・フォークス・ナイトがある］。

注意の研究における第一人者であるマイケル・ポスナーは、被験者に事前にターゲットの位置を予告する、あるいは予告しない手がかりを与えてスクリーン上のターゲットを見つけさせるテストを考案した。人びとは、見るべき手がかりがわずか二つでもとまどう傾向にある。注意は二つの異なる形式に割り振ることもできるが（視覚テストと聴覚テストを同時に行う）、基本的なイエス／ノーテストよりも複雑だと、一般的にはやろうとしても支離滅裂になる。中には、ベテランのタイピストがタイプを打ちながら数学の問題が解けるというように、二つの作業を同時にこなせる人もいるが、その人がそれにかなり熟練している場合である。先述の事例を用いるのならば、熟練した運転手は運転しながらでも込み入った会話ができる。

注意は非常に強力でもある。スウェーデンのウプサラ大学で行われたボランティアの関与した有名な研究では、[14]被験者は三〇〇分の一秒未満で画面に表示されたヘビやクモの画像を見て手のひらに汗をかくという反応を見せた。通常、脳が視覚刺激を処理し、私たちがそれを意識として認識できるまでに約〇・五秒かかるため、被験者たちはクモやヘビの写真に、実際にそれを「見る」ために要する時間の一〇分の一以下で反応していたことになる。私たちはすでに生物学的に関連性のある刺激に反応する無意識の注意システムをつくりあげており、脳はあらゆる危険の可能性を見つけ出すよう身構えているため、どうやら自然界の驚異、たとえば八本脚や脚のない友だちに恐怖を感じるように進化したらしい。この実験は、注意システムは何かを見つけ出したとき、顕在意識が「あれ?」「何だ?」と言い終えるよりも前に、その反応を仲介する脳の領域に即座に警報を発するというまぎれもない証拠である。

他の状況において、注意は非常に重要で直接的な事象を見落とすことがある。車の事例のように、携帯電話に注意が占有されすぎると、重要なもの、たとえば歩行者を見逃してしまう（あるいはもっと重要なことに、彼らを見逃し損ねる）。これのまたとない事例は、一九九八年にダン・シモンズとダニエル・レヴィンによる研究である。[15]その実験では、地図を手に実験者が無作為に歩行者に近づき、道を尋ねた。歩行者が地図を見ている最中、ドアを抱えた人物がその歩行者と実験者のあいだを通り抜ける。ドアが障害物となっているその一瞬の隙に、実験者は当人とは外見も雰囲気もまったく異なる別の人物と入れ替わる。当時、地図を見ていた人の少なくとも五〇パーセントは、数秒前に話していた相手ではない相手と話しているにもかかわらず、変化にいっさい気づかなかった。これは「変化盲」として知られる作用によるもので、一時的とはいえ視界が遮られると、脳はその中の重大な変化を追跡することができないらしい。

この研究は「ドア研究」として知られるが、それはドアがこの中でもっとも興味深い要素であるからだと思われる。科学者というものは奇妙な集団なのである。

人間の注意の限界は、深刻な科学的、技術的結果を招く可能性もあり、現にそうなっている。その一例はヘッドアップディスプレイである。飛行機や宇宙船などの機械の機器表示がスクリーンや円蓋《えんがい》に映し出されるのは、パイロットにとって操縦席周りのディスプレイ計器よりもむしろ理想的に思えただろう。計器を見るために下を向かずにすみ、そうなれば外部空間で起きていることに目を向けることができる。あらゆる点でより安全なはずではないだろうか？

いや、そうとばかりは言えないのである。ヘッドアップディスプレイが少しでも情報で雑然とすると、パイロットの注意は限界に達してしまう。(16) 彼らは表示装置越しに先が見えるが、それを通して先は見ていない。結果パイロットは、操縦する飛行機を他の飛行機の上に着陸させてしまうことがわかった（ありがたいことにシミュレーションであるが）。NASA自体は膨大な時間をつぎ込み、ヘッドアップディスプレイを実用的なものにすべく改良に取り組んでいる、しかも何億ドルもの費用をかけて。

これらは人間の注意システムが著しく制限される可能性のほんの数例にすぎない。別の論じ方をお考えかもしれないが、もしそうなら、あなたは明らかに注意を払ってこなかったことになる。幸いなことに、それが決してあなたの責任だけではないことが、いまここで証明されたわけである。

第六章　性格──テストのための概念

性格の複雑でわかりにくい性質

性格。誰しも一つはもつものである（政治家になる者はこの限りではないだろうが）。だが、性格とはどういうものなのであろうか？　おおざっぱに言えば、個人の傾向、信念、考え方や行動の組み合わせである。明らかに「より高度」な機能、とてつもなく大きい脳のおかげでどうやら人間であるからこそもちえる、ありとあらゆる洗練された上級の精神的処理の組み合わせである。しかし、驚くことに、多くの人びとが性格はいっさい脳に由来しないと思っている。

かつて人びとは二元論を信じていた。心と身体は分かれているとする考えである。脳は、それをいかに考えようとも、あくまで身体の一部、一つの物理的器官である。二元論者は、人間のもつより触れがたい哲学的要素（信念、生き方、愛憎）は、精神、もしくは「霊魂」、あるいは人の非物質的要素を指し示すあらゆる言葉に内包されると主張したものだった。

そんな折、一八四八年九月一三日、予期せぬ爆発事故により、鉄道作業員のフィネアス・ゲージは長さ一メートルの鉄の棒で脳を貫かれた。それは彼の左目の真下から頭蓋に入り、左前頭葉を貫通して頭頂から抜け出た。そして約二五メートル先に落ちた。棒の推進力がきわめて強かったため、人間の頭はメッシュカーテンほどの抵抗しか示せなかった。はっきりさせておくが、これは紙で切った傷ではない。

これが死亡事故であったと考えたとしても無理はないであろう。今日でさえ、「巨大な鉄の棒が頭を貫通」となれば一〇〇パーセント死に至る損傷に思える。しかもこれが起きたのは一八〇〇年半ば、つま先を強打しただけで壊疽《えそ》を引き起こし、無残にも命を落とすのが日常的だった時代である。だがそうはならなかった。ゲージは助かり、それから一二年生き延びた。

この理由の一つは、鉄の棒がかなり滑らかで尖っており、しかも相当のスピードだったため、傷が驚くほど精密で「きれい」だったことである。それは彼の脳の左半球前頭葉をほぼ破壊したが、脳には優れた冗長性が組み込まれているため、もう片半球が欠損を補い、通常の機能を提供した。ゲージはその怪我が彼の性格を一変させたと考えられたことから、心理学や神経科学の分野で象徴的な存在となった。温厚で勤勉なタイプの性格から、短気でいい加減で口汚くなり、さらには精神にも異常をきたした。この発見は、脳のはたらきが個人の性格を規定するとの考えを強く裏づけたため、「二元論」は論争に立ち向かわざるをえなかった。

しかし、ゲージの変化にかんする報告の数々は大きく異なる。また彼は晩年にかけ、多くの責任と他者との交流を伴う駅馬車の御者として長期雇用されており、したがってたとえ破壊的な性格変化を経験したとしても回復していたはずである。しかし、極端な主張は絶えず、それは主に当時の心理学者らが（そのころは、自尊心の強い裕福な白人層に寡占されていた職業であるのに対し、いまは……まあ、それはいいとして）、脳の仕組みについての自説を売り込む好機としてゲージの事例に飛びついたからである。そして、もしそこで主張されていることが一下層鉄道労働者の身にいっさい起きていなかったことであったとしても、彼らにとってはどうでもよかったのではないだろうか？　これは一九世紀の出来事であって、彼がフェイスブックを通じて事態を知ろうはずもなかった。彼の性格変化にかんする極端な主張の大部分は彼の死後に出てきたらしく、よって現実的にそれらに反論することはできない。

しかし、ゲージが実際に経験した性格と知的変化の調査に人びとが熱心に取り組んだとしても、それをどうやってやることができたというのであろうか？　ＩＱテストが登場するまでにはまだ半世紀もあり、しかもそれは影響を受けていたかもしれない特性の一つでしかない。つまるところゲージの事例は、性格についての二つの動かしがたい現実に結びつく。それは脳の産物だということ、そしてそれを根拠の確かな客観的方法で測るのは並大抵の苦労ではないということである。

Ｅ・ジェリー・ファレスとウィリアム・チャプリンは、二〇〇九年の共著『性格概論』[1]の中で、ほとんどの心理学者が喜んで受け入れるであろう定義を示している。「性格とは、一人の人間と他者とを区別する特徴的な思考や感情、行動の傾向であり、時間と状況が変化しても持続するものである」。

次のいくつかの項目において、興味の尽きない側面——性格測定に用いられるアプローチ、人びとを怒らせるもの、最終的に特定のことをするよう仕向ける方法、そしてあの普遍的権威である好ましい性格、ユーモアセンス——を少々考察するとしよう。

悪気はない（性格テストの怪しげな使い道）

妹のケイティが生まれたのは、私が三歳で、自分のちっぽけな脳がまだ比較的新鮮なときだった。私たちは同じ両親のもと、同じ時期に同じ場所で育った。一九八〇年代、イギリスのウェールズ地方の孤立した盆地にある小さな町である。全般的に私たちは非常に似た環境にあり、非常に似たDNAをもっていた。

となれば私たちは非常に似た性格をもつに違いないと考えるかもしれない。それは結果とはまったく異なる。妹は、控えめに言うならば、異常に活発な御しがたい子で、対して私は概して静かで、小突いてみなければ起きているのかもわからないような子だった。どちらもいまは大人だが、相変わらずかなり違う。私は神経科学者で、彼女はプロのカップケーキ職人である。こう書くと私が偉ぶっているように思われるかもしれないが、そんなつもりはさらさらない。誰にでもいいからどちらを選ぶか訊いてみていただきたい。脳の科学的作用について論じたいか、カップケーキについて論じたいか。人気が高いのはどちらかおわかりいただけるはずである。

この話のポイントは、非常に似通った出生や環境、遺伝子をもつ二人でもかなり異なる性格になるということである。そうであれば、一般集団の中の見ず知らずの二人の性格を予測して測定することなどできるのであろうか？

指紋を思い浮かべていただきたい。指紋は要するに指先の皮膚の隆線パターンである。しかし、この単純さにもかかわらず、地球上の人間のほぼすべてが固有の指紋をもつ。皮膚のごくわずかな断片上のパターンでさえ、個人専用の組み合わせを提供できるほど変化に富むとすれば、無数の精緻な接続と複雑な機能をもつ人間の脳という、宇宙でもっともややこしいものには、さらにどれほどの多様性があるというのだろうか？　人の性格を筆記テストのような簡易ツールを使って判断しようとすることさえ、まったくの無意味で、プラスチック製のフォークでラシュモア山〔訳注：米サウスダコタ州の四人の大統領の頭像が彫刻されている山〕を彫るのと同じである。

しかし、現在の理論によれば、予測と認識ができる性格の構成要素、分析によって特定できる「特性」と呼ばれるものがあるらしい。何十億という指紋がわずか三種類のパターン（蹄状紋《ていじょうもん》、渦状紋《かじょうもん》、弓《きゅう》状紋《じょうもん》）と一致し、人間のDNAの膨大な多様性がわずか四種類のヌクレオチド（G、A、T、C）の配列によって生み出されるのと同じように、性格はすべての人びとに共通する、一定の特性の固有の組み合わせと表出とみなせると多くの科学者たちが主張する。J・P・ギラードが一九五九年に言ったように、[2]「個人の性格とは、すなわち、彼の特徴の独自の傾向である」。ここで「彼の」と述べることについて注目していただきたい。これは一九五〇年代のことであり、当然ながら、女性が性格をもてるようになったのはようやく一九七〇年代中旬になってからである。

いずれにしても、これらの特性とは何なのであろうか？　性格を形成するためにどのように組み合わさるというのであろうか？　現時点のもっとも優勢なアプローチは間違いなく「ビッグ・ファイブ」の性格特性であろう。それによると、赤、青、黄色を組み合わせることで多彩な色になるのと同じように、性格を形づくる五つの具体的な特性がある。これらの特性は状況を通じてだいたい一貫しており、個人の予測可能な姿勢や行動に結びつくらしい。

誰もが次のビック・ファイブ特性の両極のあいだにあてはまるとされる。

開放性は、新しい経験に対する受け入れの度合い示す。腐った豚肉で彫られた斬新な彫刻展に招待されたとき、極端に開放的な人は言うだろう。「絶対行きます！　悪臭をふりまく肉で創られた芸術作品なんて見たことないもの。これはすごいことだわ！」。逆であれば「やめときます。町の反対側の行き慣れない場所だから楽しめないので」。

誠実性は、個人がどのくらい計画や準備、自制をする傾向にあるかを示す。誠実性が高いタイプは腐敗豚肉彫刻展に行くことを了承するかもしれないが、事前にもっとも効率のよいバス経路と交通が麻痺していたときの代替案を調べ、さらに破傷風の追加接種も受けておく。誠実性が低いタイプはそこで一〇分後に落ち合うことを即座に了承し、仕事を早退する許可も得ず、場所を探すのに直観に頼ろうとする。

外向型の人は、外向的で愛嬌があり目立ちたがり屋、対して内向型の人はもの静かで引っ込み思案で他人と交わらない。もし腐敗豚肉彫刻展に招かれた場合、極端な外向型は行くだけでなく、これ見よがしなにわかづくりの彫刻を持ち込み、インスタグラムにアップするためにすべての彫刻の脇に立ってポーズを取るだろう。極端に内向型の人は、誘われるほど長く相手と話すことはない。

協調性は、行動や思考がどれだけ社会的な調和を望む気持ちに影響されるかを示す。協調性のある人は、確かに腐敗豚肉彫刻展に行くことに同意はするが、ただその招待した人がそれを気にかけない限りにおいてである（彼らはわずらわせるのを望まない）。いっさい協調性のない人は、そもそも誰からもどこにも招待されないだろう。

神経症傾向の人は、腐敗豚肉彫刻展に招待されるが、それを断り、きわめて詳細にその理由を説明する。たとえば、ウディ・アレンみたいに。

ありそうにない彫刻展は別として、これらがビック・ファイブを構成する特性である。これらがきわめて一致することを示す多くのエビデンスがある。つまり協調性の得点が高い人は、さまざまな状況のもとで同じ傾向を示すという。他にも、一定の性格特性と特定の脳活動や領域とを関連づけるデータもある。性格研究における第一人者とも言われるハンス・J・アイゼンクは、内向型の人は外向型の人よりも大脳皮質の覚醒（大脳皮質における刺激と活動）が高いレベルにあると主張した。[3]この一つの解釈は、内向型の人はあまり刺激を必要としない。対して外向型の人はもっと興奮したがり、それを軸に性格を発展させるというものである。

最近のスキャニング研究――たとえば瀧靖之などによるもの――では、[4]神経症傾向を示す人は、背内側前頭前皮質や後部海馬を含む左側頭葉内側部などの領域が平均よりも小さく、中央の帯状回が大きい傾向にあることが示唆される。これらの領域は意志決定や学習、記憶に関係するとされ、神経症傾向にある人は、妄想的な予測の制御や抑制、またそれらの予測に信頼性がないことを学習する能力が低いことも示唆されている。外向性の人は眼窩前頭皮質《がんかぜんとうひしつ》に活動の増加が見られ、それは意志決定に関連づけられている。したがって、この意志決定の領域が活発になったがために外向型の人は活動的になり、より頻繁に判断を下すよう強いられ、それがより外向的な行動に結びつくのであろうか？

さらには、性格の根底には遺伝的要因があることを示唆するエビデンスもある。チャン、リブスレー、ヴァーノンによる双子およそ三〇〇組（一卵性と二卵性）を調べた一九九六年の研究では、ビック・フアイブ性格特性の遺伝率は四〇パーセントから六〇パーセントの範囲にあることが示された[3]。

先述の段落はつまるところ、複数の、具体的には五つの性格特性があり、それには裏づけとなる膨大な科学的根拠（エビデンス）が存在し、脳の領域と遺伝子に関連づけられているということらしい。それでは何が問題なのであろうか？

第一に、ビッグ・ファイブの性格特性は、性格の真の複雑さを詳しく説明していないと異を唱える者が多い。全体的にはよく網羅されているが、ユーモアはどうなのか？　信仰や迷信的行為の傾向は？　気性は？　批判者らは、ビッグ・ファイブはむしろ「外側」の性格を示しているという。つまりこれらの特性はすべて他人から観察されるものであり、対して性格の大部分は内面的（ユーモア、信念、偏見など）なもの、主に頭の中で行われることで、必ずしも行動に反映されるわけではない。

性格のタイプが脳の構成に反映されており、それらに生物学的な起源があることを示唆するエビデンスもある。しかし、脳は柔軟で、経験した内容に応じて変化するため、私たちが目にする脳の構成は、性格のタイプがもたらした結果であり、それを生み出す原因ではないとも言える。神経症的であろうと外向的であろうと、結局は異なる経験をするのであり、それが脳の部位の配列に反映されているのかもしれない。これは、そもそものデータ自体が一〇〇パーセント確認されたものと仮定しているが、そうではない。

他にも、ビック・ファイブ理論がどのような形で生まれたのかという問題がある。それは何十年にも及ぶ性格研究により集められたデータの因子分析（第四章で考察）に基づいている。さまざまな人びとによるさまざまな分析よってこれら五つの性格特性が繰り返し発見されているが、これの意味するものは何であろうか？　因子分析は単に入手可能なデータを調べるだけである。ここに因子分析を用いるのは、雨水を溜めるために複数の大きなバケツを町のあちこちに置くようなものであろう。もし一つのバケツがつねに他よりも先に満杯になるとすれば、そのバケツを置いた場所は他よりも雨量が多いと言える。これは知っておくのはよいことだが、雨がなぜ、どのようにつくられるかといったもろもろの重要な問題の説明にはならない。役立つ情報ではあるが、それは理解のとば口でしかなく、結論ではないのである。

ここではビッグ・ファイブのアプローチを取り上げたが、それはもっとも浸透しているからであって、決してこれだけではない。一九五〇年代、フリードマンとローゼンハンは、タイプAとタイプBの性格を見つけ出した。[6] タイプAは負けず嫌いで野心家、性急で攻撃的、片やタイプBにはそういう傾向は見られない。これらの性格タイプは職業に結びつけられたが、それはタイプAがその性格から最終的に経営者や高い評価の地位に就くことが多いからである。だが一つの研究から、タイプAは心臓発作や他の心臓病の発症率が二倍であることが判明した。性格タイプによって文字通り命に関わることにもなり、よってこれは浸透しなかった。しかし、その後の追跡調査により、この心疾患の傾向は、その他の要因、たとえば喫煙や貧しい食生活、八分毎に部下を怒鳴りつけるストレスからもたらされることが示された。そしてこのタイプA／タイプBを用いた性格分類は一般化されすぎているというのがわかった。より緻密な分析が必要であり、したがって特性に対してもさらに詳細な関与が必要だったわけである。

性格特性理論が浮上することになった具体的なデータの大部分は言語分析に基づく。一八〇〇年代のサー・フランシス・ゴルトンや一九五〇年代のレイモンド・キャッテル（流動性知能と結晶性知能の提唱者）を始めとする研究者たちは、英語を観察し、それを性格特性を表す用語として評価した。「神経質」、「不安」、「妄想」といった言葉はすべて神経症傾向を表すのに用いられ、一方「社交的」、「愛想のよい」、「協力的」などの用語は協調性に適用できる。理論的に、この種の用語が適用されるだけの性格特性がある――いわゆる語彙《ごい》仮説である。(7) 説明的な言葉はすべて照合され精査され、そこから特定の性格のタイプが浮かび上がり、後の仮説形成の元となる大量のデータを提供したのである。

このアプローチにも問題がある。とりわけそれが言語という、文化間で異なり、絶えず流動するものに依拠している点である。より疑い深い者たちは、特性理論のようなアプローチは限定的すぎて真に性格を表すものとはなりえないと異を唱える。すべての状況において同じ行動を取る人などおらず、外部の状況に左右される。外向型の人は社交的で興奮しやすいかもしれないが、葬式や重要な仕事の打ち合わせの場では外向性の際立つ行動は取らず（彼らが深刻な問題を抱えていない限り）、したがってその都度異なる対応をする。この理論は状況主義として知られる。

このようなもろもろの科学的な論争にもかかわらず、性格テストは普及している。

簡単な質問に答えたあとで自分がどのタイプに適合するかを告げられるのはちょっと楽しい。人にはある特定の性格のタイプがあるように思えるし、このタイプがあると実際に教えてくれるテストを終えることで、その仮説が実証される。それは六秒毎にオンラインカジノへのサインアップを促すいい加減な構成のウェブの無料テストかもしれないが、テストはテストである。古典的なのはロールシャッハテストで、適当なパターンのインクの染みを見て何に見えるかを答える。たとえば「繭《まゆ》からふ化する蝶」、あるいは「質問ばかりしたセラピストの爆発した頭」とか。これは個人の性格の何かしらを明らかにするかもしれないが、検証される類のものではない。大同小異の千人が同じ絵を見て千通りの異なった回答をすることもある。厳密に言えばこれは性格が複雑で多様なことをまさに実証するものだが、科学的には何の役にも立たない。

しかし、すべてがくだらないではすまされない。性格テストがもっとも幅広く、かつ懸念すべき使われ方をしているのが実業界なのである。もしかすると、ＭＢＴＩ（Myers-Briggs Type Inventory）はすでによくご存じかもしれない。世界中でもっとも広く使われている性格検査ツールの一つで、何百万ドルもの価値をもつ。問題なのは、それが科学界からの支持も承認も得ていないことである。一見したところ厳格かつ適正な印象を与えるが（これもまた名高い外向型―内向型特性の尺度に依拠する）、熱心な素人集団が単一の情報源から寄せ集めた、未検証の数十年前の推論に基づいている。[8] それにもかかわらず、それはある時点で従業員をもっとも効果的な方法で管理したいと願う経営者たちの心をとらえ、よって世界的に普及した。いまやそれに信頼を置く者は数十万にも達する。しかし、やはりそれは占星術と同じなのである。

普及した理由の一つは、ＭＢＴＩが比較的容易でわかりやすく、従業員の行動を予測し、それに応じて管理するのに都合のよいカテゴリーに分類できるからである。内向型の人を雇用しますか？　それならば彼女を一人黙々とはたらける部門に配置し、決してじゃまをしないようにしましょう。そのあいだに外向型の人を採用し、宣伝や契約に従事させましょう。彼らはそれに嬉々として取り組むはずです。

少なくとも、それが理論である。しかし、人間はそれほど単純ではないので、現実にうまく機能しない。多くの企業が採用方針の不可欠な構成要素としてＭＢＴＩを――応募者が一〇〇パーセント正直で、無知だとみなすシステムを――活用している。ある仕事に応募して試験を課されたとする。「あなたは他人と一緒に楽しんではたらきますか?」と問われた場合、「いいえ、他人は害虫のようなもので、踏みつぶされるためだけにいます」とは、たとえそう信じていたとしても書かないはずである。大部分の人は、そのような試験で無難な回答ができるだけの知能を有し、その結果を意味のないものにしているのである。

MBTIは、よく知りもせず宣伝に惑わされる非科学的な者たちによって、絶対確実な究極のものとして使われ続けている。完全無欠なMBTIとは、もしそれを受けた全員が各々の診断に積極的に協力するふりをした場合に限られる。しかし、誰もそうすることはない。従業員が限定的で容易に理解できる分類にしたがって行動するほうが管理職にとってやりやすいという事実は、現実にそうなるという意味ではない。

総体的に、性格テストはわたしたちの性格がじゃましなければもっと役に立つものになるだろう。

怒りを爆発させろ（怒りの仕組みと、それが役立つ理由）

ブルース・バナーには有名な決めぜりふがある。「おれを怒らすなよ。怒ったおれを好きにはなれないだろうから」。バナーは怒ると超人ハルクに変身するという、何百万もの人びとに愛された世界的に有名な漫画本のキャラクターである。だからもちろん、決めぜりふは創作である。

それに、怒っている人が好きという人などいるのだろうか？　確かに、不正を前にして立ち上がり「正義の怒り」を示す人もいるし、同意する人びとは彼らに声援を送るだろう。しかし、怒りは一般に否定的なものと考えられており、それは主に理不尽な挙動や逆上、暴力までも生じさせるからである。もしそれほど有害であるなら、どうして人間の脳は、まさにどうでもいいようなことにまで反応してそれを生成しようと躍起になるのであろうか？

怒りとは正確にはどのようなものなのか？　それは感情的、生理的な覚醒の状態で、ふつうはある種の境界が侵されたときに経験する。道で誰かがぶつかってきた？　あなたの身体的境界が侵された。あなたから金を借りた相手がそれを返そうとしない？　あなたの経済的あるいは資源的境界が侵された。誰かがひどく侮辱的と感じる意見を述べた？　あなたの道徳的境界が侵された。あなたの境界を侵した相手が誰であろうが、それを故意にしているのであればそれは挑発で、覚醒レベルはさらに高まり、よって怒りが増す。誰かの飲み物を誤ってこぼしてしまうのと、相手の顔にそれをわざとぶちまけるのとの違いである。しかもあなたの境界が侵されているだけではない。誰かがそれをわざと、自分の利益のためにあなたを犠牲にしてやったのだ。脳はインターネットが登場するずっと前からトロール［訳注：ネット上で誹謗中傷を繰り返し、悪意をまき散らす人］に応酬しているのである。

進化心理学者らによって提唱された怒りの再較正《さいこうせい》理論によると、[9] 怒りはこのような状況に対処する、一種の自衛手段として進化してきた。怒りは、敗北の元となった状況に無意識内に素早く反応することで、心身の均衡を取り戻し、自己保存をより確実にさせる。一人の霊長類の先祖が、進化したばかりの大脳皮質を使って試行錯誤しつつ石斧をつくっている状況を想像していただきたい。このような最新式の「道具」をつくるのには時間と労力が要るが、道具は役に立つ。そしてようやく完成したとき、誰かがやって来てそれを横取りする。静かに座して所有と道徳の本質について熟考する反応を示す霊長類のほうが賢そうに見えるが、怒って盗人の顎《あご》に猿のような拳でパンチを浴びせる者のほうが自分の道具を守れ、二度と侮蔑されるようなこともなくなり、したがってその交尾のチャンスと地位は高まる。

とにかく、それが理論である。進化心理学者らはこのようにものごとを超単純化する傾向があるようで、それ自体が人びとの怒りを買う。

厳密な神経学的意味では、怒りは脅威に対する反応の場合が多く、「脅威感知システム」がそこに強く関与している。扁桃体と海馬、および中脳水道周囲灰白質、そして主に基本的な感覚情報の処理を担う中脳の全領域が脅威感知システムを構成しており、したがって怒りを引き起こす役目を担う。しかし、先に考察したように、人間の脳はいまでも原始的な脅威感知システムを使って現代社会をナビゲートしており、あなたは自分のことを「危ない奴」として好ましくない印象をふりまく同僚のせいで、職場で小馬鹿にされていると考えている。これは身体的な意味では無害だが、あなたの評判と社会的地位を脅かす。結果、腹が立つ。

チャールズ・カーヴァーとエディ・ハーモン－ジョーンズなどが実施した脳スキャン研究によれば、怒らされた被験者らには眼窩前頭皮質の活動レベルの上昇が認められる。ここは感情と目的志向的行動の制御に関連づけられることの多い脳領域である。[10] つまり基本的に脳が何かを起こそうとするとき、それを起こすための行為をしばしば感情を通じて誘発、あるいは助長するということだ。怒りについて言えば、何かが起き、それを経験した脳がそれを実に不快と判断した場合、納得する方法で応じ効果的に処理するために感情（怒り）を生み出すのである。

もっと興味深い話もある。怒りは破壊的で不合理、否定的で有害だと考えられている。しかし、怒りはときとして便利で、事実役に立つことも判明している。（多様多種の）不安や脅威はストレスを引き起こす。大きな問題だが、それは主にホルモンのコルチゾールを放出し、ストレスを非常に有害で不快な生理的現象とさせるからである。オスナブリュック大学のミゲル・カゼンらチームによる研究[11]など数多くの研究から、怒りを経験することでコルチゾールが減り、したがってストレスによる潜在的危害も減ることが示されている。

これを説明する一つは、怒りが脳の左半球、脳中央に位置する前帯状皮質、および前頭皮質の活動を高めるとする研究結果である。*これらの領域は動機づけや応答行動に関連づけられている。それらは脳の両半球に認められるものだが、それぞれの役目は異なり、不快なことに対し右半球は否定的で回避的な撤退の反応を引き起こし、左半球は肯定的で積極的な前向きな行動を引き起こす。

わかりやすく言えば、脅威や問題がこの動機づけシステムに示されると、右半分が「ダメだ、離れてろ、危険だ、これ以上よけいなことをするな！」と告げ、尻込みさせ、隠れさせる。左半分は、「ダメ

*余談として、怒りの調査報告にかんする研究で「怒りのレベルを上げるよう設計された刺激を被験者に与える」などの実験が行われるが、これは多くの場合、基本的にボランティアを侮辱するだけだというのは注目に値する。彼らがなぜこれを明確にしたがらないのかはよくわかる。心理的実験は参加するボランティアの人びとに頼らざるをえず、その実験にスキャナーに革紐で固定され、科学者らが下品な隠喩を使って自分の母親がどのくらい太っていたかを言わせようとすることが含まれると知れば、参加する気にはならないであろう。

だ、まだ経験していない。立ち向かえ」と告げてから、いわば袖をまくり上げるかのごとくはりきって取りかかる。非現実的な肩に乗った悪魔と天使とが、現実には頭の中に巣くっているのである。

自信に満ちた外向的な性格であればおそらくは左側が優勢で、一方、神経症的もしくは内向的なタイプであれば右側がそうだと考えられる。しかし、右側からの影響は目の前の脅威に対する行動には何ら結びつかないので、脅威はしつこく続き、不安やストレスを引き起こす。入手可能なデータによれば、怒りは左半球のシステムを活発化させ[12]、飛び込み台でためらう人の背中を押して突き落とすような行動に駆り立てる可能性がある。コルチゾールの低下はまた、人を「硬直」させる不安反応を抑制する。最終的にはストレスの原因に対処する中でコルチゾールがさらに減る[*]。同じように、怒りは人をより楽観的にすることも示されているため、起こりえる最悪の結果を恐れるのではなく、むしろどんな問題でも対処できるという気にさせ（たとえそうではなくとも）、よってあらゆる脅威が最小化される。

研究からはまた、目に見える怒りは交渉に役立つことが示されている。たとえ当事者双方がそれを見せていたとしても、そこには何かしら得ようとするより多くの動機と結果に対するより楽観的な見通しがあり、発言すべてに本音が含まれるという[13]。

これらすべてが怒りは押し殺すべきだとする考えに疑問を呈し、逆に、ストレスを減らしてものごとを押し進めるために放出すべきであると示唆する。

しかし、これまで同様、怒りもそう単純ではない。つまるところそれは脳からもたらされるのである。わたしたちは怒りの反応を鎮めるさまざまな方法を編み出してきた。古典的な「一〇を数えろ」、あるいは「深呼吸してから動け」といった戦略は、怒りの反応が非常に素早く強烈なことを考えれば納得がいく。

怒りに駆られると一層活発になる眼窩前頭皮質は、感情と行動の制御に関与している。より具体的には、行動に及ぼす感情を加減してふるいにかけ、人間のより強烈で原始的な衝動を鎮めるか停止させる。もし激しい感情から危険な行動に出る可能性がきわめて高そうであれば、眼窩前頭皮質が応急処置的に介入し、浴槽のオーバーフロー穴のようなはたらきをする。根本的な問題の解決にはならないが、最悪の事態は食い止めるわけである。

心の底からわき上がる直接的な怒りの感覚については必ずしもこの限りではない。何かに腹を立て、何時間も何日も、ときに数週間ものあいだ腸《はらわた》が煮えくり返っているときもある。怒りを引き起こす初動の脅威感知システムには、鮮明かつ感情的な記憶の形成に関与するとされる海馬と扁桃体の領域が含まれ、よって怒りの原因となる出来事は執拗に記憶にとどまり、それについてくよくよ考える、つまり専門用語でいう「反芻《はんすう》」をすることになる。自分を怒らせた出来事を反芻する被験者は、内側前頭前皮質の活動の上昇が見られる。ここは意志決定や計画、その他複雑な精神活動に関係する脳のもう一つの領域である。

結果としてしばしば怒りが収まらない、あげくには増幅する状況になる。これは対抗手段をもたない

*同じ研究で、怒りは複雑な認知的課題を行う能力を妨げることが実証されており、「まともに考える」ことができないというのが示されている。必ず役立つとは言えなくとも、それは必然的に同じ展開をもたらす。あなたは、遭遇するあらゆる脅威の特性を冷静に評価し、それに抗うのは危険が大きすぎると総合的に判断できるかもしれない。しかし、怒りはこの合理的思考をじゃまして問題回避に結びつく精密な分析を蹴散らし、無理やりそれに挑ませ、拳を振り回させるのである。

些細な苛立ちによくあてはまる。怒りのために脳はそのしゃくにさわる問題をどうにかしたがっているだろうが、それがおつりを返さない自動販売機だとしたらどうするのか？　高速道路で無理矢理前に割り込んできた奴だとしたら？　あるいは午後四時五六分になって残業を言いつける上司だとしたら？　これらはすべて怒りを喚起するが、器物破損する、自分の車をぶつける、クビを覚悟する気がなければ対処する術はない。おまけにすべてが同じ日に起きることもありえる。そうなれば脳は反芻する腹立ちの対象を複数抱えつつも、それらに対処する明確な手立てのない状態となる。脳の行動反応システムの左側は何とかするようせっつくが、何ができるというのだろうか？

そんなときに給仕人がうっかりラテではなくブラックコーヒーを運んできたとすれば、そのときが限界である。不幸な給仕人は容赦のない非難を浴びるだろう。これは「置き換え」である。脳はそれまでの一連の怒りを出口もなく溜め続けてきたので、その認識している圧力を放出するためだけに、たまたま遭遇した最初の実行可能な標的に転嫁する。期せずして憤怒のはけ口を開いてしまった者にとって、これは決して愉快なことにはならない。

怒りを覚えているがそれを見せたくない場合、多才な脳のおかげで荒っぽい暴力に訴えずに攻撃的になる方法がある。相手がうまく反論できないやり方で彼らの人生を惨めにできる「受動攻撃的」になるのである。そうして、あまり口をきかない、いつもかなり打ち解けた話をしているのにあたりさわりのない話にする、社交的な催しに仲間内全員を誘うが彼らは除外するといったことをする。どの行為もあからさまな敵対ではないが、やがて彼らは不安を覚える。当惑や居心地の悪さを感じても、あなたが自分に腹を立てているのかはわからない。そして人間の脳はあいまいなことや不確実なことを好まず、よってそれらを苦痛と受け止める。そうやって彼らは暴力や社会規範に反する行為を受けることなく仕返しされるのである。

この受動攻撃の手法がうまく機能するのは、人間が他人の怒りを認識するのが得意だからである。身振り、表情、声の調子、錆びたなたを振りかざし大声で追いかけてくる。典型的な脳は、これらの微妙な手がかりをすくい上げ、怒りを読み取れる。人びとは他人の怒りを嫌うので、これは役に立つ。なにせ彼らは潜在的脅威であり、危険あるいは不穏な行動に出るかもしれないのである。それだけでなく、何かがその人物を心底憤慨させていることも露わにしている。

覚えておくべきもう一つの重要な点は、怒りを覚えるのと怒りに反応するのは同じではないということである。怒りの感覚はおそらくみな同じだが、それに対する反応は大きく異なり、性格タイプのもう一つの指標である。誰かがあなたを脅したときの感情的反応は怒りだ。相手が誰であろうと、その相手に危害を加えるやり方で応じた場合、それは攻撃性である。それをやり遂げるために危害を加えようと画策するのは敵意、すなわち攻撃性の認知的な構成要素である。近所の住人があなたの車に呪いの言葉をペンキで書きつけている現場を押さえ、怒りを覚えた。「仕返しにこてんぱんに叩きのめしてやる」——それは敵意である。仕返しにレンガを相手の車のフロントガラスに投げ込む、それが攻撃性だ。*

というわけで、怒りに身を任せるべきか、それとも堪えるべきか？　同僚があなたを苛つかせるたび

＊攻撃性は怒りを伴わなくとも生じる。ラグビーやフットボールなどの体に接触するスポーツはしばしば攻撃性が伴うが、怒りは必要とされない。他のチームを打ち負かして勝ちたいという、それを動機づける欲求だけである。

ごとに口論をふっかける、あるいは彼らを会社のシュレッダーにかけるべきだと提案しているわけではない。しかし、怒りが必ずしも悪いことではないと認識したほうがよいのである。とはいえ、適度さが重要である。怒りに駆られている者はたいてい、自分の要求を慎み深い相手にぶつけがちである。つまりこれは、怒るが勝ちだと気づかせてしまうことになり、したがって彼らはますますそうするようになる。やがて脳は絶え間ない怒りを報酬に結びつけることでさらにそれを促進し、最終的には自己流を貫き通すのにほんのわずかでも不都合があると怒りだす者をつくりだし、そうして彼らは必然的に名物シェフになる。それを良しとするかどうかはあなた次第。

自分を信じろ、そうすれば何でもできる……常識の範囲で（動機《モチベーション》の見つけ方と活用法のいろいろ）

「困難な旅ほど、達成は喜ばしい」
「努力とはまさにあなたという家の基礎である」

近ごろはジムやコーヒーショップや社員食堂で、このような引用を前面に押し出した陳腐な動機づけポスターを何枚も見せつけられる。怒りについての前項では、その感情が脅威に対する反応を動機づけ、それが特定の脳経路を介して機能する仕組みについて述べたが、ここではより長期的な動機づけ、反応というよりむしろ「動因《ドライブ》」となるものについて考察しよう。

動機づけとは何か？　動機づけされていないときはよくわかるはず——多くの仕事がぐずぐず先延ばしする誰かのせいでダメになる。先延ばしは悪しきことをするための動機づけである（わたしは本書を書き上げるためにネットを切断しなければならないことを自覚すべきである）。おおざっぱに言えば、動機づけは人が計画や目標、結果に向け熱意をもって努力し続けるために必要な「エネルギー」である。初期の動機づけ理論は、ジークムント・フロイトその人からもたらされた。フロイトの「快感原則」とも言われる快楽原則によれば、生き物は快楽を与えるものを探して追い求め、苦痛や不快をもたらすものを避けずにはいられないという。[14]動物学習の研究が示すように、この事象を否定するのは難しい。一匹のラットを箱に入れてボタンを与えると、最終的には純粋な好奇心からそれを押すようになる。ボタンを押すと美味しい餌が与えられた場合、その行為が美味しい報酬と関連づけられるため、ラットはすぐにボタンを頻繁に押すようになる。突如としてボタンを押すよう強く動機づけられたと言っても過言ではない。

この非常に信頼性の高いプロセスはオペラント条件づけとして知られ、ある特定の種類の報酬は、それに関連づけられる決まった行動を促進あるいは減退させる。これは人間でも起きる。子どもが自分の部屋を片づけたときに新しいおもちゃをもらえれば、もっと頻繁にそうしようと考えるだろう。それは同様に大人にも機能する。報酬を変えればいいだけの話である。結果として、部屋を片づけるという不快な作業はここで好ましい結果と関連づけられ、したがってそれをやるという動機づけとなる。

これらはすべてフロイトの快楽原則を裏づけるようだが、人間とそのやっかいな脳がそれほど単純であったためしはあるだろうか？　日々の生活の中には、わかりやすい快楽追求や不快逃避を上回る動機づけが山ほどある。人びとは何かにつけ、目先の快楽や明らかな身体的快楽に結びつかないことをやっている。

ジム通いを考えていただきたい。激しい運動が多幸感や満足感をもたらすのは確かだが、*いつもとは限らず、そのうえそこに到達するにはへとへとに疲れるまで運動しなければならず、よって運動から得られる明確な肉体的快楽はない（ジム通いを続けているのに、いまだにくしゃみが出た瞬間ほどの快感を経験したことのない者として明言する）。それでも、人びとは変わらずにそれを続ける。その動機づけが何であろうと、直接の肉体的快楽を超える何かがあるのは明らかである。

他にも挙げられる。頻繁にチャリティに寄付し、自分の金を決して会うことのない他人の利益のために差し出す者たち。昇進の淡い期待を胸にひときわ不愉快な上司のご機嫌取りに終始する者たち。何かを学びたいがために、たいしておもしろくない本を忍耐強くひたすら読み続ける者たち。これらはどれも直接の肉体的快楽を伴わず、いくつかは不快な経験にさえなりえるので、フロイトに従えば、それらは避けられるはずである。だがそうはならない。

これはフロイトの見解があまりにも単純すぎるとも受け取れ、**よってより複合的なアプローチが求められる。ここで「目先の快楽」を「欲求」に置き換える手もある。アブラハム・マズローは一九四三年、「欲求階段説」を導き出し、すべての人間には機能するために必要とされる特定のものごとがあり、それらを得るために動機づけられると主張した。(15)

マズローの階段説はしばしば階段状のピラミッドとして提示される。最下段は、食べものや飲みもの、空気（空気がなければなんとか探し出そうと強力に動機づけられるのは間違いない）といった生理的欲求である。次は安全で、逃避所や身の安全、経済的安定といった身体上の危険を食い止めるものごとが含まれる。その次は「所属」である。人間は社会的動物で、他者からの是認や支持、愛情（あるいは少なくとも他者との交流）が必要になる。刑務所の独房が厳罰と考えられているのはそれが理由である。

それから「承認」がある。ただ単に認められたり好かれたりするだけでなく、実際に他者から尊敬され、自尊心をもちたいという欲求である。人には大切にし忠実に守る道徳があり、それゆえに他人から尊敬されたいと願う。それに結びつくだろう振る舞いや行動はしたがって動機づけの源泉である。そして最後は「自己実現」、自らの可能性に到達しようとする欲求（それゆえ動機づけ）である。あなたは世界一の絵描きになれるとお考えであろうか？　そうであれば世界一の絵描きになる動機づけはできた。

＊この「ランナーズ・ハイ」がなぜ起きるのか正確なところはわかっていない。筋肉の酸素供給を使い切ってしまい、嫌気呼吸（無酸素の細胞活性で、痙攣や「さしこみ」などの痛みの原因ともなる酸性の副産物をつくりだす）を引き起こし、脳はそれに対してエンドルフィンという痛みを鎮め快楽を誘発する伝達物質を放出して応じるからだとの説もある。むしろ体温の上昇や、脳が歓迎する幸福感を供給する一定のリズミカルな活動と関係しているとする説もある。マラソンランナーはしばしばこのランナーズ・ハイを報告する。彼らが走る口実として用いる頻度を考えてみると、報酬の感覚としては「マラソンの練習をしているのさ」と周囲に公言する次に来るらしい。
＊＊すでに一世紀を過ぎたいまでもフロイトの影響力は大きく、多くの人びとが彼の理論を支持している。これはある意味奇妙である。確かに彼は、精神分析の総体的な概念を主導した先駆者であり、それは賞賛に値すべきだが、だからと言って彼の提唱する理論が無条件に正しいとは限らない。心理学と精神医学がとらえどころのない不確かな性質であるがために、彼は今日でもこれほどの影響を及ぼしているのであり、それらの誤りを明確に立証するのは難しい。確かに、フロイトは分野全体の基礎を築いた。しかし、ライト兄弟は飛行機を発明し、彼らは必ずその業績で記憶に刻まれ続けるが、私たちはもはや彼らが設計した飛行機で南アメリカまでの長距離を飛びはしない。時代は移る、そしてすべてのものも。

しかし、芸術は主観的であるため、理論的にあなたはすでに世界一の絵描きかもしれない。もしそうなら素晴らしい、おめでとうございます。

つまり考え方は、人はすべての欲求と動因を満たし、実現しうる最高の人間になるために、最初の段階の欲求、次は二番目、そして三番目、さらに次というように、すべての欲求を満たすよう動機づけられるというものだ。素晴らしい考え方ではあるが、脳はそんなに器用でもなければ秩序立ってもいない。多くの人びとはマズローの階段をたどっていない。困窮するあかの他人を助けるため、なけなしの金を与えようと行動する者もいれば、動物には英雄的行為を尊重したり報いたりする手立てがないにもかかわらず、危機に瀕している一匹の動物を救おうと率先して危険に身をさらす者もいる（特にそれが一匹のスズメバチだった場合、たぶんその人を刺したあげく、不敵なスズメバチ笑いを浮かべることだろう）。

さらにはセックスも挙げられる。セックスはかなり強力な動機づけとなるものである。この証となるものはどこにでも見られる。マズローは、セックスは原始的でとても強い生理的要求であるとして欲求の最下段に置いた。しかし、人はまったくセックスなしでも生きられる。それをするのが嫌だとしても、問題なく生きられる。それなのにどうしてセックスをしたがるのであろうか？　快楽や生殖の原始的衝動か、はたまた誰かと近づき触れ合いたいという欲望なのか？　さもなければ優れた性的能力は達成であり、尊敬に値するとみなされるからだろうか？　セックスは全階層を網羅する。

脳のはたらきを調べる最近の研究では、動機づけを理解するための新たなアプローチが提示されている。内発性動機づけと外発性動機づけを区別する研究者は多い。私たちは外的要因に動機づけられるのか、あるいは内的要因なのだろうか？　外的な動機づけは自分以外からもたらされる。引っ越しの手伝いをすることで、誰かがあなたに賃金を支払う。それは外的な動機づけである。楽しくないし、面倒で重労働だが、金銭的な見返りからあなたはそれを引き受ける。もっと微妙なケースもある。たとえば、誰も彼もが「おしゃれ」で黄色いカウボーイハットをかぶり始め、あなたは流行の先端を行きたいがために黄色いカウボーイハットを買ってかぶる。黄色いカウボーイハットは好みでないばかりか、ださいとさえ思っているかもしれないが、他人はそうではないため、あなたもそれを手に入れたくなる。これが外発的動機づけである。

内発的動機づけは、自らの判断や欲望のために何かの行動に駆り立てられることである。私たちは経験と学習に基づき、病気の人びとを助けるのは気高くやりがいのある仕事だと判断し、よって医学を学び医者になるために動機づけられる。これが内発的動機づけである。もし医者には多額の報酬が支払われるから医学を学ぶ気になったとすれば、それはむしろ外発的動機づけとなる。

内発的および外発的動機づけは微妙なバランスの中に成り立つ。相互にというだけでなく、それ自体においてもである。一九八八年、デシとライアンは自己決定理論を導き出し、外発的影響がまったくないまま動機づけられること、それが一〇〇パーセント内発性だと論じた。[16] それによると、人びとは自律性（ものごとに対する統制力）、有能感（ものごとに優秀であること）、関係性（自らの行動に対する是認）を達成するために動機づけられるという。これらのすべてが、なぜ口うるさい上司というものがひどく腹立たしいのかを説明している。口うるさい上司のほとんどが社会病質人格障害であるらしいことを考えると（あなたがそんな人に翻弄されている場合）、背後にまとわりついて至極簡単な作業のやり方を事細かに指示し、あなたからすべての統制力を奪い、能力という概念をことごとく侵食する人とうまくつき合うなどまず無理なのである。

一九七三年、レッパー、グリーン、ニスベットは過剰な正当化効果を指摘した。[17] 遊び道具として、子どもたちの集団にはカラフルな画材が与えられた。一部の子どもたちはそれらを使えば褒美がもらえると告げられ、それ以外の子どもたちは自由に任された。一週間後、また画材を使いたいという気持ちは褒美を与えられなかった子どもたちのほうがずっと強かった。創作活動は楽しく満足すると自ら確信した子どもは、他者から褒美を受け取った子どもたちよりも強く動機づけられていたのである。

どうやら肯定的な結果を自らの活動と結びつけて考えた場合には、肯定的な結果が自分以外からもたらされるよりも重みをもつらしい。次は報酬が与えられないと誰にわかるだろうか？ 結果として動機づけは低くなるのである。

結論として明らかなのは、作業の報酬を与えることでその行為の動機づけが弱まることもあり、その一方、主導権や権限をもっと増やすことにより動機づけを高めるかもしれないということである。この考え方はビジネス界で（かなり積極的に）採り入れられているが、主にそれは、従業員にその労働の対価を実際に支払うよりも、より多くの自律と責任を与えたほうがよいという考えの科学的な裏づけになるからである。これを正しいとする科学者がいる一方で、それを否定するデータも山ほどある。もし仕事への報酬が動機づけを減少させる場合、高額を受け取る最高幹部らは現実として何もしやしない。誰もはっきり言おうとしないが、億万長者連中には何もする気がなくても、高い動機づけをもった弁護士を雇う余裕は充分ある。

脳の自尊心の傾向も要素となりえる。一九八七年、エドワード・トーリー・ヒギンズは自己不一致理論を提唱した。(18) 脳は複数の「自己」をもつという主張である。自分がそうありたいと望む、自分の目標や性向、優先するものから抽出した「理想」の自己がある。あなたはスコットランド北部インバネス出身の小太りのコンピュータプログラマーかもしれないが、あなたの理想とする自己は、カリブ海の島に住む褐色に日焼けしたバレーボール選手。これがあなたの最終目標で、望んでいる自己像である。

そして「義務」の自己がある。これは理想の自己に到達するためどのように行動すべきと考えているかである。あなたの「義務」自己は、脂肪の多い食べものや浪費を避け、バレーボールを習い、バルバドスの不動産価格の監視を怠らない人物である。どちらの自己も動機づけを与える。理想自己は肯定に類する動機づけを与え、理想に近づけるような行動を促す。「義務」自己はむしろ否定的な回避性の動機づけを与え、理想から遠ざかる行動を取らないようにさせる。夕飯にピザを頼みたいのですか？　それはあなたのすべきことではありません。サラダで我慢しておきましょう。

さらに性格も関係する。動機づけとなると、統制の所在が重要になりえる。これはものごとを統制できていると感じる度合いである。自己中な連中で、まさに地球は自分を中心に回っている、当然そうだと考えるタイプかもしれない。あるいははるかに受け身で、いつも状況に翻弄されていると感じているかもしれない。それには文化的背景もあるだろう。西側の資本主義社会で望むものは何でも手に入るとつねに言われて育ってきた人びとは、自分の人生の主導権をより強く感じるだろうし、一方、全体主義体制にある人びとはおそらくそうではない。

出来事の間接的犠牲者だと感じるのは害にもなり、脳を学習性無力感の状態にしてしまいかねない。結果自分では状況をどうすることもできないと感じ、したがって試してみようとする動機づけを欠く。結果として何もやろうとせず、何もしないことで状況は悪化する。そうなると楽観的観測や動機づけがさらに損なわれ、よってそのサイクルが続き、最終的には無力感にさいなまれ、悲観主義となり完全にやる気を失って動けなくなる。手ひどい失恋を経験したことがあるなら、きっとわかるであろう。

脳のどこで動機づけがなされるのかの正確なところは解明されていない。人を動機づけるものごとに関係する感情の構成要素である扁桃体に加え、中脳の報酬経路の関与も示唆される。動機づけの多くが報酬を得るための計画と期待に基づくため、前頭前皮質やその他実行機能をつかさどる領域も関連づけられる。二つの異なる動機づけシステムがあるとの主張さえある。それは人生の目標や野心を与える高度な認知に類するものと、もっと基本的な反応の類のもの、たとえば「恐ろしいやつだ、逃げろ！」「見ろ！　ケーキだ！　食べろ！」。

しかし、脳には動機づけをもたらす別の奇癖もある。一九二〇年代、ロシアの心理学者ブルーマ・ツァイガルニクはレストランにいた際、給仕人が注文を記憶していられるのは、どうやらそれを扱っているあいだだけであることに気づいた。[19] 注文を処理し終えると記憶は彼らからいっさい消えてしまうらしかった。この事象はその後実験室で試された。被験者はやるべき簡単な課題を与えられたが、一部の被験者はやり終える前に中断させられた。その後の評価で、中断させられた被験者のほうがその課題をよく覚えており、さらに試験は終了していてそれをやっても何の見返りもないにもかかわらず、最後まで終わらせたいとさえ望んだのである。

このすべてが、脳が未完の状態をひどく嫌うという、いまではツァイガルニク効果として知られる現象を明らかにした。これがテレビ番組はしばしば続きが気になる終わり方をする理由である。それは、未解決のシナリオによる宙ぶらりんの状態を終わらせるために結末を見ずにはいられなくさせるのである。

どうやら何かをやる気にさせる二番目によい方法は、未完のままにして、それを解消するための選択肢を限定することらしい。人を動機づけるためのそれを上回る効果的な方法もあるが、それは私の次の著書で紹介しよう。

これは冗談のつもり？（ユーモアの奇妙で予測不可能な作用）

「冗談を説明することはカエルの解剖と同じである。よく理解できたとしても、カエルは死んでしまう」――E・B・ホワイト。残念なことに、科学は主に精密な分析と説明であり、科学とユーモアは相容れないとみなされることが多いのはそのためかもしれない。それにもかかわらず、ユーモアにおける脳の役割を究明するための科学の試みは続けられている。本書においても随所でさまざまな心理学実験を説明している。IQテスト、言葉の復唱テスト、食欲と味覚を試す周到な食品の下準備、その他いろいろ。これらの実験、および心理学で使われるその他数多くのものに共通する特徴の一つは、ある特定の操作、技術用語で言うところの「変数」に忠実に従っている点である。

心理学の実験には二種類の変数、独立変数と従属変数が組み入れられている。独立変数は実験者がコントロールするもの（知能を測るIQテスト、記憶力分析のための単語リストなど、研究者により設計、提供されるすべてのもの）である。一方の従属変数は、被験者の反応に基づいた、実験者が測定したものである（ＩＱテストの得点、記憶されていたものの数、照らし出された脳の部位など）。

独立変数は、期待した反応を喚起することにおいて信頼性が高いものでなければならず、テストを完了させるのもその一例である。ここが問題となるところで、脳におけるユーモアの作用を実質的に研究するには、被験者はユーモアを体験しなければならない。つまり理想を言えば、相手が誰かに関係なく、全員が確実に面白いと思うものがなくてはならない。そんなものが考案できたらたぶん長く研究者などしていない。なにせそのスキルをなんとしてでも使いたいテレビ局からすぐに大金を得られるのだ。プロのコメディアンはその域に達しようと長年努力を重ねているが、万人に好かれるコメディアンはまだ現れていない。

そしてなおさらやっかいなのは、驚きがコメディやユーモアの大きな要素になることである。人びとは初めて聞いた冗談が気にいれば笑うが、それを二度、三度、四度、あるいはそれ以上聞いても、すでにわかっているのでさして笑わない。したがって実験を繰り返すためのあらゆる試みは、一〇〇パーセント確実に人を笑わせる別の手段が必要になる。

さらに考慮すべき設定もある。ほとんどの実験室は無味乾燥な規制された環境で、リスクを最小限に抑え、実験のじゃまがいっさい入らないように設計されている。これは科学には最適だが、笑いを誘うには不向きである。脳スキャンにおいてはさらに困難が増す。ＭＲＩスキャンのようなものは、きゅうくつなひんやりする筒に閉じ込められ、周りの巨大な磁石からはかなり奇妙なノイズが聞こえてくる。駄洒落を楽しむ気分にさせるのに適しているとは言いがたい。

しかし、それでも多くの科学者たちは、このような数々の障害によりユーモアの仕組みの研究を断念させられはしなかった。とはいえ、ある種の奇妙な戦略を取らざるをえなかった。たとえばサム・シャスター教授は、ユーモアの仕組みとそれが集団の中でどのように異なるかを調査した。[20]彼が採った手法は、ニューキャッスルの人通りの多い公共の場で一輪車に乗り、そこから引き起こされる反応の種類を記録することだった。革新的な研究形態ではあったものの、「一輪車」は誰もが面白いと思うトップ一〇候補リストに含まれそうにない。

他にもワシントン州立大学のナンシー・ベル教授による研究では、[21]意図的なくだらない冗談を何気ない会話の中に繰り返し挟み込むことで、下手なユーモアに対する人びとの反応の性質を見きわめようとした。使われた冗談はこれである。「大きな煙突は小さな煙突に何て言った？　何にも。だって煙突はしゃべれない」。

反応は気詰まりから敵意剥き出しまでさまざまだった。だが全体として、実際には誰もその冗談が好きではなかったようで、したがってこれがユーモアの研究と言えるかは疑わしい。

これらのテストは厳密にはユーモアを間接的に、それを試みた相手の反応や行動を通じて調べたものである。なぜわたしたちはものごとをおもしろいと感じるのであろうか？　一定の事象に自発的な笑いの反応を起こさせるために脳では何が起きているのであろうか？　科学者から哲学者に至るまで、これ

＊無駄、あるいは怠慢のように感じるかもしれないが、繰り返しは科学において非常に重要なプロセスであり、それは実験を繰り返して同じ結果を得ることで、その発見が信頼でき、単なる運や巧妙な操作によるものでないという実証にもなるからだ。人間の脳の予測不可能で信頼できない性質を踏まえると、これは心理学の領域においてとりわけ大きな課題である。それを研究しようとする意欲も殺ぎかねず、それがこのもう一つのやっかいな性質でもある。

についてじっくりと考えをめぐらせてきた。ニーチェは、笑いとは人間の実在的孤独と死の定めの感覚に対する反応であると論じたが、彼の作品の多くから判断するに、笑いは彼にとってそれほど身近ではなかった。ジークムント・フロイトは、笑いは「身体的エネルギー」、すなわち緊張の解放により引き起こされると理論化した。このアプローチはユーモアの「解放」理論として発展し、分類されている。[22]その基礎をなす主張は、脳は何らかの形の(自分自身または他者に対する)危険やリスクを感知し、それが無害で解消された際に溜め込まれた緊張を解放し、そのよい結果を補強するために笑いが起きるというものである。「危険」は自然界の物理的なもの、冗談のへりくつのように説明や予測ができないもの、社会的制約による反応や欲求の抑圧によるものでもよい(攻撃的、あるいはタブーに触れる冗談がしばしばひどくうけるのは、おそらくこれが理由であろう)。この理論はどたばた喜劇に特にあてはまるようである。人がバナナの皮で滑って目が回るオチならユーモラスだが、バナナの皮で滑って頭蓋骨骨折で死ぬのでは危険が「現実」となり間違っても笑えない。

一九二〇年代のD・ヘイワースによる理論はこれをベースに築かれたもので、[23]笑いという現実の身体的処理は、危険が去り、もう大丈夫だというのを人間が互いに知らせ合う手段として進化したと論じた。ここでは「危険に直面すると笑う」と主張する人びとについては触れられていない。

プラトンにまでさかのぼる哲学者たちは、笑いは優越感の現れであると示唆した。誰かが転倒したりくだらないことを言った場合、それは自分より相手がその立場を貶めることになるので私たちを喜ばせる。優越感を楽しんで他人の失敗をあげつらって笑うのだという。確かにこれは他人の不幸や災難を痛快がること(シャーデンフロイデ)の説明にはなるが、国際的に有名なコメディアンがスタジアムのステージで何千という人びとを笑いの渦に巻き込んでいるのを見れば、聴衆者がこぞって「あいつはバカだ。俺のほうがましだ！」と考えているとは思えない。というわけで、これもすべてを説明するものではない。

ユーモアにかんする理論のほとんどは、矛盾や裏切られた期待の果たす役割に焦点をあてている。脳はつねに、外界と頭の中で起きていることを外側と内側の両方から理解しようとしている。これを促進するため、脳はものごとをもっと容易にするための数々のシステムを有しており、スキーマもその一つだ。スキーマとは、脳が情報を解釈し整理する独特のやり方である。たいていは特定の状況に固有のスキーマがあてはめられる――レストランの中、ビーチや仕事の面接、あるいは特定の個人／タイプとかかわるときなど。わたしたちはこれらの状況がある決まった形で発展し、限られた範囲でものごとが起きることを期待している。加えて、認識可能な状況やシナリオの中で起きる「べき」ものごとを示唆する詳細な記憶や経験もある。

その理論は、期待が裏切られたときにユーモアが生じるというものである。言語の冗談はへりくつを用いるので、その展開は思った通りにはならない。自分が一組のカーテンになったようだと医者にかかった人はいない。馬が勝手に酒場に入り込むことはまずない。ユーモアはもしかするとこのような筋の通らない、文脈上の矛盾に直面したとき、それらが不確実な状態をもたらすために生じるのかもしれない。脳は不確実な状態の処理が不得意だが、それが世界観の構築と予測に用いる脳のシステムに欠陥があるかもしれない場合は特にそうである（脳はものごとがある一定の展開で起きると期待するが、そのような展開にはならず、それは脳のきわめて重要な予測や分析機能に根本的な問題があることを意味する）。その後矛盾は、冗談の「オチ」、もしくはその類のもので解決、あるいは取り除かれる。長い顔の理由？　馬は顔が長いが、それは悲しげな人への問いかけだ！　それは駄洒落だ！　そうか駄洒落か！〔訳注：長い顔は悲しいときや退屈なときを表し、それを馬の顔が長いことにかけた冗談〕解決は脳にとって矛盾が解消されるので好ましい感覚であり、おそらく何かが学習される。私たちは笑いを通じて解決したことを認める信号を発し、それには数々の社会的利益も含まれる。

これも驚きが非常に重要で、冗談は繰り返されるとたいして面白くなくなる理由の一つである。ユーモアを引き起こした当初の矛盾はもはや未知のものではなく、したがって衝撃は薄まる。脳はすでにこの場面を覚えていて害はないとわかっているため、それに同じようには影響されないのである。

ユーモアの処理には多くの脳領域が関与していると考えられており、それが笑いの報酬を生み出すことを考慮すると、中脳辺縁系の報酬経路などが含まれる。一連の予測を裏切るためには起きてしかるべきことの記憶が必要で、裏切られたときの強い情動反応も求められるため、海馬と扁桃核も関与する。ユーモアの多くは破綻した期待と理論からもたらされるため、高度な実行機能にかかわる前頭前皮質のさまざまな領域も役割を担う。多くのコメディが駄洒落や型破りな語りや話しぶりから導き出されるので、言語処理にかかわる頭頂葉領域も含まれる。

ユーモアとコメディにおける言語処理の役割は、多くの人が考えるよりも重要な構成要素である。話し方やトーン、強調やタイミング、これらすべてが冗談をつくりだし、また壊しもする。特に興味深い発見は、手話でコミュニケーションを取る聴覚障害者の笑いの所作にかんするものである。冗談やユーモラスな話をする標準的な音声の会話では、人びとは継ぎ目や文の切れ目など、基本的に笑いが冗談をさえぎらない合間に(面白ければ)笑う。これは笑い声と冗談が通常どちらも音が基本なので重要なことである。これは手話を使う人びとにはあてはまらない。手話による冗談や話のあいだいつでも笑うことができ、さえぎるものは何もない。それでも彼らは笑わない。研究では、聴覚障害者も同じように、たとえ笑い声がさえぎる要因にならなくとも、手話による冗談の継ぎ目や合間に笑うことが示されている[24]。明らかに言語処理が笑うタイミングを感じ取ることに影響を及ぼしており、したがってそれは必ずしも思われているほど自然に起きてはいないのである。

現在わかっている限り、脳には特定の「笑いの拠点」はなく、ユーモア感覚は、人の成長や個人的嗜好、多様多種な経験から築き上げられた無数の接続や処理過程から生まれるらしい。だからみな一人ひとり異なる、一見独特のユーモア感覚をもちあわせているのだろう。

コメディやユーモアの好みにうかがえる明白な個性に反し、それが他者の存在や反応にかなり影響されるのは間違いない。その笑いに確固たる社会的役割があるのは否定できない。ユーモア同様、人にはさまざまな感情が突如として強烈にわき上がるときがあるが、それらの感情のほとんどは抑えのきかない(たいていは手のつけられない)発作(つまり笑い)にはならない。自分の愉快な様を人に見せるのは利益があり、それは望むと望まざるとにかかわらず、そうするように進化してきたからである。

メリーランド大学のロバート・プロバイン始めとする数々の研究によれば、人は一人でいるときよりも集団でいるときのほうが三〇倍多く笑うらしい[25]。人びとは友だちと一緒のほうがずっと気ままによく笑う。たとえ冗談を言っていなくともそうで、それは感想や共通の思い出、あるいは知人のたわいないうわさ話という場合もある。集団のほうがずっと笑いを誘いやすく、それがめったに一対一でお笑いを演じない理由である。ユーモアの社会的交流という性格にかんするもう一つの興味深い点は、脳が本当の笑いとつくり笑いとを見分けるのが得意らしいということだ。ソフィー・スコットによる調査からは、心から笑っているときと笑っているふりをしているときとの見きわめにおいて、たとえ同じように聞こえたとしても、人はかなり正確であることが明らかになった[26]。低俗な連続ホームコメディーの露骨な録音の笑い声がなぜか耳についたことはないだろうか？ 人は笑いにとても強く反応するので、この操作された反応に例外なく抵抗を感じるのである。

笑わす試みが失敗したとき、それは手痛い失敗となる。

誰かがあなたに冗談を言う場合、相手はあなたを笑わす意図を明らかにしている。あなたにユーモアがあると見抜き、笑わせられると結論づけているのであり、それによりあなたをコントロールできる、だからあなたよりも優位にあると主張している。もしそれが人前であれば、彼らは自分が優れていることをことさらに強調していることになる。だからそれはそれだけの見返りが望まれる。

しかし、うまくゆかない。冗談はまったくうけない。これは基本的には裏切られたことになり、さまざまな（主に無意識）レベルで気分を害するものである。腹立たしくなるのも無理はない（これについては野心的なコメディアンに訊いてみていただきたい、どこかに、もしいれば）。しかし、これを完全に理解するためには、他者との交流が脳のはたらきにどの程度影響するのかを理解しなければならない。そしてそれを充分に論じるためには一章割かなければならない。

そうなって初めて本当に把握できるでしょう、冗談抜きで。

第七章　円陣を組め！

他人の影響を受ける脳の仕組み

他人が自分をどう思おうが気にしない、と言う人は多い。彼らは頻繁に、声高らかに、話を聞こうとする人がいれば誰にでもそれを延々と徹底的に主張し続ける。他人がどう思うか気にしないというのは、どうやら他人が――その気にしないはずの他人が――そのことを知っていなければまずいらしい。「社会規範」を遠ざける者たちは、一目でそれとわかる特徴のある集団に収まる。二〇世紀半ばのモッズやスキンヘッドから現代のゴスやエモに至るまで、通常の基準に従いたくない者が最初にするのは、代わりに従うべき他の集団を探し出すことである。暴走族やマフィアでさえ、みな似たような装いをする傾向にある。彼らは法は尊重しないが仲間には敬意を払おうとする。

もし常習的犯罪者やならず者たちが徒党を組みたいという衝動に抗えないなら、それは私たちの脳に深く根ざしているからに違いない。囚人を独房に長期間収監しておくのは精神的拷問だと考えられており[1]、人との交流が欲求ではなく不可欠であることを物語る。奇妙に感じるかもしれないが、現実として人間の脳の大部分は他人とのやりとりに専念し、それによって形づくられ、結果としてわたしたちは驚くほど他人に左右されるようになるのである。

個々人を人間たらしめているものは何か、という古典的な問いがある。生まれつきなのか育ちなのか？　遺伝子なのか環境なのか？　それは双方が貢献した結果である。遺伝子は明らかに最終的な結果に大きく影響するが、成長過程におけるあらゆる出来事もかかわり、加えて発達中の脳への影響については、情報や経験をもたらすその一つの要素――主要とは言わないまでも――は、他の人間とのかかわりによるものである。人びとの発言、振る舞い、行動、思想、提案、創造性、信念、このすべてが形成中の脳に直接の影響を及ぼす。さらに、自己のかなりの部分（自尊心、自我、動機、野心、その他もろもろ）が、自分を他人がどのように考え、行動するかによって導き出される。

他人が脳の発達に影響を及ぼしており、そんな彼らもまた自らの脳に操作されていることを踏まえれば、考えられる結論はただ一つ。人類の脳がその人格形成を支配している！　終末論的なサイエンスフィクションの多くは、まさにこれをコンピューターが行うという発想で描かれているが、もしそれを行うのが脳であるならそれほど恐ろしくはない。なぜなら、繰り返し考察してきたように、人間の脳はかなりまぬけだからである。というわけで、それはわたしたちも同じである。だからこそ他人とのかかわりに脳の領域を大きく割いているのである。

さっそく、この仕組みがもたらす奇妙きわまりないさまざまな事例を見ていこう。

顔じゅうに書いてある（本音を隠すのが難しい理由）

私たちは他人の惨めな顔を見るのを好まない。たとえパートナーと大喧嘩をしたとか、犬の糞《ふん》を踏んでしまったとか、もっともな理由があったとしてもである。しかし、その理由がなんであれ、間違いなく最悪の気分にさせられるのは、あかの他人に笑えとけしかけられることだろう。

表情があるから他人はその人の考えや気持ちを読み取れる。それは読心術だが、顔を介してである。なんとも便利なコミュニケーションの形であるが、脳には人とのコミュニケーション専用のそれこそさまざまな仕組みがあるため、何ら驚くべきことではない。

「コミュニケーションの九〇パーセントは非言語」という主張をご存じであろうか。「九〇パーセント」の中身はそれを言う人によってかなり開きがあるが、実際それが異なるのは、異なる状況ではコミュニケーションの取り方が違うからである。混雑したナイトクラブでコミュニケーションを取る場合と、眠っているトラの檻に閉じ込められたときにコミュニケーションを取ろうとして選ぶ方法は異なる。要するに、わたしたちの対人コミュニケーションの多く、いやほとんどは、話し言葉以外の手段を介して行われているのである。

人間には言語処理と音声言語専用の脳領域があるので、（皮肉なことに）言語コミュニケーションが重要なのは言うまでもない。長いあいだそれは二つの脳領域がすべて担うと考えられていた。ブローカ野――ピエール・ポール・ブローカにちなんで名づけられた前頭葉の後方にあるそれ――は、音声形成に不可欠であると信じられていた。言うべきことを考え、関連する言葉を正しい順番に並べる、それはブローカ野の仕事とされていた。

もう一つの領域はウェルニッケ野で、カール・ウェルニッケにより発見された側頭葉に位置する領域である。これは言語理解を担うと信じられていた。言語とその意味やさまざまな解釈を理解するとき、それはウェルニッケ野が作業中であるとされていた。この二つの構成要素からなる仕組みは脳にしては驚くほどわかりやすい取り合わせで、当然ながら脳の言語システムは現実にはもっとずっと複雑である。しかし、何十年ものあいだ、ブローカ野とウェルニッケ野が言語処理を行うと信じられていた。

その理由は、これらの領域が特定されたのが一九世紀で、それぞれの脳領域に局在する損傷に苦しんでいた患者の研究からであることを考えればおわかりいただける。スキャナーやコンピューターといった現代的テクノロジーをもたない熱意ある神経科学者らは、まさに目的とする部所の頭部損傷を負った不幸な人びとを研究するしかなかった。もっとも効率のよい方法とは言えないが、少なくとも患者自身にそのような傷を加えてはいなかった（知られている限り）。

ブローカ野とウェルニッケ野は、その部分の損傷で発語力と理解力が著しく破壊される失語症を引き起こしたことにより特定された。ブローカ失語症、別名表出性失語症は、言葉を「生成する」ことができない。患者の口や舌には何の異常もなく、話も変わらず理解できるが、ただ自ら滑らかに理路整然と会話を生成することができない。二、三の関連する言葉は話せても、長く複雑な文章としての発話は実質的に不可能である。

興味深いことに、この失語症は多くの場合、話すとき、または書くときに明らかになる。これは重要である。発話は聴覚が関係し、口から伝えられる。一方筆記は視覚で、手と指を使う。しかし、両方が等しく異常をきたしているということは、共通の構成要素が損傷を受けていることになる。そしてそれは言語処理に限られることもあるため、脳で個別に処理されているはずである。

ウェルニッケ失語症は本質的に逆の問題である。それに苦しんでいる患者は言葉を理解できているようには見えない。彼らは音高や抑揚、タイミングなどは認識できるようだが、言葉自体は意味をなさない。長く複雑に聞こえる話し方で同じように応じても、「わたしは店《ショップ》に行き、パン《ブレッド》を数個買った」が、「わたしショップホップに日ようよう行っとりリードブレッドブリードを数買」となる。認識できる言語的意味をなさない、実際の言葉とつくった言葉の組み合わせであり、それは脳が言語を認識できない形で損傷を受けていて、それを生成することができないからである。

この失語症は書き言葉にもあてはまる場合が多く、おしなべて患者は自らの話す能力に問題があることを認識できない。彼らはいつも通り話しているつもりなので、それは当然かなりのフラストレーションをもたらす。

こうした失語症により言語と発話におけるブローカ野とウェルニッケ野の重要性を説く理論が導き出された。しかし、脳スキャン技術がものごとを変えた。前頭葉のブローカ野は、構文やその他重要な構成の細部の処理に大切であることに変わりなく、それは理にかなう。リアルタイムでの複雑な情報の操作が多くの前頭葉の活動を説明するからである。しかしながらウェルニッケ野は、それを取り巻く側頭葉のより広範な領域が発語処理にかかわることを示すデータにより、事実上降格された(2)。

上側頭回、下前頭回、中側頭回、および被殻を含む脳の「奥まった」領域などはすべて、音声処理や、構文と単語の意味論的な意味、さらに記憶の関連用語などの要素を処理していることが強く示唆される。

これらの多くがものの聞こえ方を処理する聴覚皮質の近くにあり、(それもまた)理にかなう。ブローカ野とウェルニッケ野は、当初考えられていたほどは言語に不可欠ではないのかもしれないが、それでも関係していることに変わりはない。それらへの損傷は依然として言語処理領域間の多くのつながりを破壊し、ゆえに失語症となる。しかし、そのような言語処理の拠点はかなり広域に散らばっていることから、言語はわたしたちが周囲の環境から取り込むものではなく、むしろ脳の根本的機能であることがうかがえる。

中には言語は神経学的にさらにもっと重要だとする説もある。言語相対論は、人の話す言語は、その世界を理解するための認知処理と能力の基礎をなすものであると主張する。[3] たとえば、「信頼」という言葉のない言語環境下で育った人びとは、信頼性の意味が理解できないばかりか、それを表すこともできないので、ついには悪徳不動産屋になるしかないだろう。

これは明らかに極端な例証であるが、調査するのは難しい。なぜならいくつかの重要な概念が欠落している言語を用いる文化を見つけ出さなければならないからである(色の分類が少ない、かなり隔絶された文化の研究は多数行われており、彼らは類似の色を認識する能力が低いとされるが、それらには議論の余地がある)。[4] とは言うものの言語相対にかんする理論は数多くあり、中でも有名なのはサピア・ウォーフの仮説である。*

さらに先を行き、使用する言語を変えると思考様式も変わると主張する者もいる。有名なのは神経言語プログラミング、NLPである。NLPは心理療法と自己啓発、およびその他さまざまな行動療法の寄せ集めで、基本となる前提は、言語と行動、および神経学的処理はすべて絡み合っているというものである。その人の言語体験や特有の用法を変えることで、コンピュータプログラムのコードを編集してバグや異常を取り除くように、その思考や行動が変えられるという（願わくばよいほうに）。

その人気と魅力にもかかわらず、NLPが実際に効果があるという科学的根拠（エビデンス）はほとんどなく、疑似科学や代替医療の領域に並べられている。本書には、現代社会が突きつけるあらゆる問題にもかかわらず、人間の脳が自己流を貫く事例にあふれている。したがって、慎重に選び抜かれた言い回しに触れても、それに沿うようなことはまずない。

とはいえ、NLPはコミュニケーションの非言語的要素が非常に重要だと度々言及しており、それは本当である。そして非言語的コミュニケーションはさまざまな形で現れる。

オリバー・サックスの独創性に富んだ一九八五年の著書『妻を帽子とまちがえた男』(5)には、話し言葉を理解できない失語症の患者らが、それを意図したわけではない大統領の演説に大笑いするという場面が描かれている。それが意味するのは、言葉の理解を奪われた患者は、多くの人びとが実際の言葉に惑わされて見過ごしている非言語のしぐさやサインを巧みに認識できるようになるということである。大統領は、顔面の痙攣や全身のしぐさ、演説のリズム、わざとらしいジェスチャーなどにより、絶えずその不正直さを彼らにさらけ出していた。これらは失語症の患者にとって、不正直さの大いなる警戒警報

＊サピア・ウォーフの仮説は言語学者にとって悩ましいものであり、それは非常に誤解を招く名称をつけられているからである。提唱者とされるエドワード・サピアとベンジャミン・リー・ウォーフには共同執筆したものは実際何もなく、特定の仮説を展開したことはない。要するに、サピア・ウォーフの仮説は用語そのものがつくり出されるまで存在せず、それ自体がその理論の格好の事例となっている。言語学は平易にすべしと提案する者はいなかったのでしょう。

である。それが世界でもっとも影響力のある人物から発せられたときは、笑うか泣くかのどちらかしかない。

そのような情報が言葉以外から得られるのは意外なことではない。先に述べたように、人の顔は優れた情報伝達装置である。表情は重要である。相手が怒りや幸せや恐怖などを感じていると容易にわかるのは、顔にそれがわかる関連した表情が浮かぶからで、これが対人コミュニケーションに大いに役立つ。喜びや怒りや不快の表情で「どうもありがとう」と言えば、その言葉はずいぶん異なった解釈がなされるだろう。

表情はかなり世界共通である。特定の表情の絵を異なる文化の人びとに見せるという研究が行われており、いくつかは非常に隔絶された西洋とはほぼ無縁の文化を対象としていた。文化的な差異は見られたものの、その出自にかかわらず、おおむね全員が表情を認識できた。どうやら表情は、習得されたものではなく、人間の脳にもともと「そなわっている」、生得のものであるらしい。アマゾンのジャングルのはるか奥深くで育った人でも、何かに驚いたときにはニューヨークで生まれ育った人と同じ表情を見せるだろう。

私たちの脳は、顔の認識と表情の読み取り能力がきわめて高い。第五章では、視覚皮質には顔の処理専用の小領域があり、ゆえにどこにでも顔を見い出す傾向にあることを説明した。したがって、脳はこの点にかんしては効率的で、最小限の情報から表情を推測できる。それが現在、基本的な句読点が、幸せ :-)、悲しみ :-(、怒り >:-(、驚き :-o、その他多くの情報を伝えるのによく使われる理由である。これらは単なる線と点でしかない。しかも（欧文では）横に倒れた状態である。それでも私たちは、ある特定の情報を読み取れるのである。

顔の表情は制限のあるコミュニケーションの形に思えるが、ものすごく役に立つ。もし周囲にいる人たちが一様に怯えた顔をしていたら、脳はすぐに誰もが脅威と考えるものがすぐ近くにあると判断し、闘うか逃げるかの構えを取る。もし誰かが「脅かすつもりはないが、どう猛なハイエナの群れがすぐそこにいるらしい」と言うのを待っていたら、それを聞き終わる前に奴らに仕留められているだろう。表情はまた、社会的な交流を円滑にする。もし何かしていてみんな満足そうな顔をしていたら、称賛を得るためにそれを続けるべきだとわかる。みな一様に驚きや怒り、不快感、あるいはそのすべてを浮かべた顔で見つめ返していたら、やっていることを速やかに中止すべきだとわかる。このフィードバックは自らの行動を決めるのに役立つ。

研究では、表情の読み取り時には扁桃体が非常に活発になることが判明している。[6] 自らの感情を処理する扁桃体は、どうやら他人の感情を認知するのにも不可欠らしい。特定の感情（嫌悪感にかかわる被殻など）を処理する大脳辺縁系の奥まった領域の関与も示唆される。

感情と表情の結びつきは強いが、切り離せないわけではない。中には表情を消したり制御しているため、実際の感情とは異なる人もいる。それを端的に表すのは「ポーカーフェイス」であろう。プロのポーカープレイヤーは、勝負を左右する手の内のカードを悟らせないため、淡々とした（あるいは実際とは異なる）表情を保つ。とはいえ、一組五二枚のカードが配られる場合、可能性の幅は限定的で、最高のストレートフラッシュであっても、ポーカープレイヤーはそれらすべてに対して心の準備ができる。何かが起きるとわかっていれば、絶対的な優位を保てるため、表情をより意識的にコントロールできる。

しかし、プレイ中に隕石が屋根を突き抜けてテーブルに衝突したら、驚きの表情を見せずにいられるプレイヤーが一人でもいるかは疑わしい。

これは進化した脳領域と原始的な脳領域とがじゃまし合っているもう一つの例を表している。表情は、随意（大脳の運動皮質による制御）でもあり、不随意でもある（大脳辺縁系の奥まった領域による制御）。随意の表情は自ら判断して選ぶ——たとえば興味のあるふりをしながら退屈でしかない他人の休暇の写真を見るなど。不随意の表情は実際の感情によって生じる。進化した人間の新皮質は不正確な情報を伝達する（嘘をつく）ことができるかもしれないが、古い辺縁系の制御システムはどんなときでも正直なので、それらはかなり頻繁に衝突する。なぜなら社会規範はしばしば本音を封じ込めるよう命じるからで、誰かの新しいヘアスタイルに嫌悪感を抱いたとしても、それを口にすることはない。

不幸にも、人間の脳が表情の読み取りに敏感なために、相手の中で正直か礼節かという葛藤が起きているのはたいていわかる（奥歯をかみしめて笑うなど）。幸いなことに、社会的にも相手がその状態にあるときにそれを指摘するのは無礼だと考えるので、緊張関係が保たれる。

アメとムチ　（他人を操り、他人から操られる脳の仕組み）

わたしは車選びが大嫌いだ。重い足をひきずり広場をめぐり、細部をきりなくチェックし、次から次へと車両を見て回るうちにすっかり興味を失い、庭に馬一頭を飼う余裕がないかを考え始める。車に関心があるふりをして、タイヤを蹴るなんてこともする。なんのためにそうするのであろうか？　加硫処理されたタイヤをつま先で分析できるとでも思っているのであろうか？

しかし、わたしにとって最悪なのは車の販売員である。どうにも彼らとはうまくつきあえない。男臭さ（女性の担当者にまだ会ったことがない）、妙な馴れ馴れしさ、「上司に掛け合ってみないと」戦略、わたしがその場にいることにもコストがかかっているのだといった恩着せがましい態度。このすべてに戸惑いや居心地の悪さを覚えるうえに、この手続きすべてがひどく苦痛である。

だから車を購入するときには父を必ず連れて行くのである。父はこの手のことを大いに楽しむ。車の購入を最初に助けてくれたとき、交渉に自信ありげな態度に元気づけられたが、父の戦法は主に販売員をののしって彼らを犯罪者呼ばわりし、ついには値引きの同意を取りつけるというものだった。あからさまだが確かに効果的である。

しかし、世界中の車の販売員がそのような確立されたわかりやすい手を使うのだから、実際にそれらは機能するのだろう。これは奇妙である。どんな顧客もそれぞれ幅広い性格と好み、加えて集中力持続時間をもつはずで、周知のありふれた商法が、苦労して稼いだ金を払うことに同意する確率を高めると考えるのはバカげている。しかしながら、応諾を促進させる、つまり顧客が合意のうえ、「彼らの意志に従う」特定の行動がある。

ここまでに、社会的判断に対する恐怖が不安を引き起こし、挑発が怒りのシステムの引き金となり、承認の追求が強力な動機づけになるのを考察してきた。まさしく、多くの感情が他人との関係においてのみ存在するとも言える。無生物に当たり散らすことはできるが、恥やプライドは他人の判断が必要であり、愛は二人のあいだに存在するものである（自己愛はまったくの別物）。したがって、脳の傾向を利用して他人を自分の思い通りに動かせるものを見つけ出すのは決して難しくない。うまいこと人に貢がせて暮らしている者であれば誰しも、スポンサーの財布の口を緩める似た手口をもっており、ここでもまた、脳のはたらき方が大きく影響する。

これは誰かを完全に操れるテクニックがあるという意味ではない。人びとは、詐欺師がどう信じ込ませようが、もっとずっと複雑である。にもかかわらず、思い通りに他人を従わせる科学的に認められた手段が存在するのである。

「フット・イン・ザ・ドア」テクニックと言われるものがある。友人がバス代を貸してくれと頼んでくる。あなたは承知する。次はサンドイッチを買うからもう少し貸してくれないかと頼んでくる。あなたはまた承知する。それからこう誘ってくる、パブに行って二、三杯飲みながら近況を話さないか？あなたが支払う気があればという前提である。相手はお金をもっていないことを覚えてますか？あなたは「そうだな、ほんの二、三杯だけ」と考える。そこからまたさらに二つ、三つ続いてから、相手はまた出し抜けにバスを逃したからタクシー代を貸してくれと頼んでくる。あなたは他のすべてを受け入れてきたので、ため息をつきつつ承諾する。

もしこのいわゆる友人が、「晩飯と飲み物をおごってくれよ。それから家に手っ取り早く帰れる金もね」と言ったなら、あまりにバカげた要求なのであなたは断っていたはずである。しかし、あなたが最後に取った行動はまぎれもなくそれである。これが「フット・イン・ザ・ドア」（ＦＩＴＤ）テクニックで、小さな要求を受け入れていくことで、より大きな要求も受け入れてしまいがちになる。要求者は自分の「足をドアの中に」差し込んでいるのである。

ありがたいことにFITDにはいくつかの制約がある。最初とその次の要求のあいだは引き延ばさなければならない。もし相手があなたに五ポンド貸すのを承諾した場合、その一〇秒後に五〇ポンド貸してくれとは言えないわけである。研究によれば、FITDは最初の要求から数日か数週間はうまくいく可能性があるが、やがて最初と二度目の要求との関連性が失われてしまうことが示されている。

FITDはまた、要求が「社会性のあるもの」、つまり親切や善行と考えられるものであればよりうまくはたらく。誰かに食べものをおごるのは親切だし、さらにそのあと家に帰るための金を貸すのも親切なので、要求は受け入れられやすい。元恋人の車にわいせつな言葉を殴り書きしているあいだ見張りをするのは善行とは言えないので、その後元恋人の家の窓にレンガを投げつけるため車で送るのは断られるだろう。人というものはおしなべてかなり善良なのである。

FITDには一貫性も必要であり、たとえば金を貸した場合は、また金を貸すこととなる。誰かを車で家に送っても、その相手のペットのニシキヘビを一ヶ月世話することにはならない。それらにどんな関係があるというのか？「車で送る」と「巨大ヘビを家で預かる」を同列に扱う人はまずいない。

制約はあるにしても、FITDが人を承服させる力があることに変わりはない。たとえばコンピューターの設定を頼んできた家族が、結局はあなたを二四時間のテクニカルサポートとして利用しているように。それがFITDなのである。

N・ゲーゲンによる二〇〇二年の研究によれば、それはオンラインでもうまくいく。(7) 電子メールでのある特定のファイルを開くという依頼を承諾した学生は、もっと手間を要するオンライン調査を依頼されたときにも引き受ける傾向にあった。説得は声の調子やボディランゲージ、アイコンタクトなどに左右されることが多いが、この研究によればそれらは必要とされない。どうやら脳は心配になるほど他人からの要求を受け入れたがっているようである。

もう一つのアプローチは、逆に拒絶された要求を利用する。たとえば、引っ越すので持ちもの全部をあなたの家に置かせてもらえないかと頼まれたとする。それは迷惑なので、あなたは断る。次に相手は、自分らの持ちものをどこか別の場所に移すので代わりに週末車を貸してもらえないかと頼んでくる。これはずっと簡単なことなのであなたは承諾する。しかし、週末のあいだ車を貸すのは実際には迷惑なことであり、単に最初の要求よりもましなだけにすぎない。そうしてあなたは、自分の車を他人に使わせるという、いつもなら承諾しないことをするのである。

これはドア・イン・ザ・フェイス・テクニック（ＤＩＴＦ）である。攻撃的に聞こえるが、要求者の顔の前で「ドアをバタンと閉める」本人が操作される当事者である。それはともかく、誰かの顔の前でドアをバタンと閉めるのは（比喩でも事実でも）きまりが悪い。したがってその相手に「埋め合わせ」をしたいと望み、ひいては小さめの要求を承諾してしまうのである。

ＤＩＴＦの要求は、ＦＩＴＤの要求よりもずっと間隔を詰めて進めることができる。最初の要求は否定されているので、その相手は実際まだ何もやることに同意していないからだ。またＤＩＴＦのほうが承服させやすいことを示すエビデンスもある。二〇一一年のチャンたちチームによる研究では、学生たちに計算テストを全部やらせるためにＦＩＴＤまたはＤＩＴＦテクニックを使った。(8) ＦＩＴＤは六〇パーセントの成功率だったのに対し、ＤＩＴＦはほぼ九〇パーセント！　この研究の結論は、小学生に何かをやらせたければドア・イン・ザ・フェイス・テクニックを使えというものだが、一般向けにそれを発表する際には間違いなく婉曲な言い換えが必要である。

DITFの影響力と信頼性は、それがしばしば金銭上の取引に使われることからもおわかりいただける。科学者たちはこれの具体的な評価も行っている。エプスターとノイマイルが実施した二〇〇八年の研究では[9]、アルプスの小屋で通行人にチーズを売る場合、DITFが非常に効果的だというのが示された(ご注意:ほとんどの実験はアルプスの小屋では行われません)。

続いてローボール・テクニックがあり、最初に何かの同意を取りつけてから引き出す点においてはFITDに似ているが、展開が異なる。

ローボール・テクニックは、人が何かを承諾しているところで(特定額の支払い、決まった時間枠の仕事、具体的な文字数の文書)、相手が急に当初の要求を増やすというものである。驚くことに、腹立ちや困惑にもかかわらず、それでもほとんどの人が吊り上げられた要求をのむ。理屈からすれば断る理由は充分だろう。なにせ相手が勝手な都合で約束を破ったのである。しかし、人びとはいきなり吊り上げられた要求にはたいてい応じる。それが過度でない限り。七〇ポンドで中古のDVDプレイヤーを買うことに同意していたのに、いきなりそれがあなたの全財産と第一子とでなければ売らないなんて話になったらやはり同意はしないということである。

ローボール・テクニックは、人を「ただ働き!」させるのに使うこともできる。まあ、ある意味でだけれども。サンタクララ大学のバーガーとコーネリアスによる二〇〇三年の研究では、コーヒーマグを無償提供する代わりにアンケートに答える了解を人びとから得た[10]。そしてあとになってから彼らはマグの提供はないと告げられた。それでも、約束の報酬がないにもかかわらず、ほとんどがアンケートに答えたのである。一九七八年のチャディーニらチームの別の研究報告によれば、大学生は、もしあらかじめ午前九時の実験に来ることを了承していた場合、最初から午前七時に来るよう依頼された学生よりもはるかに午前七時に来る割合が高かった。[11] 明らかに、報酬や代償だけが要因ではない。ローボール・テクニックのさまざまな研究からは、変更される前に自ら積極的に取引に応じていることが、いずれにせよそれをやり通すことに不可欠であることが示されている。

これらは自分の望み通りに相手を従わせる数あるアプローチの中でもより身近なものである（他にも逆心理［訳注：あることを望まないふりをして相手にそれをさせるよう仕向ける方法］という手口があるが、当然ながらそれを自らに試すことはしないでいただきたい）。これは進化的に大きな意味があるのであろうか？「適者生存」であるはずだが、容易に操作されるどこに役立つ有利な要因があるのだろうか？これについては後半の項で詳しく述べるが、ここで説明した従わせるテクニックは、すべて脳の特定の傾向によって説明できる。*

これらの多くは、わたしたちの自己像とつながっている。第四章では、脳が（前頭葉を介して）自己分析および自己認識できることについて説明した。したがって、その情報を利用してどんな個人の欠点をも「調整」するのはそれほど難しくない。人は「言いたいことを言わない」というのはご存じであろうが、なぜそうするのだろうか？　他人の赤ん坊を実際かなり不細工だと思ったとしても、それを口にせず代わりにこう言う。「まあ、なんてかわいいの」。これは相手に好印象を与えるが、真実を告げれば不興を買う。これは「印象操作」と言われる類のもので、社会的行動を通じて他人が得る自分の印象を操作しようとする行為である。私たちは神経学的レベルで他人からどう思われるかを気にかけ、好きになってもらえるようどんな苦労も惜しまないのである。

シェフィールド大学のトム・ファローたちチームによる二〇一四年の研究によれば、印象操作は中脳と小脳を含むその他の領域に加え、内側前頭前皮質と左腹外側前頭前皮質が活性化する。[12] しかし、これらの領域は、被験者が自分たちを悪く見せようとするとき、嫌われるような行動を取ったときにだけ活性化が認められた。自分をよく見せようと行動しているときは、普段の脳活動との違いは検知できなかった。

チームは、自分をよく見せようとする行動の処理が悪く見せるのとは反対にかなり早いという事実を加味し、他人からよく見られようとするのは「脳がつねにやってることだ！」と結論づけた。それをスキャンしようと試みるのは、密林の中で一本の特定の木を探し出すようなものに近い。目印となるものは何もない。ここで述べた研究は被験者がわずか二〇人という小規模なので、最終的にこの振る舞いについての特定の処理と考えられるものが見出された可能性もあるが、善良に見える人とそうでない人とのあいだにそんな差異があるなんてびっくりである。

*このような人づきあいにかかわる傾向を担う脳の処理や領域についての理論や推論は数多いが、現在においてもそれを特定するのは難しい。ＭＲＩやＥＥＧなどのより詳細な脳スキャンを行うには、少なくとも被験者を研究室の巨大な機械の中にくくりつけておかなければならず、そのような状況で社会での実際のやりとりを調べるのは困難である。もしＭＲＩスキャナーに詰め込まれているときに知り合いがふらりと入ってきて何か頼みごとをしたら、おそらくあなたの脳は混乱しか覚えないだろう。

しかし、これが人を操作することと何の関係があるというのだろうか？　いかにも、脳は他人が自分を、つまり本人を好きになってもらえるようにしているらしい。従わせるテクニックはすべて、他人から肯定的に見られたいとの欲望を利用しているのはほぼ間違いない。これはつけ込まれる余地のある、それほど深く根ざした動因なのである。

もしあなたが要求を受け入れていた場合、同様の要求を断れば相手を失望させ、相手のあなたの評価も傷つけるため、フット・イン・ザ・ドアがうまくはたらく。もしあなたが大きな要求を断っていた場合、そのために相手は自分のことをよく思わないとわかるので、「慰め」としてもっと小さな要求を受け入れる用意があり、よってドア・イン・ザ・フェイスがうまくはたらく。何らかの行動や支払いを承諾していて、あとから急にその要求が増えた場合、取り消すのはやはり失望を買い、あなたの印象を悪くするため、ローボールがうまくはたらく。すべては、よりよい判断や論理を覆してでも他人によく思われたいがためなのである。

確かに、実際はこれよりももっと複雑であることは間違いない。わたしたちの自己像には一貫性が求められ、したがって脳がいったん決断を下すとそれを変えるのは驚くほど難しい。年配の親戚に外国人がみな卑劣な盗人ではないと納得させようとした経験があるのならおわかりいただけるだろう。これまでに、あることを考え、それと矛盾することをすると、思考と行動が一致しない苦痛を伴う状態の不協和を引き起こすことを検証してきた。その対策として、脳はしばしば行動と一致するようにその考え方を変え、調和を取り戻す。

あなたの友人が金をせびり、あなたは金を貸したくない。しかし少額を貸してしまう。したくないと考えていたのになぜそんなことをするのか？　あなたは一貫性を保ち、好かれたいと願うため、脳はあなたはもっと金を渡したいはずだと判断する。そうしてＦＩＴＤが成り立つ。これもまた、ローボールに積極的な選択が重要だということを説明する。脳はすでに判断を下しているのであり、たとえそう判断した理由がもはやあてはまらなくても、一貫性を保つためにそれに固執する。あなたは約束しており、相手はあなたに期待しているのだ。

さらにそこには、自分に親切に接してくれる人に対し、自己利益が示すよりももっと多くの親切で答える人間特有の現象（わかっている限り）、相互依存の原則がある。[13]もしあなたが誰かの要求を断り、相手がもっと小さな要求をしてきたら、あなたはそれを彼らが自分に親切なことをしてくれたと考え、見返りに不相応に親切にする。ＤＩＴＦはこの傾向を利用したものだと考えられており、なぜなら脳が「前よりも少ない要求」を、相手があなたのために親切なことをしてくれたと解釈するから。つまり脳がバカだからである。

これに加えて、社会的支配と統制もある。一部（ほとんど？）の人びとは、少なくとも西洋文化においては、権力と主導権を握ると見られたがり、それは脳がそれをより安全で、より報われる状態だと考えるからである。これはしばしば問題のある形で現れる。もし誰かがあなたに何かを頼んでいるとすれば、相手はあなたに対し従属的な立場となり、あなたは彼らに手を差し伸べることで支配的な立場（と好感）を維持する。ＦＩＴＤはこれにぴたりとあてはまる。

あなたが誰かの要求を断り、でも支配的立場を主張する場合、そして相手が服従的立場を確立した要求よりも少なめの要求をしてきた場合、それを承諾することであなたは変わらず支配的かつ好感をもたれたままでいられる。いい気分の二重攻撃。ＤＩＴＦはここから起こりえる。そしてたとえば、あなたが何かしようと決めていて、あとから相手がその条件を変えたとする。もしそこであなたが手を引けば、それは相手があなたを操ることになる。冗談じゃない。あなたはいい人だから、ともかく当初の決断を守り通す、しまった、ローボールだ。

総括すると、脳は私たちを、好かれたい、優位でいたい、一貫性を保ちたいという気持ちにさせる。こうした一連の結果、脳は私たちを、金目当てにせびるコツを心得た性質の悪い輩に無防備にさせる。こんな愚かなことをするためには、とてつもなく複雑な器官が必要なのである。

張り裂ける脳（人間関係の崩壊でぼろぼろになる理由）

何日も延々とソファの上で膝を抱えて丸くなり、カーテンを閉めきり、電話にも出ず、動くのは流れる鼻水と涙をやみくもに拭くときだけで、宇宙というものがなぜ無慈悲にもこのような苦しみを己に課したのか考え続けていたことはないだろうか？　失恋はすべてを燃やし尽くし、すっかり意気消沈させる。現代人が経験するであろうもっとも不快なものの一つである。それは愚にもつかない詩ばかりか、偉大なる芸術や音楽までも創造させる。厳密には、身体的には何の変化も起きていない。負傷したわけではない。悪性のウイルスに感染したのでもない。ただ、それまで深くつき合ってきた人と二度と会えないことを悟らされただけ。それだけである。なのになぜ、何週間も、何ヶ月も、ときには残りの人生さえも混乱に陥れてしまうのであろうか？

それは他人の存在が私たちの脳（とその持ち主）の幸福に多大な影響を及ぼし、恋愛関係にあるとき以上にこれがあてはまることはまずないからである。

人類の文化のほぼすべては、長期的な関係を築くこと、あるいは一体であることを承認するために費やされているかのように思える（たとえば、ヴァレンタインデー、結婚式、ロマンチック・コメディー、ラブバラード、宝飾業界、すべての詩歌のうちのそこそこの割合、カントリーミュージック、記念日カード、「ミスター&ミセス」ゲーム、などなど）。一夫一妻婚は人間以外の霊長類では珍しく[14]、人間が平均的な類人猿よりもかなり長命で、よってその使える時間枠でもっと多くの相手に手を出せることを考えると奇妙に思える。「適者生存」がすべてであり、他人を出し抜いて自らの遺伝子をいち早く確実に繁殖させるには、できる限り多くの相手と生殖したほうが合理的であり、生涯を通じて一人の相手に固執しなくてもいいでしょう？　いや、そうではない。それこそまさに私たち人間がやっていることなのである。

人間が一夫一婦婚の恋愛関係を築くよう強いられているらしい理由については、生物学や文化、環境、進化論に至るまで諸説ある。一夫一婦婚の関係では、一人ではなく親二人で子の世話をするため、生まれた子の生存の可能性が高まるとする説がある[15]。文化的な影響がより強く、たとえば富と影響力を同族の限られた範囲で維持したいからだという主張もある（自らの特権を家族が継承したかは、それが追跡できなければ確信がもてない[16]）。他の興味深い斬新な仮説は、子どもの世話人として機能する祖母の影響を根拠とし、ゆえに長期的なカップルの継続が支持されるとする（非常に愛情深い祖母であっても、自分の子の元恋人の子どもというあかの他人の世話は躊躇するだろう[17]）。

そもそもの理由が何であれ、人間は一夫一婦婚の恋愛関係を探し、築き上げる気満々のようで、これが誰かに恋に落ちたときの脳のさまざまな奇行に反映されている。

魅力はさまざまな要因に左右される。多くの種は第二次性徴を発達させており、それは性的成熟期に生じる特徴ではあるが、生殖過程には直接関係しない、たとえばヘラジカの枝角やクジャクの尾羽などである。それらはいかにも立派で、個体生物の力強さや健やかさを見せつけるが、それ以外にはさしたる役目はない。人間も何ら変わらない。大人になるにつれ、他人を身体的に惹きつけるのが主な役目らしいさまざまな特徴が目立ってくる。男性の野太い声、がっちりした骨格やひげ、女性の突き出た胸やメリハリのきいた曲線。これらは何一つ「不可欠」ではないが、太古の昔、それがパートナーに求める資質であると判断した先祖がいて、そこから進化が引き継がれている。しかし、脳にかんして言えば、そうすることで進化してきたから本質的に一定の特徴を魅力と評価しているのであり、なにやら卵が先か鶏が先かの話になってしまう。惹きつける力か、爬虫類脳がそれを認めたからなのか？　どちらが先か、突き止めるのは難しい。

人にはそれぞれ好みやタイプがあるのはわかりきったことだが、そこには一般的な傾向がある。人が魅力的だと考えるいくつかは予測可能で、たとえば先に言及した身体的特徴がそうである。脳の質により魅力を感じる者もいて、彼らからすれば相手の機知や性格が何よりもセクシーな要素となる。多彩なバリエーションは文化的なもので、魅力とされる対象は、メディアや「差異」と考えられるものに大きく影響される。西洋文化圏では人工日焼けの人気が高く、多くのアジア諸国では美白ローションが巨大市場であるのを考えてみていただきたい。中には突飛なものもあり、自分に似た相手に惹かれやすいとする研究などは、[18]脳の自己中心的バイアスを思わせる。

しかし、重要なのは、セックスへの欲望、いわゆる性欲と、深く個人的な恋愛関係や絆、長期的な関係の中で探求されることが多い恋愛や情愛とを識別することである。人は真の「愛情」をもたずに、見てくれだけの、ときにはそれさえも必要としない他人と、性交渉だけを楽しむことができる（し、しばしば楽しんでいる）。セックスは大人の思考や行動に根ざしているので、脳としては扱いにくい。しかし、この項は実際には性欲についてではない。一人の特定の相手に向ける恋愛的な意味での愛についてである。

脳がこれらのことを個別に処理しているとする科学的根拠（エビデンス）は多い。バルテルスとゼキによる研究からは、恋をしていると表明する被験者がその恋愛相手の映像を見せられると、内側島皮質、前帯状皮質、尾状核および被殻を含む脳領域の回路網の活動が活発になることが示された（肉欲やよりプラトニックな関係には見られなかった）。さらに、後帯状回と扁桃体では活動が低下した。後帯状回はしばしば苦痛にかかわる感情の認知に関連づけられるため、恋する相手の登場でこれを一部停止させるというのもうなずける。扁桃体は感情や記憶を処理するが、たいていは恐怖や怒りなど否定的なものなので、それがあまり活発ではないというのも同様にうなずける。信頼し合った関係にある人びとはしばしば、よりおおらかで、日々雑事に煩わされることも少ないように見え、周囲の自立した傍観者にはよく「独善的」という印象を与える。他にも、論理と合理的な判断を担う前頭前皮質を含む領域の活動の減退が見られる。

特定の化学物質と伝達物質も関連づけられている。* 恋愛中は、報酬経路におけるドーパミンのはたらきが高まるらしく[20]、つまりパートナーの存在から麻薬にも似た快感を得ている（第八章参照）。またオキシトシンは、しばしば「愛のホルモン」、あるいはその類の呼び方をされる。それは複雑な科学物質のとんでもない単純化ではあるが、交際中の人びとはそれが高められているのは間違いないらしく、人間の信頼と結びつきの感情に関連づけられている[21]。

これはわたしたちが恋に落ちたときに脳内で起きる単なる生物学的事象を述べたにすぎない。他にも考慮すべきことは多々あり、恋愛関係にあることで生じる自我意識の広がりや達成感などもそうだろう。自分をことのほか高く評価し、どんな状況でも共にあろうとする一人の相手がいることからもたらされるはかり知れない満足感と達成感がある。ほとんどの文化でほぼ例外なく親密な関係を築き上げることを普遍的な目標や功績とみなしていることを考えると（喜んで独り身でいる誰もが、たいていは悔しそうに言う通り）、パートナーがいることで得られるより高い社会的立場もある。

さらに脳は柔軟であるため、誰かに信頼されていることで得られるこの深く強い信頼感すべてに呼応して、それを期待するように変化する。パートナーは私たちの長期的計画、目標や野心、予測や枠組み、世界に対する一般的な考え方の中に組み込まれる。彼らは、あらゆる意味で、人生の大きな部分を閉める。

そんなとき、それが終わる。一方のパートナーが誠実でなかったのかもしれない。相性がよくなかっただけかもしれない。一方のパートナーの行動のせいでもう一方が去っていったのかもしれない（研究によれば、心配性な人ほど人間関係の衝突を大げさにとらえて増幅させ、破局に追い込む傾向にある[22]）。

脳が関係を維持するためにつぎ込むすべてのもの、それが経験するすべての変化、一体であることに置くすべての価値、つくりあげるすべての長期的計画、期待するようになるすべてが当たり前である日常を考えてみていただきたい。もしこのすべてを一気に取り去ってしまったら、脳はそれによるマイナスの影響をまともに受けることになる。

期待するようになっていた好ましい感覚が急になくなる。未来の計画と世の中への期待はもはや意味をもたず、これまで繰り返し考察してきたように、不確実であいまいなことにまったくうまく対処できない器官にとって、それは途方もない苦しみである（第八章でこれについて詳しく述べる）。そしてそれがもし長く続いた関係だとすれば、対処すべき不確実な現実的問題が山ほどある。どこに住むのか？友だちを失ってしまうのか？　経済的な問題はどうするのか？

さらには、社会的な承認や立場の大切さを考えれば、社会的な面も損なわれる。友だちや家族に人間関係での「失敗」をいちいち説明するのもたまらないが、破局そのものを考えてみていただきたい。誰よりもあなたを知り尽くしていた、もっとも親密な関係の相手が、あなたを受け入れられないと判断したのである。これは社会的アイデンティティに対する痛烈な一撃に他ならない。痛むのはまさにそれな

＊魅力に関連づけられることの多い化学物質の一つはフェロモンである。それは他人が感知してその行動を変える、汗と共に発散される特定の化学物質で、ほとんどの場合、そのフェロモンの発生源への性的興奮や誘引力を高めるとされる。人間のフェロモンはよく引き合いに出されるが（性的魅力を増したいのであれば、どうやらそれがブレンドされたスプレーが購入できるらしい）、現時点において、性的興奮と誘引力に影響を及ぼす特定のフェロモンを人間がもつという決定的なエビデンスは存在しない。[19]　脳はまぬけなことばかりしているかもしれないが、それほど簡単に操られはしないのである。

のである。

ちなみにこれは字義通りの解説だが、研究によれば、人間関係の崩壊は、身体的痛みの処理と同じ脳領域が活性化される[23]。本書全般にわたり、脳が社会的問題を実際の身体的問題と同じ方法で処理する多様な事例を挙げているが（たとえば、社会不安は現実の身の危険と同じくらい不安をかき立てる）、これも何ら変わりはない。彼らは「愛は心が痛む」と言う。そう、その通り。鎮痛剤さえときに「心痛」に効くのである。

これに加え、外見的に幸せだった、でもいまやきわめて否定的なものに結びついている無数の思い出がある。これはあなたの自己意識を徐々に幅広くむしばんでいく。そこへもってきて、恋愛中は麻薬漬けと同じ状況にあるという先の考察のつけが回ってくる。つねに報酬を受けている状態に慣れていたのに、それが急に取り去られるのである。中毒と退薬がいかに脳を混乱させ、悪影響を及ぼすかについては第八章で考察するが、長く続いたパートナーとの突然の破局を経験したここでも同じようなことが起きている[24]。

これは脳に破局を処理する能力がないと言うのではない。たとえゆっくりだとしても、最終的にはすべて元通りになる。一部の実験によれば、破局の肯定的な結果に特に関心を向けることでより早期の回復と成長を促すことが示されており[25]、それは先に触れた「よい」ことの方を好んで記憶する脳のバイアス通りである。ときには科学と決まり文句が本当に一致するのだ。ものごとは時が経つにつれて確かに改善されていく[26]。

しかし総体的には、脳は人間関係の構築と維持に専心しているため、それがすべて瓦解したとき、私たちがまさにそうあるように、苦しみを味わうことになる。「別れるなんてできない」どころの話ではないのである。

大衆の力（集団に属しているときの脳の反応）

「友だち」って正確にはどういうもの？　もし声に出して尋ねたら、それはむしろあなたがざんねんな一人の人間に見えてしまう問いである。友だちとは、要は個人的な結びつきを共有する相手である（家族や恋愛の相手ではない）。しかし、人にはそれぞれ異なる友だちの区分があるため、それはもっと複雑である。職場の同僚、学友、幼なじみ、知人、ほんとは好きではないがあまりにもつき合いが長いため邪険にできない相手、などなど。さらにはインターネットのおかげで、いまやオンライン上の「友だち」もいて、世界中の同じ考えのあかの他人と意義深い関係を築くことができる。

　このような多様多種な関係に対処できる強力な脳をもつ私たちは運がいい。実際、一部の科学者が言うには、これは単なるよくできた偶然ではないらしい。複雑な社会的関係を築いてきたからこそ、私たちは強力な脳をもつようになった可能性もある。

　これは社会脳仮説で、それによれば複雑な人間の脳は、人間の親和性の結果である。[27]多くの種が大きな集団をつくるが、だから知的とはならない。羊は群れをなすが、その存在自体はもっぱら草を食《は》み群れでいっせいに逃げることに費やされているように見える。それに知性はいらないだろう。

群れで狩りをするのは協調的な行動が伴うのでより知能を要し、よってオオカミなどのハンターの群れは、おとなしくて大所帯の獲物よりもおしなべて利口である。また一方で、初期の人間社会も実質的により複雑だった。狩りをする者もいれば、とどまって子どもや病人の世話をし、家と土地を守り、食べものを探し回り、道具をつくる者もいた。この労働の協働と分業はあらゆる面でより安全な環境をつくりだすため、種は生き延びて繁栄する。

この仕組みは、生物学的な結びつきのない者への配慮が求められる。単純な「己の遺伝子を守る」本能を越えたものである。このように、交友関係を築くことは、同種であることが唯一の生物学的関連かもしれない他者の幸福を気遣うことである（「飼い犬」は、これさえ必須ではないことを示している）。

社会生活に求められるあらゆる社会的関係の調整には大量の情報処理が必要である。もしハンターの群れが○×ゲームで遊んでいるとしたら、人間社会はチェストーナメントを繰り広げているようなもの。それだけに強力な脳が必要なのである。

人間の進化を一貫して研究するのは、何十万年もの時間がかけられ、強靭な忍耐力がない限り難しいので、社会脳仮説の妥当性を判断するのは困難である。二〇一三年のオックスフォード大学の研究では、高度なコンピュータモデルを用いて得た結果から、社会的関係は実際により多くの処理（つまり脳の）能力を必要とすることが立証されたと主張した。[28] 興味深くはあるが、決定的ではない。そもそもどうすればコンピューター上で友情をモデル化できるのであろうか？　人間は集団や関係を形づくる傾向が強く、他者を思いやる。現代でも、配慮や思いやりの完全な欠如は異常（精神異常）とされる。

集団に属したいという生来の傾向は、生き延びるには役立つが、同時に超現実主義で奇妙な結果を生む。たとえば、グループに属していることで、自らの判断を、ときには気持ちまでも無視するようになる。

ご存じ同調圧力では、自分が同じ意見だからではなく、属する集団が望んでいるからという理由で行動や発言をする。たとえば、「クール」な子どもがみんな自分の大嫌いなバンドを好きだからという理由で好きだと言う。あるいは仲間が好きな、でも自分は退屈でしかなかった映画の素晴らしさについて延々と語り合うなどである。これは科学的に認められている現象で、規範的社会的影響として知られる。脳が何かについて結論や意見をまとめようとするときに起きることで、自分が仲間意識を抱く集団がそれを支持しなければ、結局はあっさりそれを放棄する。懸念されるほど頻繁に、脳は「正しい」よりも「好かれる」を優先させるのである。

これは科学的環境でも実証されている。ソロモン・アッシュの一九五一年の実験では、被験者らを小数のグループに分け、ごく基本的な質問をした。たとえば三本の異なる線を見せながら「一番長いのはどれか?」と尋ねるなどである。(29) ほとんどの参加者が完全に間違って答えたと聞けばきっと驚ろくにちがいない。実験者は驚かなかったが、それは各グループで一人だけが「本物」の被験者で、残りは間違って答えるボケ役だったからである。本物の被験者は全員が声に出して答えたあと、最後に答えなければならなかった。そしてほぼ七五パーセントの確率で、被験者も間違った答えを言ったのである。

間違いが明らかな答えを言った理由を訊かれると、被験者のほとんどが「波風を立てる」のが嫌だったからというような理由を口にした。彼らはグループの被験者たちとは実験以外では「知り合い」でも何でもなかったが、それでも自らの意識を否定してまで、その新しい仲間の承認を得たがった。どうやら集団の一員でいることは、脳が優先させることであるらしい。

そうとはいえ、絶対ではない。グループの間違った答えに被験者の七五パーセントが従ったとはいえ、二五パーセントはそうしなかった。私たちは属する集団から多大な影響を受けるだろうが、その育ちや性格もしばしば同じように影響を及ぼす。さらに集団は異なるタイプの人びとで構成されており、従順な雄ミツバチばかりではない。周囲の誰もが反感を抱くようなことを嬉々として言う連中はどこにでもいる。それをやってテレビの素人芸能番組で何百万ドルを稼ぐことだって可能かもしれない。

規範的社会的影響は本来の行動とも言える。たとえ意に反していたとしても、私たちは集団に同意したものとして行動する。それに周囲の人びとが人の考えることを強いるなどできやしないはずでは？

多くの場合、それは正しい。たとえ友だちや家族が一人残らず2＋2＝7だと、あるいは重力はあなたを押し上げると急に言い出したとしても同意はしないだろう。大切な人たちがこぞってそれを忘れたのかと心配するかもしれないが、それでも自分の意識や認識から相手の間違いがわかるので意見を合わせたりはしない。しかし、この場合は真実が歴然としているからである。もっとあいまいな状況では、他人は私たちの思考過程に実際に影響を及ぼせる。

これは情報の社会的影響であり、脳は不確実な状況を理解する際には、信頼の置ける情報源として（いかに誤りであろうとも）周りの人びとを利用する。これは逸話に基づいた根拠が非常に説得力をもつ説明にもなる。複雑な問題にかんする的確なデータを見つけ出すのは困難な作業だが、パブである奴から聞いた、あるいはそれについて知っている知人の母親のいとこから聞いたとなると、これはたいてい納得のいく根拠となる。おかげで代替医療や陰謀説が根強く持続するのである。

これはたぶんご想像通りでしょう。発達中の脳にとって、情報の主たる供給源は周囲の人びとである。物まねと模倣は子どもの学習における基本手段であり、科学者らはここ何年ものあいだ「ミラーニューロン」に惹きつけられている。それは自分がある特定の行為をしているときと、他人がその行為をしているのを観察しているときとの両方で活性化するニューロンで、脳は根本的なレベルで他人の行動を認知し、処理していることが示唆される（ミラーニューロンとその特性については神経科学上何かと物議を醸しており、これを確実なことと受け取らないでいただきたい[30]）。

脳は、不確実な過程における情報の参照先として他人を使いたがる。人間の脳は何百年もかけて進化してきたのであり、私たち人間の仲間はグーグルよりもずっと長いあいだ身近な存在だった。これがどう役立つかはおわかりであろう。騒々しい音を聞いて猛り狂ったマンモスを思い浮かべるが、部族の仲間が叫び声をあげていっせいに逃げていったら、それが猛り狂ったマンモスで、自分もあとに続くべきだとわかる。しかし、他人の判断と行動を根拠にして自らの判断を下すことで、暗く陰うつな事態を招く場合がある。

一九六四年、ニューヨークに住むキティ・ジェノヴィーズが惨殺された。悲劇そのものに加え、三八人が被害を目撃していたのに誰も助けもしなければ介入もしなかった事実が判明したことで、この犯罪は世間に知れ渡った。この衝撃的な行動に直面して社会心理学者ダーリーとラタネはさっそく調査に乗り出し、「傍観者効果」*として知られる、周囲に誰かいる場合、人びとは介入や援助をしなくなる現象を発見するに至った[31]。これは（必ずしも）身勝手であったり勇気がないからではなく、どのように行動すべきか確信がもてないとき、人びとは他人を参照して自分の行動を決めるからである。必要とされるところに勇んで飛び込む者も大勢いるが、もし周りに誰かいる場合、傍観者効果のせいで克服しなければならない心理的障害が生じるのである。

傍観者効果は、人びとの行動と判断を抑制するはたらきをする。集団の中にいるという理由から行動を思いとどまらせる。さらに集団に属していることで、一人であれば決してしないだろう考え方や行動に至ることもある。

集団に属していることで、人びとは必然的にグループの調和を望むようになる。対立や論争が絶えない集団は機能的ではなく、一緒にいるのも不快なので、全体的な合意や調和はたいてい集団の誰もが目指すものとなる。条件がそろえば、調和を求めるこの欲求はかなり強力なものとなり、最終的にそれを達成するためだけに普段なら不合理あるいは無分別だと思うようなことを考えたり支持したりする。団体の利益が論理的、合理的な判断に優先されることは集団思考として知られる。(32)

集団思考はその一部というだけである。物議を醸している問題、たとえば大麻の合法化を考えていただきたい（執筆時点での「大論争」を巻き起こしている問題）。もし通りから（承諾を得て）三〇人を連れ出し、大麻合法化についての意見を尋ねたら、「大麻は邪悪であり、においをかいだだけでも収監すべきだ」というものもから「大麻は素晴らしいので子どもの食事に混ぜて与えるべきだ」といったものまで幅広い意見を得るはずで、ほとんどの意見はこの両極端のあいだに収まる。

もしこれらの人びとを一つのグループにまとめ、大麻合法化についての合意を形成するよう依頼した場合、一人ひとりの意見の「平均」的なもの、「大麻は合法化すべきではないが、所持していたとしても軽犯罪とすべきである」といったところに落ち着くと論理的に考えるであろう。しかし、ここでもまた、論理と脳の意見はあまり一致しない。グループは往々にして、個々のメンバーが一人で下すときよりもずっと極端な結論を採用する。

集団思考はその一部であるが、私たちはまた、その集団に好かれたいのであり、その中で高い地位を得たいのである。したがって集団思考はメンバーが賛成する一致した意見を生み出すが、メンバーは集団に印象づけるため、それにもっと強い賛意を示す。しかし、他のメンバーも同時にそうするので、全員が互いに相手を打ち負かそうとする事態に陥る。

「そういうわけで、大麻は合法化すべきではないと意見が一致しました。それを少量でも所持していた場合は、令状なしで逮捕できる犯罪とすべきですね」

「ダメだ。ぜったい刑務所送りだ。所持していたら一〇年！」

「一〇年？　終身刑にすべきだ！」

「終身刑？　おまえヒッピーか！　死刑だ、最低でもな」

この現象は集団極化として知られ、集団の中にいると一人のときよりも最後にはずっと極端な意見になる。[*]これは非常によくあることで、数多の状況において集団の判断を歪ませる。批判や外部の意見を

＊遡及的研究によれば、犯罪の初期の報道は不正確で、正確なものというよりも新聞の売上げを伸ばすためにつくられた都市伝説の色合いが濃いことがうかがわれる。それでも、傍観者効果は実際の現象である。キティ・ジェノヴィーズの殺害と目撃者の介入を忌避したとされる事態は、別の超現実的な結果をもたらした。それは、アラン・ムーアの革新的コミック『ウォッチメン』で、登場人物のロールシャッハが自警団行為を始めることにつながる事件として言及されている。スーパーヒーローのコミック本が現実であればと言う者は多い。願いごとには気をつけていただきたい。

受け入れることで制限ないし防止できるが、通常は集団内の調和という強い欲求がこれを妨げ、批判者や合理的な分析を議論から排除してしまう。これはゆゆしき問題で、なぜなら何百万人の命に影響を及ぼす無数の判断が、外部からの意見を寄せつけない同じ考えをもつ集団によって下されるからである。政府、軍隊、企業の役員室——何をもってすればこのような者たちに集団極化によるとんでもない結論を下させないようにできるのであろうか？

何もない、まったく何もないのである。政府が追求する多くの不可解かつやっかいな政策は、集団極化によって説明できる。

権力者による誤った判断はしばしば怒り狂った群衆を生み出すが、集団の中にいることのまた別の懸念すべき影響は、脳に与えるものかもしれない。人は他人の感情を察知するのがうまい。もし口げんかしたばかりのカップルがいる部屋にうっかり入ってしまったら、たとえ誰も何も言わなかったとしても「張り詰めた空気」を容易に感じ取れる。これはテレパシーでも「サイエンスフィクション」の類でもなく、ただ脳がさまざまな手がかりからこの手の情報を拾い上げるのに慣れているからだ。しかし、同じように感情的に高揚した状態の集団に囲まれると、これは自身に強い影響を及ぼす。だから観客として集団にいるときは、いつもよりよく笑うのである。そしてこれまたいつものように、度を越してしまうときがある。

ある条件下で、周りにひどく感情的あるいは高揚した状態にある人びとがいるとき、個性が抑え込まれることが実際にある。私たちには無名の存在でいられる結束力の強い集団が必要であり、それは非常に興奮した（とは言ってもいかがわしいものとは違う）、集団内部について考えなくてすみ、外の出来事に関心が向いている集団である。猛り狂った群衆や暴動は、このような環境をつくりだすのにまさにうってつけで、このような状況が整うと、私たちは「脱個人化」、科学的用語で言う「群集心理」の過程をたどる。(33)

脱個人化では、衝動を押しとどめ、理性的に考えるという従来の能力を失う。他人の感情の状態を検知してそれに反応しやすくなっているが、他人の評価を心配する典型的な気持ちを失っている。これらが相まって、暴徒化したとき人びとはかなり破壊的な行動を取る。どのように、またどうしてそうなるのかを説明するのは難しい。それはこの過程の科学的な研究が困難だからである。研究室に怒り狂った群衆を迎えるのは、あなたが墓荒らしだと聞いて、死人を生き返らせるその罪深い努力を終わらせようとしてそこにいるのでない限り、まずないと思われる。

意地悪なのはわたしではなく、わたしの脳（他人を邪険に扱う神経学的性質）

これまで見たところ、どうやら人間の脳は、人間関係を築いてコミュニケーションを取るように調節されている。世界は人びとが手と手をつなぎ、虹やアイスクリームをテーマにした幸せの歌を歌ってい

*コメディグループ、モンティ・パイソンのファンであれば、「四人のヨークシャー人」の寸劇はおなじみであろう。これは通常の基準からしたらややシュールだが、集団極化の（思うに偶然の）格好の事例である。

て然るべきであろう。しかし、人間は互いにひどいことばかりしている。暴力、窃盗、搾取、性的暴行、監禁、拷問、殺人——これらは珍しいことではない。世の典型的な政治家はおそらくこうしたことの多くに関与している。さらにはジェノサイド、すべての居住民や人種一掃の企てにさえ、専用の呼称が許されるほどなじみの深いものである。

エドモンド・バークの有名な言葉がある。「悪が勝利を収めるために必要なことはただ一つ、善良な人びとが何もしないことである」。しかし、悪にとってもっと楽なのは、善良な人びとが自ら進んで協力し手助けしてくれることだろう。

しかし、なぜそうするのであろうか？ 文化、環境、政治、歴史的要因にかんする解釈は数多く存在するが、脳のはたらきも一因である。ユダヤ人大虐殺の責任者たちが尋問されたニュルンベルク裁判でもっとも多かった答弁は、「命令に従っただけ」であった。説得力に欠ける言い訳ではないか？ そんな恐ろしいことは誰に命令されようがふつうの人ならもちろんやるはずないだろう？ しかし、驚くべきことに、やってしまうかもしれないのである。

イェール大学教授スタンレー・ミルグラムは、この「命令に従っただけ」という主張を悪名高い実験で検証した。それは個別の部屋にいる被験者二人がかかわり、一方がもう一方に質問をするというものである。もし答えが間違っていたら、質問者は回答者に電気ショックを与えなければならなかった。間違った答えのたびに電圧は上げられた。[34] ここが問題となっていたが、電気ショックはなかった。質問に答えた被験者は役者で、わざと間違って答え、「ショック」が与えられるたびにどんどん苦痛の叫びを高めていったのである。

実験の本当の被験者は質問者だった。この設定により彼らは、必然的に自分が人を拷問していると信じた。そして決まってそれに不快感や苦痛を示し、異議を申し立てるか中止を申し出た。それに対し実験者はつねに、実験は重要なので続けなければならないと答えた。不安に感じるほどに、被験者の六五パーセントが従い、あくまでそうしろと言われたという理由から相手に強烈な苦痛を与え続けた。

実験者は刑務所の完全警備の独居房からボランティアを寄せ集めたのではない。実験にかかわったのは全員ごくふつうの一般人で、驚くことに彼らは他人に自ら進んで苦痛を与えていたのである。そんなつもりではなかった、と被験者は反論したかもしれないが、現にそれをした事実には変わりなく、それこそが実験側にとってはより関連性の高い核心なのである。

この研究では、さらに具体的な知見をもたらした数多くの継続調査が行われた。[*] 被験者は、実験者が同室内にいるときのほうが電話越しに指示されるよりも従順だった。そして他の「被験者」が拒む場面を見た場合、本人も従わなくなる傾向が見られ、これにより、人は反逆者になるのを厭わないが、最初の反逆者にだけはなろうとしないことが示唆された。また実験者は白衣をまとい、いかにもそれらしい実験室で行うほうが服従を容易にした。

ほぼ一致した見解は、わたしたちは正当な権威を有する、要求する行動の結果に責任を負うと考えられる人物には進んで従うということである。視界に入らない遠隔にいる相手は権威者とは考えにくい。

＊これらの実験にも多くの批判がある。手法や解釈にかんするものと、一方で倫理にかんするものがある。科学者は何の権利があって罪のない人びとに他人を拷問したと思わせるのか？　そのように認識することは深刻な心的外傷を残す可能性がある。科学者というものは冷淡かつ感情に左右されないとの定評があるが、容易に理解できるときもある。

ミルグラムは、人間の脳は社会的な状況では二つの状態のどちらか一方、自律状態（自分自身で判断を下す）か代理状態（他人に自分の行動を決めさせる）を選ぶと提唱した。とはいえ、これはまだどの脳スキャン研究からも確かなものとして特定されていない。

一つの考え方として、進化論的に言えば、何も考えずに従う傾向のほうが効率的である。判断に迫られるたびに誰が責任者かもめて立ち止まるのは現実的ではなく、よって迷いがあっても権力者に従う傾向が残された。堕落したカリスマ性のある指導者連中がこれを利用しているのは想像に難くない。

しかし、人びとは専制的な指導者からの命令がなくても他人にしょっちゅうひどい仕打ちをする。多いのは、一つの集団が別の集団の人たちの人生を悲惨なものにするケースで、その理由はさまざまである。「集団」の要素は重要な役割を果たす。脳は私たちに集団をつくらせ、それを脅かす者に敵対するよう仕向けているのである。

脳の何が集団を分裂させようと挑むあらゆるものに激しく敵対させるのかについて、科学者たちは研究を重ねてきた。モリソン、ディセティ、モレンバーグが行った研究によれば、被験者が集団に入ることを検討する際には、脳の大脳皮質正中線構造、側頭頭頂接合部、および前側頭回からなる神経回路網が活性化されることが示されている。[35] これらの領域は、他者との交流やそれについて考える必要がある状況において活動が強まることが繰り返し認められており、この特定の回路網を「社会的脳」と呼ぶ者もいるのはそういうわけである。[36]*

もう一つのとりわけ興味をそそる発見は、被験者が集団の一員としてかかわる刺激を処理しなければならない場合には、前頭前野腹内側部および前側と背側の帯状皮質を含む回路網に活性化が認められたことである。これらの領域は他の研究において「個人的自己」の処理に関連づけられており[37]、自己認識と集団の帰属意識がかなり共通していることを示唆する。これは、人びとは自らのアイデンティティの多くを所属する集団から得ているということになる。

これの意味する一つは、属する集団に対する脅威はすべて、要するに「自身」に対する脅威ということで、それが集団のやり方に危険をもたらすものは何であれ強烈な敵意をもって迎えられる理由である。そしてほとんどの集団にとって最大の脅威とは……他の集団である。

ライバルのフットボールチームのファン同士は暴力的な衝突をよく起こすが、それは実質試合の延長である。ライバルの犯罪集団との闘争は迫真の犯罪ドラマの定番である。現代のあらゆる選挙戦は瞬く間に一陣営と別の陣営との争いとなり、相手を攻撃するほうが政策を語るよりも重要になる。そしてインターネットはまさに事態を悪化させている。重要だと思う何かについてオンラインにちょっとした批判や論争的な意見を投稿したなら（「スターウォーズ」の続編は、まあそれほど悪くなかった、云々）、やかんを火にかける前に受信箱はヘイトメールであふれかえるだろう。私は国際的なメディアのプラットフォームにブログを書いている。だからこの件に関しては私を信じていただきたい。

偏見はそれを形成する反応に長期にわたってさらされてきたのが原因だと考える人もいるだろう。私たちは本来、特定のタイプの人間を嫌うように生まれついているわけではなく、人の行動原理を切り崩

＊前述の社会脳仮説と混同しないようにご注意いただきたい。なにせ科学者は混同させる機会を決して見逃しはしないのである。

し、他人を不合理に憎ませるためには、何年ものあいだ不快の滴（比喩ではあるが）をしたたらせ続けてこなければならないはずだ、と。それは多くの場合正しい。それと同時に、それは一瞬にして起きる場合もある。

フィリップ・ジンバルド率いるチームが行った悪名高いスタンフォード監獄実験では、刑務所の環境が看守と受刑者にもたらす心理的影響を調査している。[38] スタンフォード大学の地下に実際の刑務所に近い設備がつくられ、被験者は看守か受刑者に指名された。

看守は受刑者に対し信じがたいほど残虐、居丈高で攻撃的になり、罵倒の限りを尽くして敵意を露わにした。受刑者らは看守のことを（当然のごとく）狂ったサディストと考えるようになり、そこで彼らは反乱を企て、房内にバリゲードを築いたが、看守が乱暴に押し入りそれを引き剝がした。囚人らはすぐにうつの傾向を見せ始め、すすり泣きの発作を起こし、心因性の発疹さえも認められた。

実験の期間は？　六日。当初は二週間の予定だったが、状況があまりに悪化したため早々に打ち切られたのである。忘れないでいただきたい、一人として本当の囚人でも看守でもなかった！　彼らは名門大学の学生だったのである。しかし、特定の集団に明確に分けられ、異なる目的をもつ他の集団と共存させられると、瞬く間に集団心理が力を発揮した。人間の脳はすぐに集団と同一化し、そして特定の状況ではこれが私たちの行動を一変させてしまうのである。

脳は、どんな些細なことでさえも、自らの集団を「脅かす」ものに対して敵対する。私たちの多くは、学生時代の経験からこれをよく知っているはずである。一部の不幸な者たちは、うっかり集団の通常の基準から逸脱した行動を取り（珍しい髪型にする）、それは集団の同質性を損ない、よって罰せられる

（執拗に揶揄される）。

人間は単に集団に属したいのではない。その中で高い地位に就きたがる。社会的地位とヒエラルキーは自然界にはよく見られ、ニワトリにさえヒエラルキーがある――ゆえに「つつきの順番〔訳注：一般に順位の高いほうが低いほうをつつく〕」なる用語がある――人間も気位の高いニワトリとまさに同じように、社会的地位を高めるのに熱心である――ゆえに「ソーシャル・クライマー〔訳注：上流階級に入りたがる人〕」なる用語がある。彼らは互いを出し抜こうとしのぎを削り、自身を見栄えよく、さらに目立たせようとし、やっていることで相対的優位に立とうとする。脳は、下頭頂小葉、背外側および腹外側前頭前皮質、紡錘状回、および舌状回を含む領域を介してこの行動を促進する。これらの領域は社会的地位を自覚させるために協働するので、私たちは集団の一員というだけでなく、その中で占める地位も自覚する。

結果として、仲間の賛同を得られない行動を取ったメンバーは、集団の「品位」を危険にさらすと同時に、不適格な自分をさらけだすことで他のメンバーの地位を向上させる機会を提供する。かくて中傷と冷笑を浴びる。

しかし、人間の脳はかなり高度なので、帰属するその「集団」は非常に柔軟な概念である。自国の国旗を振る者が示す通り、国家のこともある。特定人種の「構成員」のように思うことさえあり、それは人種というものが一定の身体的特徴に由来するのでやむをえないとも言える。よって、ほとんど誇れるものが何もなく、その身体的特徴（労せず獲得したもの）を非常に尊ぶ者たちにより、他人種の構成員は容易に特定され、攻撃される。

お断り：私は差別主義の熱心な支持者ではありません。しかし、ときに人間は、一人ひとりが不当な対象に恐ろしく残酷になれる。ホームレスや貧者、暴行の被害者、身体障害者や病人、絶望的な難民。彼らは大いに必要としている援助を与えられないばかりか、むしろ彼らより恵まれた者たちから非難を浴びる。これは人間の品性と基本倫理のあらゆる側面に反する。それなのになぜこれほど多いのであろうか？

脳には強い自己中心的バイアスがあり、あらゆる機会において脳と当人を見栄えよく見せている。これは他者への共感には葛藤があることを意味し——なぜなら彼らは自分ではない——、それに脳は、決断を下すときにはたいてい自身の抱える現在進行形のやるべきことがある。しかしながら、脳の一部、主に右縁上回は、このバイアスを認知して「修正」し、正しく共感できるようにすることが示されている。

これらの領域に損傷があったり、そのことについて考える時間がないときには、共感がさらに難しくなることを示すデータもある。マックス・プランク研究所のタニア・シンガーによる別の興味深い実験では、多様な感触をもつ面を二人一組の被験者に触れさせることによって、この代償機構には他にも制約があることを示した（感触のよいもの、悪いもののどちらかを触らせた）[39]。

それによれば、どちらも不快さを感じている場合、彼らは相手の気持ちを的確に察し、その感情や感覚の度合いをうまく認識できるが、一人が感触のよさを感じていて、もう一人が不快感を我慢している場合には、感触のよさを感じているほうは相手の苦痛をかなり低く評価する。つまり、人生が恵まれていて快適であればあるほど、彼らにとって困窮している人びととの必要性や問題を理解するのが難しくなる。しかし、過剰に甘やかされてきた面々に国の舵取りを任せるような愚かなことをしない限りは、おそらく大丈夫なはずである。

脳が自己中心的バイアスをもっているのはすでに考察した。もう一つの（関連する）認知バイアスは、「公正世界」仮説と言われるものである。[40] この主張によれば、そもそも脳は、世界は公平かつ適正で、よい行いは報われて悪い行いは罰せられると考えているらしいとする。このバイアスは人を一つのコミュニティとして機能させるのに役に立ち、悪行を事前に思いとどまらせ、善良な人間たろうという気にさせる（そうしないというわけではないが、とにかく役に立つ）。また動機づけにもなる。世の中はでたらめで、どんな行為もつまるところ無意味なのだと思い込んでいたら、然るべき時間にベッドから這い出す気にはならないであろう。

残念なことに、これは事実とは異なる。悪い行いが必ずしも罰せられるとは限らず、善良な人びとはしばしばひどい事態に見舞われる。しかし、バイアスは脳にしっかり根ざしているので、私たちはとにかくそれにこだわる。そのため、不当にひどい目にあった人を見かけると不協和音が生じる。世界は公平だが、この人の身に降りかかったことは公平ではない。脳は不協和音を好まず、よって選択肢は二つ。世界はそもそも残酷ででたらめなのだと結論づけるか、被害者はそれに値することをしたと判断するかどちらかである。後者のほうが残酷だが、世界に対する自分の好都合な心地よい（不正確な）前提を維持したままでいられるため、私たちは被害者に彼らの不幸の責任をなすりつける。

数多くの研究により、この影響ならびにその多くの兆候が示されている。たとえば、もし自身が彼らの苦痛を緩和するために介入できる、もしくは被害者が後日補償されると言われた場合、人びとの被害者に対する批判は弱まる。被害者を助ける手段をもたない場合は、被害者に向ける非難が強まる。かなり無慈悲に思えるが、これは「公正世界」仮説と一致する。被害者にはよいことが起こらない、ならばそれは当然の報いに決まっているではないか？

さらに、人は自分を強く重ね合わせる被害者を非難する傾向が強い。異なる年齢、人種、性別の人が倒れた木の下敷きになるのを目撃した場合、気の毒だと感じやすい。しかし、自分と同年代、同じ背格好や性別の人が自分と似た車を運転していて自分の家と似た家に突っ込むのを目撃したら、むしろ何の根拠もなしに、能なし、まぬけと相手をとがめる傾向にある。

最初の事例では、どの要素も自分には該当しないので、事件の偶然を非難できる。自分には影響が及びようのないことだからである。二番目の事例は容易に自分にあてはめることができるため、脳は関係した個人のせいだとして合理化する。それは彼らの落ち度である。なぜならそれが偶然であるとすれば、自分の身にも降りかかりかねない。そしてそれは考えるだけで腹立たしい。

社交的で友好的であろうとするあらゆる傾向にもかかわらず、脳は一体感と精神的平穏の保全にかなり関心を寄せているため、これを危うくする恐れのある何人でも何事でも、ことごとくねじ伏せるよう私たちを仕向ける。なかなかやるものですね。

第八章　脳が壊れると……

メンタルヘルスにまつわる問題と、それが生じる過程

これまでに人間の脳について学んだこと――記憶をいじくり、影に怯え、他愛ないものにたじろぎ、食生活も睡眠も運動もめちゃくちゃにし、実はたいしたことないのにうぬぼれさせ、認知させるものごとの半分はでっち上げ、感情的になるとわけのわからないことをさせ、電光石火で仲間をつくらせたかと思うと即座に敵対させる。

やっかいごとの一覧表。さらにいっそうやっかいなのは、脳はこのすべてを正常にはたらいているときにやっているということである。そうであれば、他にいい言葉が見つからないが、脳が壊れ始めたらどうなるのであろうか？　最終的に神経障害や精神障害になりかねないのはそのときなのである。

神経学的障害は、中枢神経系の機能障害や破壊で、たとえば海馬の損傷により記憶喪失が、中脳黒質の変性によりパーキンソン病が引き起こされる。これらは悲惨だが、たいていは特定できる身体的原因がある（とはいえ、それに対処する術はないに等しい）。主として発作や運動障害、あるいは痛み（偏頭痛など）などの身体的な問題として現れる。

精神障害は、思考や行動、感覚の異常であり、明らかな「身体的」原因はなくてもよい。それらの原因が何であれ、やはり脳の物理的組織に起因するが、脳は物理的には正常で、無用なはたらきをしているだけである。ふたたびうさんくさいコンピューターの例えでなぞらえると、神経学的障害はハードウエアの問題だが、精神障害はソフトウエアの問題である（しかし、この二つは広範に重なり合っていて、明確な境界はどこにもない）。

では私たちはどのように精神障害を定義するのであろうか？　脳は何十億というニューロンで構成され、何兆ものつながりを形成し、無数の遺伝過程および学習した経験から得られる何千もの機能を生み出す。まったく同じものは二つとない。となればどうやって誰の脳が正常で、誰のものが「正常ではない」と判断するのであろうか？　誰にでも奇妙な習慣、変な癖、執着、あるいは風変わりなところがあり、それはしばしば個性や性格に含まれる。共感覚［訳注：ある音である色を、ある色である匂いを感じるような現象］などは、機能の問題は何もなさそうで、多くは紫色のにおいが好きだと口にしたときに変な顔をされて始めて自分が変わっていると気づく(1)。

精神障害は主に、不快感や苦痛を引き起こす行動や思考形態、あるいは「一般」社会で機能するための能力の障害として表される。その最後の部分が重要である。つまり精神障害として認識されるには、「一般」とされるものと比較する必要があるということで、これは時代とともに大きく変わる可能性がある。米国精神医学協会が同性愛を精神障害から外したのはようやく一九七三年になってからである。

メンタルヘルスの専門家たちは、精神障害への理解の進展、新たな治療法や取り組み、主流となる考え方の変化により、その分類を定期的に見直しており、それには薬剤を販売するために新しい疾患をほしがる製薬会社の憂慮すべき影響もある。これはまさにありえることで、なぜなら近年では、「精神障害」と「精神的に正常」の境界は驚くほどあいまいかつ判別しにくく、少なからず社会的規範に基づく恣意的な判断に依存しているからである。

加えて、これらがごくありふれたもの（データによれば、ほぼ四人に一人が何らかの精神障害の兆候を感じている）[2]となっている現実があり、メンタルヘルスの問題がなぜこれほど物議を醸すのかがよくわかる。たとえそれらが実在のものとして認められた場合でも（それは決して確実ではなく）、身体を衰弱させる精神障害の内実は、それに苦しんでいない幸運な人びとによって一蹴されるか無視されることが多い。さらに精神障害の分類方法についても激しい議論がある。たとえば、多くの人びとが「精神病」と言うが、この用語が誤解を招くとの指摘もある。インフルエンザや水疱瘡《みずぼうそう》のように治せる含みがある。精神障害はそうはいかない。「解決」される身体的問題ではないことがほとんどで、つまり「治療法」を特定するのは難しい。

「精神障害」という用語にさえも、悪い、あるいは有害であると思わせてしまうとして強く異議を唱える者たちもいる。それらは従来の思考法や行動様式への代替としてみることができると主張する。臨床心理学界の広範にわたり、精神的な問題を病気や異常とするのはそれ自体有害であるとの主張があり、それらを論じる場合、より中立で含みのない用語を使用するよう推奨している。医療分野とメンタルヘルスへの取り組みを支配しているものへの抗議の声はますます高まっている。「正常」とそうでないものを確立しようとする恣意的な性質を考えると、これはもっともだろう。

このような議論はあるが、この章はどちらかというと医療と精神医学の観点で話を進める――それが私のバックグラウンドであり、多くの人にとってこのテーマを語るのに一番なじみやすい方法だからである。これはメンタルヘルス問題のごく一般的な事例の概要であると同時に、その問題に苦しんでいる人びとと起こっていることを認識して理解しようと努める周りの人びと、そのどちらをも落ちこませる脳についての解説である。

黒い犬を飼い慣らす　うつ病とそれをめぐる誤解

うつ病（Depression）という臨床症状には異なる名称もあてられる。「落ち込み（Depressed）」は現在のところ、少々うちひしがれた人と、本当に体を衰弱させる気分障害患者の両方に使われる。これはつまり、うつ病がささいな問題として退けられてしまうということである。やはり誰にでも、ときに落ち込むことはあるだろう？　みなひたすらそれを乗り越えるだけである。私たちはしばしば、自分の経験だけを頼りに判断を下す。そして先に見てきたように、脳は無条件に自らの経験を称え誇張し、また他者の経験が自らのものと異なる場合、それを矮小化《わいしょうか》する。

だが、これは正しくない。本当にうつ病を患っている人の不安を、自分はひどい落ち込みを乗り越えたからと軽視するのは、紙で切り傷になったことがあるからと、腕を切断しなければならなかった人を軽視するようなものである。うつ病はまぎれもなく体が衰弱していく症状であり、「ちょっと落ち込んでいる」のとはわけが違う。ひどく悪化する場合もあり、それを患っている人は、自分の命を断つのが実行可能な唯一の手段だと結論づけてしまうこともある。

　誰でもいつかは死ぬというのは否定できない事実である。だが、それをわかっているのと、それを直接経験するのとはまったく別である。銃で撃たれれば痛いというのは「わかる」が、だから撃たれた痛みもわかるとはならない。同様に、親しい者もいずれ寿命が尽きるとわかってはいても、それが現実となったときには精神的に大きな打撃となる。脳が他人と強固で長続きする関係を築くように進化した過程を考察したが、そのマイナス面は、そのような関係が終わりを告げたときに受ける傷の大きさである。そして死よりも決定的な「終わり」はない。

　同じくらいひどいことだが、愛する人が自ら命を断った場合にはやるせなさがさらに強まる。自殺が唯一の実行可能な選択肢であると、なぜ、どのように信じて命を断ったのか、それを正確に知る術はないが、理由がなんであれ、それはあとに残された者たちを徹底的に打ちのめす。私たちが出会う機会があるのは、まさにこのような人びとなのである。結果として、故人に対する否定的な見解をもちやすくなる気持ちは理解できる――彼らは自分たちの苦しみを首尾よく終わらせたかもしれないが、他の多くの人びとにそれを与えたのである。

　第七章で考察したように、脳は被害者を気の毒だと思わないために真剣に精神的鍛錬に取り組んでおり、自ら命を断った人を「身勝手」とするのは、この形を変えた表現であるとも考えられる。自殺に至る最大要因の一つがうつ病であり、それを患う人びとも、しばしば「身勝手」「怠け者」などの非難のレッテルを貼られているというのはずいぶんと皮肉な偶然である。これは脳の自己中心的な自己防衛がまた割り込んできている可能性がある。気分障害はかなり深刻であり、よって自殺を容認できる解決策として認めるとすれば、事実上自身にも起きえると認めることになる。不愉快きわまりない。しかし、相手が単にわがまま、あるいは利己的で薄情なだけだったら、それは彼らの問題である。それは我が身には降りかからない、ゆえに気が楽になるというわけだ。

それが一つの説明である。もう一つは、単に無知で世間知らずもいる。

うつ病患者や自殺者を身勝手と決めつけるのは悲しいくらいよくあることで、少しでも名の知れた人物であれば特に目立つ。国際的スーパースターで敬愛されていた俳優でありコメディアンのロビン・ウィリアムズの悲しい死は、近年のもっとも顕著な事例だろう。

メディアやインターネットには、真摯な涙ながらの追悼に混じり、「家族にそういう仕打ちをするのは身勝手でしかない」「あれほどまでに何もかも手にしているのに自殺するのはわがままなだけだ」というようなコメントもあふれていた。そういった意見は匿名のオンライン上にとどまらず、著名人や数々のニュースネットワーク、たとえばフォックスニュースなど、およそ思いやりがあるとは言いかねるところからも挙がっていた。

もしあなたがこのような、あるいは似た見解を表明していたとしたら、僭越ながら言わせてもらうが——あなたは間違っている。脳の奇行も言い訳になるかもしれないが、無知と誤った情報は無視するわけにはいかない。脳が不確実あるいは不快な状態を好まないのは確かであるが、ほとんどの精神障害がそのどちらをも余りあるほど供給する。うつ病は理解と配慮がなされて然るべきまぎれもない深刻な問題であり、ないがしろにされたり嘲笑されたりすべきものではないのである。

うつ病はさまざまな形で現れる。気分障害なので気分が影響を受けるが、その影響の受け方は千差万別である。逃れようのない絶望に陥る者もいれば、強烈な不安に襲われ、切迫した破滅や危機感を募らせる者もいる。話す気にもなれず、周りの情況にかかわらずただむなしく、無感情になる者もいる。つねに不安と怒りを感じる者（主に男性）もいる。

これはうつ病の根本原因を特定するのが難しいとされる理由の一部である。一時期もっとも普及していた説はモノアミン仮説だった。[3] 脳が使う神経伝達物質の多くはモノアミンの一種で、うつ病を患う人びとはその濃度が下がっているらしい。これがうつ病につながりえる形で脳の活動に影響を及ぼすとされる。代表的な抗うつ剤は脳内のモノアミン量を増やすもので、現在もっともよく使われているのは選択的セロトニン再取り込み阻害薬（ＳＳＲＩ）である。セロトニン（モノアミンの一種）は、不安や気分、睡眠などの処理にかかわる神経伝達物質である。加えて、他の神経伝達物質システムの調整役を担うとも考えられており、したがってその濃度を変えることで「波及」効果が期待できる。ＳＳＲＩは、セロトニンが放出されたのちシナプスに再吸収されるのを防いで全体的な濃度を増やすことで作用する。他の抗うつ剤も、ドーパミンやノルアドレナリンなどのモノアミンに対して同様に作用する。

とはいえ、モノアミン仮説は高まる批判に直面している。実際に起きていることの説明には必ずしもなっていないからである。古い絵画の修復に「もっと縁が必要」と言っているようなもので、確かにそうなのかもしれないが、実際に何をする必要があるのかを具体的に示してはいない。

さらに、ＳＳＲＩはすぐにセロトニンの濃度を上げるが、効き目を感じるのは数週間経ってからである。この理由はまだはっきり実証されていないが（後述するように仮説はある）、いわば車の空のタンクにガソリンを補充し、一ヶ月経ってようやくまた走り出せるといったところである。「ガソリンなし」

は一つの問題であったのかもしれないが、明らかにそれだけが問題ではない。これに加え、うつ病で減る特定のモノアミン系を示す科学的根拠(エビデンス)に欠け、しかも効き目のある抗うつ剤でもモノアミンにまったく作用しないものもあり、うつ病には単なる化学的不均衡を越えるものが関係しているのは間違いない。

他にも可能性は山ほどある。睡眠とうつ病も結びついていると思われる[4]――セロトニンは概日リズムを調節する鍵となる神経伝達物質で、うつ病は睡眠パターンを乱す原因となる。第一章では睡眠障害が問題であることを説明しているが、うつ病もそれにより引き起こされるもう一つの影響と言えるのではないだろうか?

さらに前帯状皮質もうつ病に関与すると考えられている[5]。それは前頭葉の一部で、心拍数の観察から報酬の予測、意志決定、共感、衝動の制御など数多くの機能をもっているらしい。いわば脳のスイス・アーミーナイフである。さらにそれはうつ病患者でより活発なことが示されている。一つの解釈として、それが苦痛の経験を認知する役割を担うからというのが考えられる。またそれが報酬の予測を担うとすれば、喜びの認知、あるいはより適切に言うと、それの完全な欠如の認知にかかわるのも理解できる。

ストレスへの反応を調節する視床下部軸もまた研究の焦点である[6]。とはいえ、その他の仮説からは、うつ病は特定の脳領域の作用というよりはむしろ広範な領域の作用であることがうかがえる。神経可塑性、いわゆるニューロン間で新しい物理的接続を形成する能力は、学習および脳の一般的機能のほぼすべての基礎となるものであり、うつ病患者では正常に機能しないことが示されている[7]。これが嫌悪をもよおす刺激やストレスへの脳の対処と適応を妨げているのはほぼ間違いない。何か悪いことが起きても可塑性が正常にはたらかなければ、いわば干からびたケーキのように脳は「固く」なって、否定的な考えから先に進むことも離れることもできない。このようにしてうつ病が発症し、持続する。うつ病が非常に執拗で蔓延しているのはこれが理由で、可塑性の機能低下により対処反応が妨げられているのだろう。神経伝達物質を増やす抗うつ剤は神経の可塑性も向上させる場合が多いので、これが神経伝達物質の濃度が増えてしばらくしてからその作用が現れる本当の理由なのかもしれない。それは車への燃料補給というより植物に肥料を与えるのに近く、必要な要素が組織に吸収されるまでに時間がかかるのである。

これらの仮説はすべてうつ病に役立つかもしれないし、原因ではなく結果に役立つかもしれない。研究は現在進行中である。明らかなのは、それがまぎれもなく現実であり、多くの場合、極端に体を衰弱させる症状であることだ。ひどく憂うつな気分に加え、うつ病は認知能力も損なわせる。多くの医師はうつ病と認知症を区別する方法を教えられるが、結果を考慮する限り、認知テストでの深刻な記憶障害とテストをやり終える気力を本当に奮い起こせないのとが同じに見えるからである。区別は重要であり、うつ病と認知症の治療は大幅に異なる。もっとも認知症との診断はしばしばうつ病を引き起こし、[8] それが事態をさらに複雑にする。

他のテストによれば、うつ病の人は否定的な刺激により多くの注意を払う。[9] 単語の一覧表を見せられた場合、あたりさわりのない単語（「草」など）よりも不快な意味の単語（「殺人」など）に意識を向ける傾向がかなり高い。先に考察した自己中心的バイアスは、自身の気分を上向かせるものに焦点をあて、そうでないものを無視する。うつ病はこれをひっくり返し、肯定的なものはすべて無視されるか軽く扱われ、かたや否定的なものはなんでも一〇〇パーセント正確なものとして認知される。結果として、いったんうつ病を発症すると抜け出すのが非常に難しくもなる。

「突如として」うつ病に罹患したように見える人もいるが、多くはあまりの長きにわたって生きることに疲れてきた結果である。うつ病はしばしばガンや認知症、麻痺を含む別の深刻な病気に伴って発症する。また問題が時間とともに積み上がっていく「下方スパイラル」もある。失業は不愉快だが、直後にパートナーが去り、そして身内が死に、その葬式からの帰り道にひったくりに襲われた場合、これはあまりにも重なりすぎて対処できないかもしれない。わたしたちの士気を損なわせないために脳が維持している好都合なバイアスと前提（世界は公正で、悪いことは自分の身に降りかからない）は粉々に砕け散る。自分では事態をどうすることもできず、それが問題をさらに悪化させる。友だちと会うのも興味を追求するのも止め、おそらくアルコールやドラッグに頼り始める。このすべては、つかの間の安息をもたらしはしても、脳にさらに重い負担をかける。スパイラルは止まらない。

これらはうつ病の危険因子であり、発症のリスクを高める。成功を収め世間に知れわたった生活をしていて、金はいくらでもあり、何百人というファンがいるほうが、犯罪の頻発する貧しい地域に住み、かろうじて生き延びられるだけの金しか稼げず、家族の支えもないより危険因子は少ないだろう。うつ病が雷みたいなものだとすれば、室内で避雷する人がいる一方で、屋外の木や旗竿の近くで避雷する人もいる。それは後者のほうが打たれやすい。

成功したライフスタイルが免疫を与えるわけでもない。裕福な著名人がうつ病に苦しんでいると認めた場合、「どうすればうつ病になるんだ？　すべて手にしているじゃないか」と言うのは理にかなわない。喫煙していれば肺がんを発症しやいが、喫煙者だけが罹患するわけではない。脳が複雑だということは、うつ病の危険因子の多くが個人の境遇とは無関係だということである。うつ病を発症しやすい性格特性の人もいれば（自己批判的傾向など）、さらにはうつ病になりやすい遺伝子をもつ人もいる（うつ病には遺伝的要素が知られている[10]）。

もし、うつ病とのたゆまざる闘いが、成功へと駆り立てていたとしたらどうであろうか？　うつ病をかろうじて食い止める、あるいは乗り越えるにはふつうかなりの意志力と努力が必要で、それは興味深い方向に向けられる場合もある。内的葛藤から生じた技術とされる大成した芸人の「道化師の涙」の常套句がまさにこれを物語り、またその症状に耐え抜いた多くの有名な芸術家たちも同じであろう（たとえばヴァン・ゴッホなど）。予防などもっての外、成功はうつ病のたまものであるかもしれない。

さらに、そう生まれついていない限り、富と名声を得るのは非常に難しい。成功を手に入れるために人が何を犠牲にしたかいったい誰にわかるというのだろうか？　そしてもし最終的にそうするだけの価値がなかったと悟ったとしたらどうなるのだろうか？　長年取り組んできた目標を達成することは、人から目的と士気を奪い、生きる指標を見失わせる。あるいは、自分の定めた上昇キャリアパスで価値を置いていた人びとを失ったら、これはやがて高すぎた代償と考えるようになるかもしれない。人目に成功者と映ることは防御ではない。銀行残高が健全でも、うつ病の根底のにある作用を相殺はしない。たとえそうできたとしても、分岐点はどこにあるのだろうか？　誰が「成功しすぎている」から病気になれないのだろうか？　もし他人より裕福だから落ち込むことができないとすれば、必然的に地球上でもっとも不幸な人だけがうつ病になるはずである。

これは金持ちの成功者があまり幸せではないと言うのではない、ただ幸せが保証されてはいないということである。映画界でキャリアを積んでいるからといって、脳のはたらきは根本的に変わりはしないのである。

うつ病は理屈が通らない。自殺とうつ病を身勝手だと言う者たちはどうやらこれが理解できないらしく、うつ病の人たちが自殺の賛否を問う表やチャートをつくり、反対意見が多いにもかかわらず、いずれにしても身勝手に自殺を選ぶと言っているようなものである。

これは愚にもつかない。うつ病の大きな問題、おそらく問題そのものは、行動や思考が「正常」にできないことである。うつ病の人はそうでない人のようには考えない。溺れている人が陸にいる人たちのように「呼吸」しないのと同じである。私たちが認知し経験するすべては、脳を介して処理されフィルタリングされる。もし脳が何もかもひどすぎると判断した場合、私たちの生活のあらゆるものごとに影響を及ぼす。うつ病患者からすれば、その自己評価はものすごく低く、その前途はひどく暗く、世の中に自分がいないほうが家族や友人やファンはうまくいくと心から思っているので、彼らの自殺は本来思いやりの行動なのである。なんともやるせない結論だが、「まとも」に考えている精神で到達したものではない。

また身勝手という非難にはしばしば、うつ病の人たちがその状況をある意味自ら選んでいるという含みがある。人生を楽しんで幸せになることができるのに、そうしないほうが都合がいいと解釈しているんじゃないか？　どのように、またなぜそうするのかの正確なところはほぼ何もわかっていない。自殺の場合、「安直な解決法」と言われることもある。何百万年続く生存本能を覆すほどの苦しみの言い表し方はたくさんあるが、「安直」は明らかにそれには該当しない。おそらくそのどれひとつ論理的観点からすれば理にかなわないのだろうが、精神疾患の状態にある人に論理的思考を要求するのは、脚が折れている人にふつうに歩けと迫るようなものである。

うつ病は一般的な疾患のように目に見えるものでも言い表すことのできるものでもなく、したがってそれが問題であることを否定するほうが、無情で予測不可能な現実を認めるよりも楽である。否定は傍観者を「我が身には決して起こらない」と安心させるが、それでもうつ病は大勢の人びとに襲いかかる。自分の気持ちを楽にするためだけに、彼らを身勝手あるいは怠け者だと非難しても何の意味もない。そうした行動のほうが身勝手さのいい事例といってもいい。

悲しいかな、実情として人びとは、患者のまさにその内面深くまで徹底的に影響を及ぼす深刻な衰弱性の気分障害を回避し、克服するのは容易いと思い込んでいる。それこそ脳が一貫性を大事にし、いったんある特定の見解を認めてしまうと、それを変えるのがいかに難しいかの見本のような事例である。うつ病患者に本人の考え方を変えるよう要求する一方で、証拠を目の前にしても考えを変えようとしない人びとは、それがいかに難しいかを実証する。そのために一番苦しんでいる人をさらにつらい気持ちにさせるのはあまりにも情けない。

自らの脳が本人にそれほど不利に作用するのでさえ悲惨なことである。他人がそれと同じことをするのは、おぞましいだけである。

緊急停止（神経衰弱と、それが生じる過程）

寒空の下コートも着ずに外出したら風邪をひく。ジャンクフードは心臓に悪い。タバコは肺をぼろぼろにする。いいかげんに設置されたパソコンは手指のしびれや腰痛を引き起こす。荷物は必ず膝を使ってもちあげろ。指関節を鳴らすな、さもなければ関節炎になる。その他もろもろ。

おそらくこの手の助言には聞き覚えがあり、他にも似たような健康を維持するための貴重な格言も数限りなくご存じであろう。これらの主張が正しいかどうかにはかなり開きがあるが、私たちの行動が健康に影響を及ぼすという認識は確かである。人間の体——あるがままで素晴らしいそれ——には、身体的、生物学的限界があり、その限界を超えようとすれば影響は否めない。だから私たちは自分の食べるもの、行く場所、行動に気を配る。もし自らの行動によって体に大きな被害が及ぶとすれば、複雑で繊細な脳に同様の被害を及ぼさないようにするための方法はあるのだろうか？　答えは、当然ながら、何もない。

現代社会において、脳の健康を脅かす最大のものは古き良きストレスである。

誰もが日常的にストレスを感じているが、それがあまりにも強すぎたり多すぎたりすると問題となって現れる。第一章では、ストレスが現実として健康に具体的な影響を及ぼす過程を解説した。ストレスは、闘うか逃げるか反応を作動させる脳の視床下部－下垂体－副腎系（ＨＰＡ）軸を活性化させ、それが「ストレス」ホルモンのアドレナリンとコルチゾールを分泌する。これらは脳と体にさまざまな影響を及ぼすので、ストレスの影響が絶えないと如実に人体に現れる。いつも緊張している、まともに考えられない、キレやすい、体が衰弱しやつれるなどの症状が出てくる。そのような人びとは「神経がまいっている《ノイローゼ》」と言われることが多い。
「ノイローゼ」は正式な医学用語でも精神医学用語でもない。現実としての神経の不具合を伴わない。人によっては「神経衰弱」を用い、それのほうが専門的にはより的確だが、やはり口語的である。とにかく、ほとんどの人がどういうものかわかるはずである。神経衰弱は、ストレスに満ちた状態にもはや耐えきれなくなったときに起きる。ふいに……「プツン」と切れる。「終了」、「撤退」、「崩壊」、「対処不能」に陥る。もはや一個人の人間としての精神が正常に機能しなくなるのである。

　神経衰弱の状態は人それぞれに大きく異なる。希望をなくし落ち込む人もいれば、不安にさいなまれる、パニック発作を起こす、さらには幻覚を見たり重症な精神障害に陥る人もいる。だから神経衰弱が脳の防御機構であるとの主張には驚くかもしれない。それはひどく不快であるのと同様に、潜在的に役に立つ。物理療法はひどく消耗するし、つらく不快だろうが、確かに受けないよりはずっといい。神経衰弱にも同じことが言え、これは神経衰弱が必ずストレスに起因することを考えればより理にかなっている。

　脳がストレスを感じる過程は考察したが、そもそも何がどうやってストレスを引き起こすのであろうか？　心理学では、ストレスを引き起こすものは（論理上）ストレッサーとされる。ストレッサーは個人の制御力を弱める。人びとの多くは制御できていると感じることで安心感を得る。現実にどの程度制御できているかは関係ない。厳密には人間はすべて、数兆トンの核融合反応の周りの冷たい空間を飛んでいる岩にしがみついた無意味な炭素の塊にすぎず、それは一個の人間として認識するには壮大すぎる。

しかし、もし豆乳をラテに入れるよう頼んでかなえられれば、それは明確な制御力である。ストレッサーは行動の選択肢を減らす。ものごとはそれについて何も出来なければより大きなストレスを感じる。傘をもっているときに雨に降られたらうっとうしい。家から閉め出されているときに、傘もなく雨に降られたらどうか？　その場合大きなストレスを感じる。頭痛や風邪には症状を最小限に食い止める薬物治療が可能だが、慢性の病気は往々にして手の打ちようがないのでかなりのストレスを引き起こす。それらは避けられない不快感を絶え間なく与え続け、大きなストレスを伴う状況をつくりだす。

ストレッサーは疲労の原因ともなる。寝坊して電車に乗り遅れまいと全速力で走ろうが、直前になって大事な宿題に取りかかろうが、ストレッサー（とその身体的影響）に対処するにはエネルギーと労力が必要であり、体の資源を使い果たし、さらなるストレスを生み出す。

予測できないこともストレスが多い。たとえばてんかんは、体の自由を奪う発作がいきなり起きるため効率よく計画を立てられず、よってストレスの多い状態である。それは内科的疾患に限らない。気が変わりやすい、あるいはわけのわからないことをしがちなパートナーと暮らすのは、うっかりコーヒーカップを違う棚に置いたばかりに、愛するその人を激怒させ大げんかになる可能性があるわけで、かなりのストレスとなるだろう。こうしたことは予測のつかない不確実な状況をもたらし、したがっていまにも最悪の事態になるのではないかとつねに緊張する羽目になる。結果、ストレスである。

すべてのストレスが心身の衰弱を引き起こすわけではない。人間にはストレス反応の均衡を保つ代償機構があるため、ほとんどのストレスには対処できる。コルチゾールの分泌が止まり、副交感神経系の活性化によりリラックスした状態を取り戻し、エネルギーの備蓄を補充し、そうして日常生活を継続する。しかし、複雑で相互に関連し合う現代社会では、ストレスにたちまち飲み込まれてしまう状況が多々ある。

一九六七年、トーマス・ホームズとリチャード・レイは内科患者数千人を分析し、その人生経験について尋ね、ストレスと疾患との関連性を確立しようと試みた。(11) 彼らは成功した。このデータは、特定の出来事に「生活変化単位値」(LCU)とする一定の数値をあてはめる「ホームズとレイの社会再適応評価尺度」を導き出した。出来事のLCUが高いほどストレスも高い。前年に尺度上のいくつの出来事を体験したかの当人の報告に基づいて総合評点が割りあてられる。評点が高いほどストレスから病気になりやすい。尺度表のトップは「配偶者の死」でLCUは一〇〇。自分の病気や障害は五三で、解雇は四七、姻戚とのトラブルは二九というように続く。驚くことに離婚の評点は七三であるのに対し、拘留または刑務所入りは六三。ある意味、妙にロマンチックなのである。

やはりここでもリストにないが、より悪影響を及ぼしかねないものがある。自動車事故や暴力犯罪に巻き込まれる、甚大な災害に見舞われる——これらは単独の出来事が許容範囲を越えるストレスになる「急性」ストレスを引き起こす。その出来事はまったくの想定外で精神的な衝撃となり、通常のストレス反応は、映画『スパイナル・タップ』を引けば、「最大音量《アップ・トゥ・イレブン》」になる。闘うか逃げるか反応の身体に及ぼす影響は最大になるが(深刻な心的外傷を受けて震えが止まらない人を見かけることは多いであろう)、そのような極度のストレスを乗り越えにくくしているのは脳に及ぼす影響である。コルチゾールとアドレナリンがあふれた脳内は一時的に記憶システムが強化され、「フラッシュバルブ」記憶がつくられる。

それは確かに役立つ進化した機能である。ストレスを誘発する非常に深刻な事態が起きれば、もう二度とそんな経験をしたくないので、高いストレスがかかった脳はそれのできるだけ鮮明で詳細な記憶を刻み込み、よってわたしたちは忘れてうっかり繰り返すようなことはない。合理的とはいえ、極端にストレスのかかった経験では裏目に出る。記憶が非常に生々しく、しかもいつまでも非常に生々しいままなので、まるで同じことが繰り返し起きているかのように何度もそれを経験し続ける。

極端に明るいものを見て、それがあまりにも強烈で網膜に「焼きつけられ」、ずっと視界にとどまる状態はおわかりであろう？ それは記憶にもあてはまる。異なるのは消えずに残る点で、なぜならそれが記憶だから。そこが問題なのであり、記憶は当初の事件とほぼ同じ精神的衝撃を与える。心的外傷の再発を防いでいる脳のシステムが、心的外傷の再発の原因となる。

鮮明なフラッシュバックによりもたらされる絶え間ないストレスは、無感覚や乖離状態を引き起こし、他人にかかわらなくなり、感情を断ち切り、さらには現実そのものを遠ざける。これもまた別の脳の防御機構だと考えられている。人生がつらすぎるのですか？ わかりました。電源を落として「待機」状態に入ってください。短期的戦略としては効果的でも、長期的には好ましくない。ありとあらゆる認知および行動能力を損なわせる。心的外傷後ストレス障害（ＰＴＳＤ）は、これにより引き起こされるもっともよく知られた後遺症である。[12]

幸いなことに、ほとんどの人たちはこのような深刻な心的外傷を経験しない。だとすればストレスは密かに人の能力を奪っているはずである。まさにその通りで、慢性ストレスというものがあり、心的外傷のストレスよりも執拗なストレッサーを複数抱え込むことで、それが長期に渡って悪影響を及ぼす。

家族の病気や看護、横暴な上司、際限のない締め切り、かつかつの生活、返済しきれない借金、これらはすべて慢性的なストレッサーである。*

これは好ましくない。なぜならストレスが多すぎる状態が長く続くと均衡を保つ能力が損なわれる。そして闘うか逃げるかの仕組みが実際に問題となって現れる。ストレスが多い出来事のあと、体が元の状態に戻るにはふつう二〇分から六〇分かかるため、ストレスはそのまま持続する。[14] 闘うか逃げるか反応が不要になった際にそれを中和する副交感神経は、ストレスの影響を取り去るために懸命にはたらかなくてはならない。慢性ストレスが体内システムにストレスホルモンを送り続ければ、副交感神経は消耗しきってしまい、そうなるとストレスによる身体的、精神的な影響は「常態」となる。ストレスホル

*多くが職場でのストレスを感じているが、それは奇妙である。従業員をストレスにさらすのは、生産性からいってとんでもないことである。しかし、ストレスとプレッシャーは実際にはパフォーマンスとやる気を向上させる。締め切りがあるほうがうまく仕事が運ぶ、追い詰められると最高の仕事ができると言う人は多い。これはただのくだらない自慢話ではない。一九〇八年、心理学者のヤークスとドドソンは、ストレスの多い状況が現実として仕事のパフォーマンスを向上させることを明らかにした。[13] 回避すべき帰結や懲罰への恐怖がとりわけ士気と集中力をもたらし、職務を遂行する能力を高める。

しかし、それもあるポイントまでである。それを越えるとストレスが大きくなりすぎてパフォーマンスが落ち、さらにストレスが大きくなるにつれてパフォーマンスがどんどん下がる。これはヤークス・ドドソンの法則として知られる。従業員の多くは、「多すぎるストレスはものごとを悪化させる」という部分を除き、直感的にヤークス・ドドソンの法則を理解しているようである。それは塩に似ている。少量だと味をよくするが、多すぎるとすべて台無しとなり、素材も味も健康も破壊する。

モンはもはや調節されず、必要に応じて分泌される。つまりずっと体内にとどまり、結果としてつねに感じやすくやたらぴりぴりし、緊張して注意散漫となる。

体内的にストレスを和らげられなければ必然的に外部に救いを求める。残念だがご想像通り、それは往々にして事態を悪化させる。これは「ストレスサイクル」として知られ、ストレスを軽減しようとする試みが逆にストレスを増やす結果となり、それがストレスを減らすためのさらなる試みにつながり、またさらに問題を引き起こす、と繰り返される。

たとえば新しい上司が着任し、あなたに不合理な量の仕事を割りあてたとする。これはストレスだろう。しかもその上司は聞く耳をもたず議論にも応じないため、あなたは長時間はたらく。仕事とストレスにさらされる時間が長くなり、慢性ストレスを感じるようになる。ほどなくしてあなたは気分を紛らわすためにジャンクフードやアルコールを多めに摂取し始める。これが健康や精神状態に悪影響を及ぼし（ジャンクフードは健康を害し、アルコールは気分を落ち込ませる）、それがさらにストレスを招き、ますますストレッサーに弱くなる。そうしてさらにストレスを感じ、とサイクルは続く。

増え続けるストレスを食い止める方法はたくさんあるが（仕事量を調整する、健康的な生活スタイルに改める、治療的な支援を受けるなど）、多くの人にとってこれは実現しない。したがってすべてが積み重なり、ついには閾値を超え、脳はつまるところ降参する。電流の急増でシステムに負荷がかかりすぎる前にブレーカーが落ちるように、増え続けるストレス（と関連する健康への影響）は脳と体に甚大な被害を及ぼすため、脳は事実上すべてを停止する。多くが主張するには、脳はストレスが高じて長引く損傷を引き起こさないために神経衰弱を引き起こす。

「ストレスがかかっている」と「ストレスがかかりすぎている」のあいだの限界値は特定が難しい。素因ストレスモデルと呼ばれるものがある。素因とは「脆弱性」のことで、それはストレスに脆い人のほうが少ないストレスで境界の向こう側まで追いやられ、精神障害、つまりある種の「症状の発現」である本格的な神経衰弱に進展する過程を表す。感受性がやたら強い人もいる。状況や暮らし向きがより困難な人もいる。もとより被害妄想や不安に陥りがちな人もいる。自信満々の人でさえ一転して衰える場合もある（かなりの自信家であっても、ストレスから制御不能に陥ることがあれば、全人格が根底から突き崩されかねず、計り知れないストレスとなる）。

神経衰弱が具体的にどのような作用をもたらすかもさまざまである。うつ病や不安症のような基礎疾患（あるいはその傾向）があり、過剰にストレスがかかる出来事によりそれが発現する場合もある。つま先の上に教科書を落としたら痛いが、それを骨折しているつま先に落としたほうがはるかに痛いはずである。中にはストレスで行動できなくなるほど意気消沈してしまい、うつ病を発症する人もいる。慢性的な不安感やストレスの多い出来事が続いたことで不安障害やパニック発作を起こす人もいる。ストレスで分泌されるコルチゾールが脳のドーパミンシステムに影響を及ぼし、それらをより活発にして感受性を高めることも知られている[15]。ドーパミンシステムの異常な活動は精神病や幻覚の根本的原因と考えられており、神経衰弱の患者によっては、精神病の症状が現れる。

幸いにも、神経衰弱は概して短期間である。医学的な治療などにより、最終的にはほぼ正常な状態に戻る。ストレスから引き離すだけでも効果的である。確かに、誰もが神経衰弱を役立つものとしてとらえているわけではない。誰もがそれを克服するわけではなく、またストレスや逆境に往々にして敏感な人たちは、つまりは神経衰弱を再発しやすいということである。[16] しかし、少なくとも彼らはふつうの生活、あるいはそれに近いものを取り戻すことができる。そのようなわけで神経衰弱は、このどこまでもストレスにあふれた世界から受ける長引く損傷を防ぐ一助になっている。

そうは言っても、神経衰弱によって阻止できる問題そのものの多くが、現代生活のレベルに追いつけない脳のストレス対応能力が原因である。脳が神経衰弱を起こすことでストレスによる被害を防いでいることをありがたがるのは、自宅で油の入った鍋を火にかけっぱなしにしたその当人に、火事の消火を手伝ってくれたことを感謝するようなものだろう。

やっかいな問題に対処する（脳が麻薬中毒になるまで）

アメリカで一九八七年、ドラッグの危険性を描いたある公共広告がテレビ放映された。用いられたのは、驚いたことに卵だった。一つの卵が映し出され、視聴者に告げられる。「これがあなたの脳だ」。次にフライパンが映し出される。「これがドラッグだ」。それからフライパンで卵が焼かれ、また告げられる。「これがドラッグに侵されたあなたの脳だ」。キャンペーンの観点からは、それはかなりうまくいった。いくつかの賞も受け、今日に至るまで大衆文化の中で引用され続けている（そして当然ながら風刺もされている）。神経科学的な観点からは、それはとんでもないキャンペーンであった。

ドラックは、脳の主な構成物質であるタンパク質を変質させるほど脳を熱することはない。また、フライパンが卵に影響を及ぼすように、ドラッグが脳のすべての領域に同時に影響を及ぼすこともほぼない。最後にもう一つ、ドラッグはその殻、別称頭蓋骨を取り除かずに脳に影響を与える。もしそうでなかったら、ドラッグ使用は間違ってもこうまで人気を博すことはなかったはずである。

これは必ずしもドラッグが脳によいと言うのではない。まさにその現実は複雑きわまりなく、卵を基調とした比喩で表せるほど単純ではないのである。

違法ドラッグの取引は概算で五〇兆ドル近くに達し[17]、多くの政府が違法ドラッグ使用の摘発、撲滅、防止に膨大な額をつぎ込んでいる。ドラッグは危険だという認識は広く浸透している。それは使用者を堕落させ、健康を害し、人生を破壊する。これはドラッグがまさにそうする場合が多いので正しい。なぜならそれらはよく効く。とてもよく効き、脳の根本的な過程を変え、操作することで効果を発揮する。これは中毒や依存、行動の変化などさまざまな問題を引き起こすが、その全部がドラッグを処理する脳のやり方に起因しているのである。

第三章では、ドーパミン作用性の大脳辺縁系中心部の経路について触れた。それがよく「報酬」経路または類似の呼び方をされるのは、その機能が爽快すぎるほど明快だからで、好ましいと認められる行動に対し、快楽の感覚を引き起こしてわたしたちに報酬を与える。とびきり爽やかなウンシュウミカンから寝室を拠点とするある特定の活動のクライマックスに至るまで、何かしら楽しい思いを味わった場合、報酬経路は「それで、満足したでしょ?」と思わせる感覚を与える。

報酬経路は体に取り込むものでも活性化できる。栄養、水分補給、食欲の緩和、エネルギー供給。これらに役立つ飲食物は、その利益をもたらす作用が報酬経路を誘発するので好ましいと認知される。たとえば、糖は体が手っ取り早く使えるエネルギーを提供するため、甘みのあるものは好ましいとされる。その時点での個人の状態も関係する。コップ一杯の水とパン一切れは通常もっとも控えめな食事と思われるが、数ヶ月ものあいだ海上を漂ったあげくようやく浜に流れ着いた人にとっては神々しい美味きわまる食べもののはずである。

これらのほとんどは、脳が好ましいものだと認め、そこで報酬感覚を承認し、体内の反応を引き起こすことで「間接的」に報酬経路を活性化させる。ドラッグが有利で危険なものであるのは、報酬経路を「直接的」に活性化できるところである。「脳が認める身体上の好ましい効果がある」という面倒な手続きすべてが省略される。銀行員が「口座番号」や「身分証明書」などのつまらない詳細を無視して現金の袋を手渡すようなものだろう。どうすればそんなことが起こるのであろうか?

第二章では、ニューロンが特定の神経伝達物質、たとえばノルアドレナリン、アセチルコリン、ドーパミン、セロトニンなどを介して互いに情報交換する仕組みについて論じた。これらの仕事は、神経回路や回路網のニューロン間で信号を伝えることである。ニューロンはそれらをシナプス(ニューロン間の専用の「間隙」で、情報交換される場所)に向けて放出する。特定の錠を開ける特定の鍵と同様に、そこではそれぞれ専用の受容体と相互作用する。情報伝達物質が情報交換する受容体の性質と種類は、結果として生じる活動を決定する。興奮性ニューロンで、照明をパチッと点けたように脳の他の領域を活性化させるものもあれば、抑制性ニューロンで、関連領域の活動を減退、停止させるものもある。

しかし、これらの受容体が期待通りに特定の神経伝達物質に「忠実」ではなかったとしたらどうなるのであろうか。もし他の化学物質が神経伝達物質を模倣し、それがないまま特定の受容体を活性化させせたとしたらどうなるのか？　これが可能だとすれば、私たちはそのような化学物質を巧みに扱い人工的に脳の活動を操作できる。わかったことは、それができるということで、私たちは頻繁にそれを行っている。

数多くの薬物は、特定の細胞受容体と相互作用する化学物質である。作動薬は受容体を活性化させ、活動を誘発する。たとえば、低心拍や不整脈の治療に用いられる薬物にはしばしば、心臓の活動を調節するアドレナリンに似た物質が含まれる。拮抗薬は受容体を占有するが、活動を誘発することはなく、それらを「ブロック」し、本来の神経伝達物質がそれらを活性化させないようにする。要はエレベーターのドアに挟まったスーツケースみたいなものだろう。抗精神病薬は特定のドーパミン受容体をブロックして作用するのが典型だが、それは異常なドーパミン活性が精神病の徴候に関連づけられているからである。

もし私たちが何ら行動を起こすことなく、化学物質が「人工的」に報酬経路を活発にすることができたらどうか？　それはおそらく大人気となるだろう。実際ものすごい人気で、人びとは躍起になってそれらを得ようとしている。これはまさに、ほぼすべての薬物乱用で起きている現実である。

私たちの行動に伴う有益なものごとの驚異的な多様性を考えると、報酬経路には驚くほど多様多種な接続と受容体があり、つまりは同じくらい多様多種な物質の作用を受けやすいということである。コカイン、ヘロイン、ニコチン、アンフェタミン、さらにはアルコール――これらはすべて報酬経路の活動を高め、未承認とはいえ確かな快楽を誘発する。報酬経路そのものは、その作用と処理すべてにドーパミンを使用する。結果として、多くの研究が示すように、薬物乱用はつねに報酬経路のドーパミン伝達を増加させる。これが彼らを「楽しませる」要素である——特にドーパミンの作用を模倣したドラック（コカインなど）[18]。

人間の優れた脳がもたらす知的能力のおかげで、私たちは何かが快楽を誘発していると即座に感知し、もっとそれが要ると即座に判断し、それを得る手段を即座に編み出すことができる。うまい具合に、そういった基本的衝動、「いい気持ちだわ。もっとたくさんちょうだい」を和らげ、ねじ伏せる、より高度な脳領域もある。このような衝動制御拠点についてはまだ完全に理解されてはいないが、その他の複雑な認知機能と同様に、前頭前皮質に位置する可能性がきわめて高い[19]。それはともかくとして、衝動制御のはたらきにより、過剰にならないよう制限し、純粋な快楽主義に突き進むのは総体的によくないと認識できる。

ここでのもう一つの要因は脳の可塑性と順応性である。ドラッグが特定の受容体の過剰な活動を引き起こしていたとすればどうなるのか？　脳はそれらの受容体が活性化する細胞の活動を抑える、受容体を閉じる、あるいは反応の誘発に必要となる受容体の数を倍増させるなど、活動が「正常」の水準に戻るような手段でもってこれに応じる。これらの処理は自動で行われ、そこではドラッグと神経伝達物資の区別はない。

大規模なコンサートを主催する都市を考えていただきたい。市内のすべては日常の活動を維持するための対策が取られる。いきなり数千人もの興奮した群衆が押しかけ、動きは一挙に騒然となるのだ。その対応として、当局は常駐の警官と警備員を増やし、道路を封鎖する。バスは運行本数を増やし、バーは早くから遅くまで営業するなどの策が講じられる。興奮しやすいコンサートの観客はドラッグで、脳が都市である。過剰な活動とその防御が始まる。これが「耐性」で、脳はドラッグに順応し、そうなるとドラッグはもはや同じ効き目をもたらさない。

問題なのは、（報酬経路の）活動を増やすことがドラッグの核心であり、もし脳がこれに順応して防御するようになれば、解決策は一つしかない。ドラッグ増量。同じ感覚を得るには用量を増やす必要があるだろう？　そうしてそれが使用量となる。すると脳はそれに順応し、したがってさらに用量を増やさなければならなくなる。すると脳はまたしてもそれに順応し、だからまた、と続いていく。すぐに脳と体はドラッグにかなりの耐性をもつようになり、一度もドラッグを試したことがない人を合法的に殺せるほどの量を摂取し始めるが、そこからは得られるのは、のめり込むきっかけとなった最初と同じ快感だけである。

これがドラッグを断つ、「きっぱり止める」のが非常に難しい理由の一つである。ドラッグを長く常用していた場合、それは意志や規律といった単純な問題ではなくなる。脳と体はすでにドラッグに慣れきっているため、体がそれを摂取するよう変化している。いきなりドラッグを断てば深刻な結果をもたらす。ヘロインやその他のアヘン剤はまさにこの好例である。

アヘン剤は、脳のエンドルフィン（生得の鎮痛薬で、快楽を誘発する情報伝達物質）と疼痛管理システムを刺激して一般的な水準の痛みを抑える強力な鎮痛薬で、強い多幸感をもたらす。残念ながら、痛みの存在には理由（怪我や障害を知らせる）があるので、脳はアヘン剤に誘発されたハイ状態の快楽の中を突き進むため、疼痛管理システムの効力を高めて対応する。そのため使用者は、疼痛管理システムを再度停止させるためにさらに多くのアヘン剤を摂取し、そして脳はさらに疼痛管理システムの効力を強化する、と繰り返される。

そんなときにドラッグがなくなる。このうえない平穏と安らぎをもたらしてくれるものはもうない。残されているのは「最高感度の疼痛管理システム！」。彼らの疼痛管理システムの作用はアヘン剤の恍惚感を蹴散らすほど強化されているため、ドラッグに浸されていない脳であれば煩悶し、それは退薬のときのドラッグ常用者らも同じである。ドラッグに影響された他の体内システムも同様に変化させられる。これが薬を断つのが非常に難しく、また真に危険な理由である。

ドラッグがもたらすこのような身体的な変化だけでも悲惨である。悲しいかな、脳の変化は行動をも変える。ドラッグ使用につきものの多くの不快な影響や渇望は、理屈からしてその使用をやめさせるのに充分なはずだと思わせるであろう。しかし、「理屈」はドラッグ使用において最初に犠牲になるものの一つである。脳の一部は耐性をつくって通常の機能を維持しようとするかもしれないが、脳は非常に多様なので、同時に別の領域がドラッグを確実に摂取させようとする。たとえば耐性とは逆の作用をもたらす場合もあり、ドラッグ常用者は順応システムが抑制されることでドラッグの効果に敏感になり[20]、したがってドラッグがより効き目を表し、なおいっそう求めずにはいられなくさせる。これが中毒へと結びつく一つの要因である。*

他にもある。報酬経路と扁桃体のあいだの情報交換は、ドラッグにかかわるあらゆるもの、いわゆる「薬物関連刺激」に強い感情反応を起こさせる[22]。決まったパイプ、注射器、ライター、薬物のにおい、これらすべてがそれ自体で気持ちを高ぶらせ、刺激を与える。つまり麻薬常用者は、ドラッグの効果をそれに関連するものからも直接感じられるのである。

ヘロイン中毒者には別のおぞましい事例がある。ヘロイン中毒の治療薬の一つにメタドンがある。異なるアヘン剤で同様の（だが弱い）効果をもたらし、論理上、使用者はいきなり退薬するのではなく徐々に薬を断つことができる。メタドンは飲み薬でのみ処方され（見た目は怪しげな緑色の咳止めシロップ）、かたやヘロインは通常注射である。しかし、脳がヘロインの注射と効果とを非常に強く結びつけているため、注射の行為が恍惚感をもたらす。そのため中毒者は、メタドンを飲むふりをして、あとからそれを注射器の中に吐き出して注射することがわかっている。[23]これはものすごく危険な行為だが（衛生面からだけにしても）、ドラッグで脳が歪められると、ドラッグそのものと同じくらいそれを摂取する方法が重要になる。

ドラッグで報酬経路がつねに刺激されていることで、合理的に考え行動する能力も変化する。報酬経路と前頭前皮質のあいだの重要な意識的判断が下される領域が改変されるため、ドラッグを得るための行動が、通常、より重要なこと（仕事を続ける、法を遵守する、シャワーを浴びるなど）よりも優先される。反対に、ドラッグの負の帰結（逮捕される、針の共有で悪質な病気に冒される、友人や家族を遠ざけるなど）は、悩みや苦しみの観点からすればむしろ抑制される。ゆえに中毒者は、世俗的な所有物をいっさい失

＊念のため、ドラッグ以外のものでも中毒になる。買い物やビデオゲームを始め、報酬経路を通常の水準以上に活性化するものなら何でもありえる。中でもギャンブル中毒は特にたちが悪い。たいした努力もせずに大金を稼げればかなりの満足感を味わえるが、この中毒から脱するのは非常に難しい。通常、報酬のない長い期間が含まれることで脳はそれを期待しなくなるが、ギャンブルでは長期にわたり勝ちがないのは「通常」で、金を失うのも同様である。[21]それだけに、ギャンブル中毒者にギャンブルはよくないと納得させるのは難しい。そもそも彼らはそれを充分認識しているのである。

おうとも平然と肩をすくめ、次のドラッグを得ようと繰り返しその肌を危険にさらすのである。

たぶんもっとも懸念されるのは、過剰な薬物使用により、前頭前皮質と衝動抑制領域の活動が抑制されるという点である。脳のとある領域が言う。「それをやるな」「バカげてる」「後悔するぞ」云々。それらの影響力は弱まる。自由意志とは、人間の脳のなせるもっとも意味深い偉業の一つかもしれないが、快感のじゃまになるとすればどかねばならないだろう。[24]

悪いニュースは続く。このようなドラッグが及ぼす脳の変化や築かれた関連づけのすべては、ドラッグの使用を止めても消えない。「使われない」だけなのである。ある程度は消えゆくにしても残留し、どれほど長期間断とうが、ふたたび彼らがドラッグを経験すればやはりそこに存在するものなのである。したがって逆戻りするのはいとも容易く、大きな問題となっている。

どうして麻薬を常用するに至ったのかはそれこそ人さまざまである。殺伐した貧困地域に暮らし、現実生活からの唯一の逃避がドラッグなのかもしれない。未診断の精神障害を患っていて、日々感じている問題を緩和するためにドラッグを試すという「自己治療」に行き着いたのかもしれない。ドラッグ使用の遺伝的要素があり、脳の衝動を抑制する領域が発達しきれていない、あるいは能力不足という可能性も考えられている。[25]その領域は誰にでもあり、新しい経験を試す機会が与えられたときに「起こりえる最悪の事態は何でしょう?」と問いかける。悲しいかな、中には実際に起こりえる事態を適切に説明する脳の領域が足りない人もいる。これがドラッグに手を出しても大多数は変わらずに抜け出せるのに、最初の注射ではまり込んでしまう人がいる理由である。

それに至った原因や当初の判断はともかく、中毒は非難や断罪されるべき失態などではなく、治療されるべき症状だということは専門家により認められている。過剰なドラッグ使用は脳に驚異的な変化をもたらし、その多くは相互にせめぎ合う。ドラッグは脳を自らと敵対させ、長期の消耗戦にもちこんでいるようで、そこでは生活が戦いの場となる。これは自身へ行うには最悪の仕打ちだが、ドラッグのせいでそんなことは意に介さない。

これがドラッグに浸されたあなたの脳である。卵でこれらすべてを伝えるのは、どう考えても、やはりかなり難しい。

現実はいずれにせよ過大評価される（幻覚、妄想、それらを引き起こす脳のはたらき）

メンタルヘルス問題でもっともよくある症状の一つは、現実かそうでないかを判断する能力が損なわれる精神病である。そしてこれの発現でもっとも多いのが、行動障害や思考障害に加え、幻覚（実際にそこにないものを認知する）と妄想（明らかに事実に反するものを完全に信じ込む）である。こうしたことが起きると思うだけで心底動揺する。なのに現実そのものがわからない状態で、どうやってそれに対処しろというのだろうか？

困ったことに、現実を把握する能力と同じように不可欠なものごとを処理する神経システムは、悩ましいほど脆い。本章でこれまでに網羅してきたすべて——うつ病、ドラッグとアルコール、ストレスと神経衰弱——は、やがては酷使された脳内で幻覚や妄想を引き起こしかねない。それらを誘発するものは他にもたくさんある。認知症、パーキンソン病、双極性障害、睡眠不足、脳腫瘍、ＨＩＶ、梅毒、ライム病、多発性硬化症、異常な低血糖値、アルコール、大麻、アンフェタミン、ケタミン、コカイン、他多数。一部の症状は精神病とほぼ同義で「精神障害」として知られ、その代表格は統合失調症（精神分裂病）である。明確にすると、精神分裂病は人格の分裂ではない。その名にある「分裂」は、どちらかと言えば個人と現実のあいだを指す。

精神病は、触れられていないのに触れられたように感じたり、そこに存在しない味やにおいを感じたりすることが多く、もっともよく見られるのは聴覚の幻覚、いわゆる「声が聞こえる」現象である。このタイプの幻覚にはいつくかの分類がある。

一人称の幻聴（まるで他人が話しているように自分自身の考えが「聞こえる」）、二人称の幻聴（自分に向かって話しかけてくる別個の声が聞こえる）、三人称の幻聴（自分の行動を実況解説する、自分について話す二人以上の声が聞こえる）。その声は男にも女にも、聞き覚えのあるものにもないものにも、親しげにも冷淡にもなりえる。もしその最後のものであれば（それが典型）、「軽蔑的」幻聴とされる。幻聴の性質は診断に役立つ。たとえば、軽蔑的三人称の執拗な幻聴は統合失調症の確かな指標である。[26]

いったいこれはどのように起きるのであろうか？　幻覚の研究はやっかいである。なにせ実験室でタイミングよく幻覚を経験する被験者がいなければならない。幻覚はふつう予測できず、意のままにそれをオンオフできれば問題とはならないだろう。それはともかくとして、統合失調症の患者が経験する、非常に執拗な幻聴を主にした研究が多数実施されている。

幻覚が起きる経緯についてのもっとも多い説は、脳が外界から生成された神経活動と、内的に生成された神経活動とを識別する複雑な処理に焦点をあてたものである。脳はつねにしゃべり、考え、沈思黙考し、心配し、他さまざまなことをしている。これらはすべて脳内の活動を引き起こす（もしくは脳内の活動によって引き起こされる）。

脳はたいてい、受信メールと送信メールを個々のフォルダーに保管するように、内的活動から外的活動（感覚情報により生成されるもの）をかなりうまく分類できる。この能力が損なわれたときに幻覚が起きるというのが理論である。すべての電子メールをうっかり同じフォルダーにまとめて入れてしまったら、それがいかに混乱を生むかおわかりいただけるだろう。それが自分の脳の機能で起きたと考えてみていただきたい。

そうなれば脳はどれが内的活動でどれが外的活動なのかわからなくなり、そのような状況に脳はうまく対処できない。これは目隠ししてリンゴとジャガイモを食べると味の違いがわからないという第五章の説明の通りである。ちなみにそれは「正常」に機能している脳の話である。幻覚の場合、内的あるいは外的活動を区別する脳のシステムが（たとえれば）目隠しされた状態にある。だから内的な独り言を実際に人が話しているものとして認知してしまうのだが、それは内的な黙想と話し言葉を聞くことが聴覚皮質および関連する言語処理領域を活性化するからである。現に数々の研究から、執拗な第三者の幻聴は、それらの領域の灰白質量の減少と一致することが示されている[27]。灰白質がすべての処理を行うため、これから内的および外的に生成される神経活動の識別能力の低下が示唆される。

このエビデンスの出所は意外なところで、くすぐったい感覚である。ほとんどの人は自分をくすぐることができない。なぜできない？　誰にくすぐられてもくすぐったい感覚は同じはずだが、自らをくすすぐるときは、自分側の意識的選択と行為が伴い、それには神経活動が必要となる。したがって脳はそれを内的に生成されたものとして認知するため、異なる処理がなされる。脳はくすぐったさを検知するが、それは内的意識の活動により事前に通知ずみなので無視される。そのようなものとして、脳の内的および外的活動の識別能力を示す有用な事例になる。ロンドン大学認知神経科学研究所のサラ＝ジェイン・ブレークモア教授たちチームは、精神病患者の自らをくすぐる能力を調べた。[28] そして幻覚を経験している患者は、経験していない患者とくらべ、自らのくすぐりにずっと敏感であり、内的および外的刺激を区別する能力が損なわれているらしいことを突き止めた。

興味深い（欠点がないわけではない）アプローチだが、自分自身をくすぐれるからといって本人が精神病だとは限らないことにご注意いただきたい。人はそれぞれに大きく異なる。わたしの妻の大学時代のクラスメイトは自らをくすぐることができたが、精神的な問題はこれまでいっさいない。彼は飛び抜けて背が高いので、もしかするとくすぐられた場所から脳まで神経信号が届くのに非常に時間がかかり、それがどうやって生じたのか忘れてしまうだけかもしれないではないか？*

神経画像検査により、幻覚が一般的に生じる仕組みについての新しい説がまた提唱されている。入手可能なエビデンスを徹底的に調べたポール・アレン博士たちの二〇〇八年発表のレビューでは、[29] 複雑きわまる（しかし驚くほど論理的な）仕組みが示されている。

ご想像に違わず、外的発生か内的発生かを区別する脳の能力は複数の領域の協働作用からもたらされる。主に視床からなる基本的な皮質下領域がかかわり、そこが感覚からのありのままの情報を提供する。これが最終的に、感覚処理に関与する異なる領域すべての総称である感覚皮質に行き着く（視覚にかかわる後頭葉、側頭葉の聴覚と嗅覚処理領域、その他もろもろ）。それはしばしば一次感覚皮質と二次感覚皮質とに細分化される。一次感覚皮質は刺激のありのままの特徴を処理し、二次感覚皮質はより細かい部分と認知過程を処理する（たとえば、一次感覚皮質は特定の線や輪郭や色を認知し、二次感覚皮質は、これらすべてを近づいてくる一台のバスとして認知する。よってどちらも重要である）。

感覚皮質とつながっているのは、前頭前皮質（判断やより高度な機能、思考）、運動前野（意識的な動きの生成と統括）、小脳（運動の微調整と維持）、および同様の機能をもつ領域である。これらの領域は総じて意識的な行動を判断する役割を担い、くすぐったい感覚の例のように、どの活動が内的に生成されたかの判断に必要とされる情報を提供する。海馬と扁桃体も記憶と感情を取り込んでおり、よってわたしたちは知覚しているものを記憶し、それにふさわしい反応ができる。

これらの相互接続された脳領域間の活動が頭蓋骨の中の世界から外界を切り離すための能力を維持する。その接続が脳に影響を及ぼす何らかのものによって変えられたときに幻覚が起きる。活発化した二次感覚皮質の活動とは、つまり内的処理によって生成された信号がさらに強まり、影響力も高まるということである。前頭前皮質や運動前野などにつながる領域からの活動の低下により、脳は内的に生成された情報を認識できなくなる。これらの領域は、外的および内的検出システムを監視し、本来の感覚情報がそれとして処理されるのを確実にする役目を担うとも考えられている。したがってこれらの領域と

＊これはぜったいありえない。学生時代に追い詰められてこの理論にたどりついた。当時の私はいまよりはるかに傲慢で、何かを知らないことを認めるよりも、ばかばかしい現実離れした推論を展開したがっていたのである。

の接続が損なわれていると、内的に生成された情報が実際のものとして「認知」されやすくなる。[30]

このすべてが結びついて幻覚を引き起こす。高価なティーセットを購入し、それを幼い子どもにもたせて店を出たとき、「なんてバカなことをしたのかしら」と心の中でつぶやく。これはふつう内的観察として処理される。しかし、もし脳がそれを前頭前皮質からだと認知できなかったとすれば、言語処理領域でそれが引き起こす活動は、話されたものとして認知されることもありえる。非定型的な扁桃体の活動は、この感情的結びつきが弱まらないということであり、したがって非常に批判的な声を「聞く」羽目になる。

感覚皮質はあらゆるものを処理し、内的活動は何にでも関係するので、幻覚はすべての感覚で起きる。脳は、よくわからないままにこの異常な活動すべてを認知処理に組み入れるため、結局そこには存在しない憂慮すべき非現実的なものを認知する。現実と非現実のものの認知を担うのがこれほど広範なシステム網であるため、間違いなくさまざまな要因で傷つきやすく、ゆえに精神病の幻覚が頻繁に生じる。

妄想、明らかに事実に反するものに対する誤った思い込みは、また別のよくある精神病の特徴であり、これも現実と非現実とを識別する能力の障害を示す。妄想にはさまざまな形があり、たとえば自らを現実よりもはるかに大物であると確信する誇大妄想（靴屋ではたらくパート店員ではなく、世界を率いるビジネスの天才だと信じる）や、執拗に迫害されていると信じる（より一般的な）被害妄想がある（出会う人はみな自分を誘拐する陰謀に加担している）。

妄想は幻覚と同じように多彩で奇妙だが、往々にしてはるかに強固である。それは「定着」する傾向にあり、加えて矛盾する証拠を示されても堅持される。妄想を抱く人にすべての人が罠にはめようと狙っているわけではないと納得させることより、聞こえている声は現実ではないと納得させるほうが簡単だろう。妄想は内的および外的活動の制御というより、むしろ起こっていることと、起こるべきことを解釈する脳のシステムに起因すると考えられている。

脳は絶えず与えられた時間内に情報を処理しなければならず、これを効率的に行うため、世の中がどのように機能するかというメンタルモデルを保持している。信念、経験、期待、前定、予測――これらはすべて、常時更新されるものごとの起きる仕組みの一般的理解に統合され、よって私たちは、逐一解釈し直さなくても期待すべきことや然るべき反応がわかる。結果として、世の中の出来事にいちいち驚いたりはしない。

通りを歩いていて一台のバスがあなたの横に止まった。これに驚かないのは、世の中についてのあなたのメンタルモデルがバス運行の仕組みを認識し理解しているからである。バスが乗客を乗り降りさせるために停車するのを知っているため、この出来事を無視する。しかし、もしバスがあなたの家の外に停車し動かなかったとすれば、これは典型から外れる。あなたの脳はいまや知らない新たな情報に接し、世の中についてのメンタルモデルを更新して維持するために意味づけしなければならない。

そこであなたは調査を行い、バスの故障であることを突き止める。しかし、それが判明する前に、他の多くの仮説が頭をよぎっているはずである。バスの運転手があなたを監視している？　誰かがあなたにバスを買ってくれた？　知らぬまに自宅がバスの車庫に指定されていた？　脳はこうしたいろいろな説明を思いつくが、ものごとの仕組みの既存のメンタルモデルに基づき、それらをほぼありえないと認め、よってそれらは却下される。

妄想は、このシステムが変調をきたしたときである。よく知られる一つはカプグラ妄想で、身近な誰か（配偶者、親、きょうだい、友人、ペット）がうり二つの偽者に入れ替わっていると信じ込む。[31] 通常、愛する人を目にすれば、そこからさまざまな記憶や感情が呼び覚まされる。愛情、慈愛、愛着、苛立ち、あるいはうっぷん（つき合いの長さ次第）。

しかし、もしあなたがパートナーを見てもいつもの感情的な結びつきをいっさい感じなかったらどうでしょう？　前頭葉領域が傷つくとそうなる可能性がある。脳はこれまでのさまざまな記憶や経験に基づき、パートナーの姿に強い感情的反応を期待するが、それは起きない。これは不確実な状態をもたらす。あの人は長年連れ添った私のパートナー。あたしにはその長年連れ添ったパートナーへのさまざまな想いがあるのに、いまは想いを何も感じない。どうして？　この矛盾を解消する一つの手段は、相手を自分のパートナーではない、うり二つの偽者だと結論づけることである。この結論のおかげで脳は経験している不調和を一致させることができ、したがって不確実な状態を終わらせることができる。これがカプグラ妄想である。

問題なのは、それが明らかに誤りでも、当人の脳がそうとは認知しないことである。パートナーが本物であるという客観的証拠は、感情的な結びつきがない事態を悪化させるだけで、それなら相手を詐欺師と結論づけるほうがずっと「安心」できる。それゆえ妄想は、証拠を突きつけられても堅持されるのである。

これが一般的な妄想の根底にあると考えられている基本的な過程である。脳があることが起きると期待し、それとは違うことが起きていると認知した場合、期待と出来事が一致せず、その不一致の解決策を見つけ出す必要に迫られる。もし解決策がバカげた、およそありえない推断に頼るようになると、問題として現れてくる。

傷つきやすい脳のシステムをかき乱すさまざまなストレスや要因のおかげで、普段なら問題とされない、無関係として片づけられるものごとがはるかに重要なものとして処理されることになる。妄想自体は、むしろそれをもたらした問題の本質を示唆する。[32] たとえば過度な不安や猜疑心は、脅威検知システムやその他の防御システムが原因もわからず起動されているためである。よって脳はその得体の知れない脅威の源を見つけ出すことでこれの矛盾を解消しようとし、かくして無害な行為（店ですれ違った相手がぶつぶつ独り言をつぶやいていたなど）を不審がり脅威と受け止め、自分に対する謎に満ちた陰謀という妄想をわき上がらせる。うつ病はいかんともし難い気分の落ち込みを引き起こし、そうなるとささいな否定的体験のすべて（たとえば、あなたが隣についたとたんに席をたつ人がいたなど）が意味をもち始め、自分が嫌な奴だからみんなにひどく嫌われると受け止められ、そうして妄想がわき起こる。

世の中の仕組みのメンタルモデルに合致しないことは、たいてい軽視されるか抑えつけられる。それらは私たちの期待や予測に合わず、一番都合のよい解釈はそれを誤りとすることで、そうすれば無視できる。エイリアンなどは存在しないと信じていれば、UFOを見た、拉致されたと言い張る人はみな狂ったバカとして退ける。他人の主張はあなたの信じていることが誤りであるという証明にはならない。これはある程度まではあてはまるが、その後エイリアンに拉致されて徹底的に調べられたとすれば、あなたの結論は変わる可能性が高い。しかし、妄想状態では、持論にそぐわない経験は、正常な状態のときよりもさらに抑えつけられる。

原因となる神経システムについての現在の説は、脳領域の別の広範囲な神経網（頭頂葉領域、前頭前皮質、側頭回、線条体、扁桃体、小脳、中脳皮質辺縁系領域など）に起因するという、驚異的に複雑な組み合わせを提唱する。[33] それ以外にも、妄想に陥りやすい人は、興奮性（より活動を引き起こす）神経伝達物質のグルタミン酸が過剰であることを示すエビデンスもあり、無害の刺激が過度に意味をもつようになるのはこれが原因とも考えられる。[34] 活動が激しすぎるのも神経資源を使い果たし、神経の可塑性を減退させるので、脳は影響を受ける領域を変えることも順応させることもできなくなり、ここでも妄想をさらに持続させる。

重要説明事項：本章は、脳の処理による混乱や問題から引き起こされる幻覚と妄想に焦点をあてているため、脳の処理だけが障害や疾患の原因のように読み取れますが、それは違います。地球は誕生してから六千年しか経っておらず、恐竜など存在しなかったと信じる相手を「妄想に取り憑かれている」と考えるかもしれないが、何百万という人びとが心からこれを信じている。同様に、亡くなった肉親が自分に語りかけてくると心から信じている人もいる。彼らは病気なのであろうか？　悲嘆に暮れているのであろうか？　対処機構なのであろうか？　心霊術の類なのであろうか？　「欠陥のあるメンタルヘルス」以外にもさまざまな解釈が成り立つのである。

人間の脳は経験に基づいて現実とそうでないものを判断する。もし客観的に不可能なことを当然と考える環境の中で成長した場合、脳はそれらが正常であると結論づけ、それに従ってすべてを判断する。極端な信念体系の中で育っていなくても、人は影響を受けやすい——第七章で説明した「公正な世界」バイアスは信じられないほど一般的で、そしてしばしば、苦境にある人びとに対する誤った結論や思い込み、憶測を招く。

そういうわけで、非現実的な信念が妄想に分類されるは、その人のもつ既存の信念体系と認識が一致しないときに限られる。アメリカのキリスト教篤信地帯《バイブルベルト》の敬けんな福音伝道者が神の声を聞けると言っても、その経験は妄想とは考えられない。イングランド北部サンダーランド出身の不可知論者である見習い会計士が神の声を聞けると言ったらどうであろうか？　むろん彼女は妄想に陥っているとされるだろう。脳は私たちに現実世界の感動的なまでの認識を授けるが、本書の中で繰り返し考察してきたように、脳の側からすれば、この認識の多くは予測、推測、ときにはまったくの憶測に基づく。脳のものごとの進め方に影響しかねないあらゆる可能性を考えれば、そのような処理が少し歪んだ状態になるだろうことは容易に想像がつく。「正常」というものが根本的事実というよりむしろ一般的合意であることを考えれば特にそうである。人間が何でもやってしまうことには、まったくもって驚くばかりである。

それは人間が実際に何かをやっていたらの話である。ひょっとしてただ自らを安心させたいがためだけにそう言い聞かせているのではないだろうか？　ひょっとして何も現実ではないのではないだろうか？　ひょっとして本書すべてが妄想の産物なのではないだろうか？　すべてのものごとが予測通りであれば——そうでないことを願うが——もしそうであれば、私は膨大な時間と労力を無駄にしてしまったわけである。

あとがき

というわけで、これが脳である。すごいでしょ？　それでも、やっぱり、ちょっとざんねん。

謝辞

妻のバニタへ。わたしの新たなばかげた試みに、最小限のあきれ顔を見せただけで支えてくれたことに。

子どもたち、ミレンとカビータへ。わたしに本を書いてみたいという理由を与えてくれたうえに、その成功も失敗もわからないほど幼くいてくれることに。

両親へ。あなたたちのその存在なしにはわたしはこれをなし遂げることもできなかった。いや、それを思えば、まったく何もできなかった。

サイモンへ。わたしがひどく没頭しすぎるときには必ず、これが結局はゴミ箱行きになるかもしれないことを思い出させてくれるよき友人であってくれたことに。

エージェントであるGreene and Heato社のクリスへ。その絶え間ない努力と、特に最初に連絡をくれて、「本を書こうと思ったことがおありですか?」と訊いてくれたことに。その時点まで考えたこともなかったから。

編集者のローラへ。そのすべての努力と忍耐に、とりわけ「あなたは脳神経科学者です。脳について書くべきですよ」と、それがもっともだと悟るまで繰り返し説得してくれたことに。

Guardian Faberのジョン、リサ、それから他のすべてのメンバーへ。わたしのともすれば挫けがちな試みを、ほんとうに人びとが読んでみたいと思ってくれるようなものに変えてくれたことに。

「ガーディアン」紙のジェイムズ、タッシュ、セリーヌ、クリス、そしてさらに何人かのジェームズに。

事務的な手違いとのわたしの確信にもかかわらず、貴紙に寄稿する機会を与えてくれたことに。

本書を執筆中、支援や助力を惜しまずに、また欠くことのできない気晴らしを提供してくれたその他すべての友人や家族に。

そしてあなた。あなた方すべて。これは厳密な意味において、ことごとくあなた方のせいである。

参考文献

第1章　マインドがコントロールする

1 S. B. Chapman et al., 'Shorter term aerobic exercise improves brain, cognition, and cardiovascular fitness in aging', *Frontiers in Aging Neuroscience*, 2013, vol. 5

2 V. Dietz, 'Spinal cord pattern generators for locomotion', *Clinical Neurophysiology*, 2003, 114(8), pp. 1379–89

3 S. M. Ebenholtz, M. M. Cohen and B. J. Linder, 'The possible role of nystagmus in motion sickness: A hypothesis', *Aviation, Space, and Environmental Medicine*, 1994, 65(11), pp. 1032–5

4 R. Wrangham, *Catching Fire: How Cooking Made Us Human*, Basic Books, 2009

5 'Two Shakes-a-Day Diet Plan – Lose weight and keep it off', http://www.nutritionexpress. com/article+index/diet+weight+ loss/diet+plans+tips/showarticle. aspx?id=1904 (accessed September 2015)

6 M. Mosley, 'The second brain in our stomachs', http://www.bbc.co.uk/news/health-18779997 (accessed September 2015)

7 A. D. Milner and M. A. Goodale, *The Visual Brain in Action*, Oxford University Press, (Oxford Psychology Series no. 27), 1995

8 R. M. Weiler, 'Olfaction and taste', *Journal of Health Education*, 1999, 30(1), pp. 52–3

9 T. C. Adam and E. S. Epel, 'Stress, eating and the reward system', *Physiology & Behavior*, 2007, 91(4), pp. 449–58

10 S. Iwanir et al., 'The microarchitecture of C. elegans behavior during lethargus: Homeostatic bout dynamics, a typical body posture, and regulation by a central neuron', *Sleep*, 2013, 36(3), p. 385

11 A. Rechtschaffen et al., 'Physiological correlates of prolonged sleep deprivation in rats', *Science*, 1983, 221(4606), pp. 182–4

12 G. Tononi and C. Cirelli, 'Perchance to prune', *Scientific American*, 2013, 309(2), pp. 34–9

13 N. Gujar et al., 'Sleep deprivation amplifies reactivity of brain reward networks, biasing the appraisal of positive emotional experiences', *Journal of Neuroscience*, 2011, 31(12), pp. 4466–74

14 J. M. Siegel, 'Sleep viewed as a state of adaptive inactivity', *Nature Reviews Neuroscience*, 2009, 10(10), pp. 747–53

15 C. M. Worthman and M. K. Melby, 'Toward a comparative developmental ecology of human sleep', in M. A. Carskadon (ed.), *Adolescent Sleep Patterns*, Cambridge University Press, 2002, pp. 69–117

16 S. Daan, B. M. Barnes and A. M. Strijkstra, 'Warming up for sleep?– Ground squirrels sleep during arousals from hibernation', *Neuro- science Letters*, 1991, 128(2), pp. 265–8

17 J. Lipton and S. Kothare, 'Sleep and Its Disorders in Childhood', in A. E. Elzouki (ed.), *Textbook of Clinical Pediatrics*, Springer, 2012, pp. 3363–77

18 P. L. Brooks and J. H. Peever, 'Identification of the transmitter and receptor mechanisms responsible for REM sleep paralysis', *Journal of Neuroscience*, 2012, 32(29), pp. 9785–95

19 H. S. Driver and C. M. Shapiro, 'ABC of sleep disorders. Parasomnias', *British Medical Journal*, 1993, 306(6882), pp. 921–4

20 '5 Other Disastrous Accidents Related To Sleep Deprivation', http://www.huffingtonpost.com/ 2013/12/03/sleep-deprivation- acci- dents-disasters_n_4380349.html (accessed September 2015)

21 M. Steriade, *Thalamus*, Wiley Online Library, [1997], 2003

22 M. Davis, 'The role of the amygdala in fear and anxiety' *Annual*

Review of Neuroscience, 1992, 15(1), pp. 353–75

23 A. S. Jansen et al., 'Central command neurons of the sympathetic nervous system: Basis of the fight-or-flight response', *Science*, 1995, 270(5236), pp. 644–6

24 J. P. Henry, 'Neuroendocrine patterns of emotional response', in R. Plutchik and H. Kellerman (eds), *Emotion: Theory, Research and Experience,* vol. 3: Biological Foundations of Emotion, Academic Press, 1986, pp. 37–60

25 F. E. R. Simons, X. Gu and K. J. Simons, 'Epinephrine absorption in adults: Intramuscular versus subcutaneous injection', *Journal of Allergy and Clinical Immunology,* 2001, 108(5), pp. 871–3

第二章 記憶の贈り物（レシートを取っておけ）

1 N. Cowan, 'The magical mystery four: How is working memory capacity limited, and why?' *Current Directions in Psychological Sci- ence*, 2010, 19(1): pp. 51–7

2 J. S. Nicolis and I. Tsuda, 'Chaotic dynamics of information process- ing: The " magic number seven plus-minus two " revisited', *Bulletin of Mathematical Biology*, 1985, 47(3), pp. 343–65

3 P. Burtis, P., 'Capacity increase and chunking in the development of short-term memory', *Journal of Experimental Child Psychology,* 1982, 34(3), pp. 387–413

4 C. E. Curtis and M. D'Esposito, 'Persistent activity in the prefrontal cortex during working memory', *Trends in Cognitive Sciences,* 2003, 7(9), pp. 415–23

5 E. R. Kandel and C. Pittenger, 'The past, the future and the biol- ogy of memory storage', *Philosophical Transactions of the Royal Society of London B: Biological Sciences*, 1999, 354(1392), pp.2027–52

6 D. R. Godden and A.D. Baddeley, 'Context – dependent memory in two natural environments: On land and underwater', *British Journal of Psychology,* 1975, 66(3), pp. 325–31

7 R. Blair, 'Facial expressions, their communicatory functions and neuro-cognitive substrates', *Philosophical Transactions of the Royal Society B: Biological Sciences*, 2003, 358(1431), pp. 561–72

8 R. N. Henson, 'Short-term memory for serial order: The start-end model', *Cognitive Psychology*, 1998, 36(2), pp. 73–137

9 W. Klimesch, *The Structure of Long-term Memory: A Connectivity Model of Semantic Processing*, Psychology Press, 2013

10 K. Okada, K. L. Vilberg and M. D. Rugg, 'Comparison of the neural correlates of retrieval success in tests of cued recall and recognition memory', *Human Brain Mapping*, 2012, 33(3), pp. 523–33

11 H. Eichenbaum, *The Cognitive Neuroscience of Memory: An Intro- duction,* Oxford University Press, 2011

12 E. E. Bouchery et al., 'Economic costs of excessive alcohol consump- tion in the US, 2006', *American Journal of Preventive Medicine*, 2011, 41(5), pp. 516–24

13 A. Ameer and R. R. Watson, 'The Psychological Synergistic Effects of Alcohol and Caffeine', in R. R. Watson et al., *Alcohol, Nutrition, and Health Consequences*, Springer, 2013, pp. 265–70

14 L. E. McGuigan, *Cognitive Effects of Alcohol Abuse: Awareness by Students and Practicing Speech-language Pathologists*, Wichita State University, 2013

15 T. R. McGee et al., 'Alcohol consumption by university students: Engagement in hazardous and delinquent behaviours and experi- ences of harm', in *The Stockholm Criminology Symposium 2012*, Swedish National Council for Crime Prevention, 2012

16 K. Poikolainen, K. Leppänen and E. Vuori, 'Alcohol sales and fatal alcohol poisonings: A time series analysis', *Addiction*, 2002, 97(8), pp. 1037–40

17 B. M. Jones and M. K. Jones, 'Alcohol and memory impairment in male and female social drinkers', in I. M. Bimbaum and E. S. Parker (eds) *Alcohol and Human Memory (PLE: Memory)*, 2014, 2, pp. 127–40

18 D. W. Goodwin, 'The alcoholic blackout and how to prevent it', in I. M. Bimbaum and E. S. Parker (eds) *Alcohol and Human Memory*, 2014, 2, pp. 177–83

19 H. Weingartner and D. L. Murphy, 'State-dependent storage and retrieval of experience while intoxicated', in I. M. Bimbaum and E. S. Parker (eds) *Alcohol and Human Memory (PLE: Memory)*, 2014, 2, pp. 159–75

20 J. Longrigg, *Greek Rational Medicine: Philosophy and Medicine from Alcmaeon to the Alexandrians,* Routledge, 2013

21 A. G. Greenwald, 'The totalitarian ego: Fabrication and revision of personal history', *American Psychologist*, 1980, 35(7), p. 603

22 U. Neisser, 'John Dean's memory: A case study', *Cognition*, 1981, 9(1), pp. 1–22

23 M. Mather and M. K. Johnson, 'Choice-supportive source monitoring: Do our decisions seem better to us as we age?', *Psychology and Aging*, 2000, 15(4), p. 596

24 *Learning and Motivation*, 2004, 45, pp. 175–214

25 C. A. Meissner and J. C. Brigham, 'Thirty years of investigating the own-race bias in memory for faces: A meta-analytic review', *Psychol- ogy, Public Policy, and Law*, 2001, 7(1), p. 3

26 U. Hoffrage, R. Hertwig and G. Gigerenzer, 'Hindsight bias: A by-product of knowledge updating?', *Journal of Experimental Psy- chology: Learning, Memory, and Cognition*, 2000, 26(3), p. 566

27 W. R. Walker and J. J. Skowronski, 'The fading affect bias: But what the hell is it for?', *Applied Cognitive Psychology*, 2009, 23(8), pp. 1122–36

28 J. Dębiec, D. E. Bush and J. E. LeDoux, 'Noradrenergic enhancement of reconsolidation in the amygdala impairs extinction of conditioned fear in rats – a possible mechanism for the persistence of traumatic memories in PTSD', *Depression and Anxiety*, 2011, 28(3), pp. 186–93

29 N. J. Roese and J. M. Olson, *What Might Have Been: The Social Psychology of Counterfactual Thinking*, Psychology Press, 2014

30 A. E. Wilson and M. Ross, 'From chump to champ: people's appraisals of their earlier and present selves', *Journal of Personality and Social Psychology*, 2001, 80(4), pp. 572–84

31 S. M. Kassin et al., 'On the " general acceptance" of eyewitness testi- mony research: A new survey of the experts', *American Psychologist,* 2001, 56(5), pp. 405–16

32 http://socialecology.uci.edu/ faculty/eloftus/ (accessed September 2015)

33 E. F. Loftus, 'The price of bad memories', Committee for the Scientific Investigation of Claims of the Paranormal, 1998

34 C. A. Morgan et al., 'Misinformation can influence memory for recently experienced, highly stressful events', *International Journal of Law and Psychiatry*, 2013, 36(1), pp. 11–17

35 B. P. Lucke-Wold et al., 'Linking traumatic brain injury to chronic traumatic encephalopathy: Identification of potential mechanisms leading to neurofibrillary tangle development', *Journal of Neuro- trauma*, 2014, 31(13), pp. 1129–38

36 S. Blum et al., 'Memory after silent stroke: Hippocampus and infarcts both matter', *Neurology*, 2012, 78(1), pp. 38–46

37 R. Hoare, 'The role of diencephalic pathology in human memory disorder', *Brain*, 1990, 113, pp. 1695–706

38 L. R. Squire, 'The legacy of patient HM for neuroscience', *Neuron*, 2009, 61(1), pp. 6–9

39 M. C. Duff et al., 'Hippocampal amnesia disrupts creative thinking', *Hippocampus*, 2013, 23(12), pp. 1143–9

40 P. S. Hogenkamp et al., 'Expected satiation after repeated consumption of low- or high-energy-dense soup', *British Journal of Nutrition*, 2012, 108(01), pp. 182–90

41 K. S. Graham and J. R. Hodges, 'Differentiating the roles of the hippocampus complex and the neocortex in long-term memory storage: Evidence from the study of semantic dementia and Alzheimer's dis- ease' , *Neuropsychology*, 1997, 11(1), pp. 77–89

42 E. Day et al., 'Thiamine for Wernicke-Korsakoff Syndrome in people at risk from alcohol abuse', *Cochrane Database of Systemic Reviews*, 2004, vol. 1

43 L. Mastin, 'Korsakoff's Syndrome. The Human Memory – Disorders 2010', http://www.human-memory.net/ disorders_korsakoffs.html (accessed September 2015)

44 P. Kennedy and A. Chaudhuri, 'Herpes simplex encephalitis', *Journal of Neurology, Neurosurgery & Psychiatry*, 2002, 73(3), pp. 237–8

第三章　恐怖　恐れることは何もない

1 H. Green et al., *Mental Health of Children and Young People in Great Britain, 2004*, Palgrave Macmillan, 2005

2 'In the Face of Fear: How fear and anxiety affect our health and society, and what we can do about it, 2009', http://www.mentalhealth.org.uk/publications/in-the-face- of-fear/ (accessed September 2015)

3 D. Aaronovitch and J. Langton, *Voodoo Histories: The Role of the Conspiracy Theory in Shaping Modern History*, Wiley Online Library, 2010

4 S. Fyfe et al., 'Apophenia, theory of mind and schizotypy: Perceiving meaning and intentionality in randomness', *Cortex*, 2008, 44(10), pp. 1316–25

5 H. L. Leonard, 'Superstitions: Developmental and Cultural Perspective', in R. L. Rapoport (ed.), *Obsessive-compulsive Disorder in Children and Adolescents*, American Psychiatric Press, 1989, pp. 289–309

6 H. M. Lefcourt, *Locus of Control: Current Trends in Theory and Research (2nd edn)*, Psychology Press, 2014

7 J. C. Pruessner et al., 'Self-esteem, locus of control, hippocampal volume, and cortisol regulation in young and old adulthood', *Neuroimage*, 2005, 28(4), pp. 815–26

8 J. T. O'Brien et al., 'A longitudinal study of hippocampal volume, cortisol levels, and cognition in older depressed subjects', *American Journal of Psychiatry*, 2004, 161(11), pp. 2081–90

9 M. Lindeman et al., 'Is it just a brick wall or a sign from the universe? An fMRI study of supernatural believers and skeptics', *Social Cognitive and Affective Neuroscience*, 2012, pp.943–9

10 A. Hampshire et al., 'The role of the right inferior frontal gyrus: inhibition and attentional control', *Neuroimage*, 2010, 50(3), pp. 1313–19

11 J. Davidson, 'Contesting stigma and contested emotions: Personal experience and public perception of specific phobias', *Social Science & Medicine*, 2005, 61(10), pp. 2155–64

12 V. F. Castellucci and E. R. Kandel, 'A quantal analysis of the synaptic depression underlying habituation of the gill-withdrawal reflex in Aplysia', *Proceedings of the National Academy of Sciences,* 1974, 71(12), pp. 5004–8

13 S. Mineka and M. Cook, 'Social learning and the acquisition of snake fear in monkeys', *Social Learning: Psychological and Biological Perspectives,* 1988, pp. 51–73

14 K. M. Mallan, O. V. Lipp and B. Cochrane, 'Slithering snakes, angry men and out-group members: What and whom are we evolved to fear?', *Cognition & Emotion,* 2013, 27(7), pp. 1168–80

15 M. Mori, K. F. MacDorman and N. Kageki, 'The uncanny valley [from the field]', *Robotics & Automation Magazine, IEEE,* 2012, 19(2), pp. 98–100

16 M. E. Bouton and R. C. Bolles, 'Contextual control of the extinction of conditioned fear', *Learning and Motivation,* 1979, 10(4), pp. 445–66

17 W. J. Magee et al., 'Agoraphobia, simple phobia, and social phobia in the National Comorbidity Survey', *Archives of General Psychiatry,* 1996, 53(2), pp. 159–68

18 L. H. A. Scheller, 'This Is What A Panic Attack Physically Feels Like', http://www.huffingtonpost.com/ 2014/10/21/panic-attack-feel- ing_n_5977998.html (accessed September 2015)

19 J. Knowles et al., 'Results of a genome − wide genetic screen for panic disorder', *American Journal of Medical Genetics,* 1998, 81(2), pp. 139–47

20 E. Witvrouw et al., 'Catastrophic thinking about pain as a predictor of length of hospital stay after total knee arthroplasty: a prospective study', *Knee Surgery, Sports Traumatology, Arthroscopy,* 2009, 17(10), pp. 1189–94

21 R. Lieb et al., 'Parental psychopathology, parenting styles, and the risk of social phobia in offspring: a prospective-longitudinal com- munity study', *Archives of General Psychiatry,* 2000, 57(9), pp. 859–66

22 J. Richer, 'Avoidance behavior, attachment and motivational conflict', *Early Child Development and Care,* 1993, 96(1), pp. 7–18

23 http://www.nhs.uk/conditions/ social-anxiety/Pages/Social- anxiety.aspx (accessed September 2015)

24 G. F. Koob, 'Drugs of abuse: anatomy, pharmacology and function of reward pathways', *Trends in Pharmacological Sciences,* 1992, 13, pp. 177–84

25 L. Reyes-Castro et al., 'Pre-and/or postnatal protein restriction in rats impairs learning and motivation in male offspring', *Interna- tional Journal of Developmental Neuroscience,* 2011, 29(2), pp. 177–82

26 W. Sluckin, D. Hargreaves and A. Colman, 'Novelty and human aesthetic preferences', *Exploration in Animals and Humans,* 1983, pp. 245–69

27 B. C. Wittmann et al., 'Mesolimbic interaction of emotional valence and reward improves memory formation', *Neuropsycholo- gia,* 2008, 46(4), pp. 1000–1008

28 A. Tinwell, M. Grimshaw and A. Williams, 'Uncanny behaviour in survival horror games', *Journal of Gaming & Virtual Worlds,* 2010, 2(1), pp. 3–25

29 第11章29参照。

30 R. S. Neary and M. Zuckerman, 'Sensation seeking, trait and state anxiety, and the electrodermal orienting response', *Psychophysiol- ogy,* 1976, 13(3), pp. 205–11

31 L. M. Bouter et al., 'Sensation seeking and injury risk in downhill skiing', *Personality and Individual Differences,* 1988, 9(3), pp. 667–73

32 M. Zuckerman, 'Genetics of sensation seeking', in J. Benjamin, R. Ebstein and R. H. Belmake (eds), *Molecular Genetics and the Human Personality*, Washington, DC, American Psychiatric Associa- tion, pp. 193–210.

33 S. B. Martin et al., 'Human experience seeking correlates with hippocampus volume: Convergent evidence from manual tracing and voxel-based morphometry', *Neuropsychologia*, 2007, 45(12), pp. 2874–81

34 R. F. Baumeister et al., 'Bad is stronger than good', *Review of General Psychology,* 2001, 5(4), p. 323

35 S. S. Dickerson, T. L. Gruenewald and M. E. Kemeny, 'When the social self is threatened: Shame, physiology, and health', *Journal of Personality*, 2004, 72(6), pp. 1191–216

36 E. D. Weitzman et al., 'Twenty-four hour pattern of the episodic secretion of cortisol in normal subjects', *Journal of Clinical Endocrinology & Metabolism,* 1971, 33(1), pp. 14–22

37 12参照。

38 R. S. Nickerson, 'Confirmation bias: A ubiquitous phenomenon in many guises', *Review of General Psychology*, 1998, 2(2), p. 175

第四章　自分は賢いって思ってるだろ?

1 R. E. Nisbett et al., 'Intelligence: new findings and theoretical developments', *American Psychologist*, 2012, 67(2), pp. 130–59

2 H.-M. Süß et al., 'Working-memory capacity explains reasoning ability – and a little bit more', *Intelligence*, 2002, 30(3), pp. 261–88

3 L. L. Thurstone, *Primary Mental Abilities*, University of Chicago Press, 1938

4 H. Gardner, *Frames of Mind: The Theory of Multiple Intelligences*, Basic Books, 2011

5 A. Pant, 'The Astonishingly Funny Story of Mr McArthur Wheeler', 2014, http://awesci.com/the- astonishingly-funny-story-of- mr-mcarthur-wheeler/ (accessed September 2015)

6 T. DeAngelis, 'Why we overestimate our competence', *American Psychological Association,* 2003, 34(2)

7 H. J. Rosen et al., 'Neuroanatomical correlates of cognitive self-appraisal in neurodegenerative disease', *Neuroimage*, 2010, 49(4), pp. 3358–64

8 G. E. Larson et al., 'Evaluation of a 〝mental effort〟 hypothesis for correlations between cortical metabolism and intelligence', *Intelli- gence,* 1995, 21(3), pp. 267–78

9 G. Schlaug et al., 'Increased corpus callosum size in musicians', *Neuropsychologia,* 1995, 33(8), pp. 1047–55

10 E. A. Maguire et al., 'Navigation-related structural change in the hippocampi of taxi drivers', *Proceedings of the National Academy of Sciences,* 2000, 97(8), pp. 4398–403

11 D. Bennabi et al., 'Transcranial direct current stimulation for memory enhancement: From clinical research to animal models', *Frontiers in Systems Neuroscience*, 2014, issue 8

12 Y. Taki et al., 'Correlation among body height, intelligence, and brain gray matter volume in healthy children', *Neuroimage*, 2012, 59(2), pp. 1023–7

13 T. Bouchard, 'IQ similarity in twins reared apart: Findings and responses to critics', *Intelligence, Heredity, and Environment*, 1997, pp. 126–60

14 H. Jerison, *Evolution of the Brain and Intelligence,* Elsevier, 2012

15 L. M. Kaino, 'Traditional knowledge in curricula designs: Embracing indigenous mathematics in classroom instruction', *Studies of Tribes and*

Tribals, 2013, 11(1), pp. 83–8
16 R. Rosenthal and L. Jacobson, 'Pygmalion in the classroom', *Urban Review*, 1968, 3(1), pp. 16–20

第五章　この章が来ることは予想通り？

1 R. C. Gerkin and J. B. Castro, 'The number of olfactory stimuli that humans can discriminate is still unknown', edited by A. Borst, *eLife*, 2015, 4 e08127; http://www.ncbi.nlm.nih.gov/ pmc/articles/PMC4491703/ (accessed September 2015)
2 L. Buck and R. Axel, 'Odorant receptors and the organization of the olfactory system', *Cell*, 1991, 65, pp. 175–87
3 R. T. Hodgson, 'An analysis of the concordance among 13 US wine competitions', *Journal of Wine Economics*, 2009, 4(01), pp. 1–9
4 See Chapter 1, n. 8
5 M. Auvray and C. Spence, 'The multisensory perception of flavor', *Consciousness and Cognition*, 2008, 17(3), pp. 1016–31
6 http://www.planet-science.com/ categories/experiments/biology/2011/05/how-sensitive-are- you.aspx (accessed September 2015)
7 http://www.nationalbraille. org/NBAResources/FAQs/ (accessed September 2015)
8 H. Frenzel et al., 'A genetic basis for mechanosensory traits in humans', *PLOS Biology*, 2012, 10(5)
9 D. H. Hubel and T. N. Wiesel, 'Brain Mechanisms of Vision', *Scientific American*, 1979, 241(3), pp. 150–62
10 E. C. Cherry, 'Some experiments on the recognition of speech, with one and with two ears', *Journal of the Acoustical Society of America*, 1953, 25(5), pp. 975–9
11 D. Kahneman, *Attention and Effort*, Citeseer, 1973
12 B. C. Hamilton, L. S. Arnold and B. C. Tefft, 'Distracted driving and perceptions of hands-free technologies: Findings from the 2013 Traffic Safety Culture Index', 2013
13 N. Mesgarani et al., 'Phonetic feature encoding in human superior temporal gyrus', *Science*, 2014, 343(6174), pp. 1006–10
14 See Chapter 3, n. 14
15 D. J. Simons and D. T. Levin, 'Failure to detect changes to people during a real-world interaction', *Psychonomic Bulletin & Review*, 1998, 5(4), pp. 644–9
16 R. S. F. McCann, D. C. Foyle and J. C. Johnston, 'Attentional Limitations with Heads-Up Displays', *Proceedings of the Seventh International Symposium on Aviation Psychology*, 1993, pp. 70–5

第六章　性格　テストのための概念

1 E. J. Phares and W. F. Chaplin, *Introduction to Personality* (4th edn), Prentice Hall, 1997
2 L. A. Froman, 'Personality and political socialization', *Journal of Politics*, 1961, 23(02), pp. 341–52
3 H. Eysenck and A. Levey, 'Conditioning, introversion-extraversion and the strength of the nervous system', in V. D. Nebylitsyn and J. A. Gray (eds), *Biological Bases of Individual Behavior*, Academic Press, 1972, pp. 206–20
4 Y. Taki et al., 'A longitudinal study of the relationship between personality traits and the annual rate of volume changes in regional gray matter in healthy adults', *Human Brain Mapping*, 2013, 34(12), pp. 3347–53
5 K. L. Jang, W. J. Livesley and P. A. Vemon, 'Heritability of the big five personality dimensions and their facets: A twin study', *Journal of*

Personality, 1996, 64(3), pp. 577–92
6 M. Friedman and R. H. Rosenman, *Type A Behavior and Your Heart*, Knopf, 1974
7 G. V. Caprara and D. Cervone, *Personality: Determinants, Dynam- ics, and Potentials*, Cambridge University Press, 2000
8 J. B. Murray, 'Review of research on the Myers-Briggs type indicator', *Perceptual and Motor Skills*, 1990, 70(3c), pp. 1187–1202
9 A. N. Sell, 'The recalibrational theory and violent anger', *Aggression and Violent Behavior*, 2011, 16(5), pp. 381–9
10 C. S. Carver and E. Harmon-Jones, 'Anger is an approach-related affect: evidence and implications', *Psychological Bulletin*, 2009, 135(2), pp. 183–204
11 M. Kazén et al., 'Inverse relation between cortisol and anger and their relation to performance and explicit memory', *Biological Psy- chology*, 2012, 91(1), pp. 28–35
12 H. J. Rutherford and A. K. Lindell, 'Thriving and surviving: Approach and avoidance motivation and lateralization', *Emotion Review*, 2011, 3(3), pp. 333–43
13 D. Antos et al., 'The influence of emotion expression on perceptions of trustworthiness in negotiation', *Proceedings of the Twenty-fifth AAAI Conference on Artificial Intelligence*, 2011
14 S. Freud, *Beyond the Pleasure Principle*, Penguin, 2003
15 S. McLeod, 'Maslow's hierarchy of needs', *Simply Psychology*, 2007 (updated 2014), http://www.simplypsychology. org/maslow.html (accessed September 2015)
16 R. M. Ryan and E. L. Deci, 'Self-determination theory and the facilitation of intrinsic motivation, social development, and well-being', *American Psychologist*, 2000, 55(1), p. 68
17 M. R. Lepper, D. Greene and R. E. Nisbett, 'Undermining children's intrinsic interest with extrinsic reward: A test of the 〝overjustification〟 hypothesis', *Journal of Personality and Social Psychology*, 1973, 28(1), p. 129
18 E. T. Higgins, 'Self-discrepancy: A theory relating self and affect', *Psychological Review*, 1987, 94(3), p. 319
19 J. Reeve, S. G. Cole and B. C. Olson, 'The Zeigarnik effect and intrinsic motivation: Are they the same?', *Motivation and Emotion*, 1986, 10(3), pp. 233–45
20 S. Shuster, 'Sex, aggression, and humour: Responses to unicycling', *British Medical Journal*, 2007, 335(7633), pp. 1320–22
21 N. D. Bell, 'Responses to failed humor', *Journal of Pragmatics*, 2009, 41(9), pp. 1825–36
22 A. Shurcliff, 'Judged humor, arousal, and the relief theory', *Journal of Personality and Social Psychology*, 1968, 8(4p1), p. 360
23 D. Hayworth, 'The social origin and function of laughter', *Psychological Review*, 1928, 35(5), p. 367
24 R. R. Provine and K. Emmorey, 'Laughter among deaf signers', *Journal of Deaf Studies and Deaf Education*, 2006, 11(4), pp. 403–9
25 R. R. Provine, 'Contagious laughter: Laughter is a sufficient stimulus for laughs and smiles', *Bulletin of the Psychonomic Society*, 1992, 30(1), pp. 1–4
26 C. McGettigan et al., 'Individual differences in laughter perception reveal roles for mentalizing and sensorimotor systems in the eval- uation of emotional authenticity', *Cerebral Cortex*, 2015, 25(1) pp. 246–57

第七章　円陣を組む—

1 A. Conley, 'Torture in US jails and prisons: An analysis of solitary

confinement under international law', *Vienna Journal on Interna- tional Constitutional Law*, 2013, 7, p. 415

2 B. N. Pasley et al., 'Reconstructing speech from human auditory cortex', *PLoS-Biology*, 2012, 10(1), p. 175

3 J. A. Lucy, *Language Diversity and Thought: A Reformulation of the Linguistic Relativity Hypothesis*, Cambridge University Press, 1992

4 I. R. Davies, 'A study of colour grouping in three languages: A test of the linguistic relativity hypothesis', *British Journal of Psychology*, 1998, 89(3), pp. 433–52

5 O. Sacks, *The Man Who Mistook His Wife for a Hat, and Other Clinical Tales*, Simon and Schuster, 1998（オリバー・サックス『妻を帽子とまちがえた男』晶文社）

6 P. J. Whalen et al., 'Neuroscience and facial expressions of emotion: The role of amygdala–prefrontal interactions', *Emotion Review*, 2013, 5(1), pp. 78–83

7 N. Guéguen, 'Foot-in-the-door technique and computer-mediated communication', *Computers in Human Behavior*, 2002, 18(1), pp. 11–15

8 A. C.-y. Chan and T. K.-f. Au, 'Getting children to do more academic work: foot-in-the-door versus door-in-the-face', *Teaching and Teacher Education*, 2011, 27(6), pp. 982–5

9 C. Ebster and B. Neumayr, 'Applying the door-in-the-face compliance technique to retailing', *International Review of Retail, Distribution and Consumer Research*, 2008, 18(1), pp. 121–8

10 J. M. Burger and T. Cornelius, 'Raising the price of agreement: Public commitment and the lowball compliance procedure', *Journal of Applied Social Psychology*, 2003, 33(5), pp. 923–34

11 R. B. Cialdini et al., 'Low-ball procedure for producing compliance: commitment then cost', *Journal of Personality and Social Psychol- ogy*, 1978, 36(5), p. 463

12 T. F. Farrow et al., 'Neural correlates of self-deception and impression-management', *Neuropsychologia*, 2015, 67, pp. 159–74

13 S. Bowles and H. Gintis, *A Cooperative Species: Human Reciprocity and Its Evolution*, Princeton University Press, 2011

14 C. J. Charvet and B. L. Finlay, 'Embracing covariation in brain evolution: large brains, extended development, and flexible primate social systems', *Progress in Brain Research*, 2012, 195, p. 71

15 F. Marlowe, 'Paternal investment and the human mating system', *Behavioural Processes*, 2000, 51(1), pp. 45–61

16 L. Betzig, 'Medieval monogamy', *Journal of Family History*, 1995, 20(2), pp. 181–216

17 J. E. Coxworth et al., 'Grandmothering life histories and human pair bonding', *Proceedings of the National Academy of Sciences*, 2015. 112(38), pp. 11806–11

18 D. Lieberman, D. M. Fessler and A. Smith, 'The relationship between familial resemblance and sexual attraction: An update on Westermarck, Freud, and the incest taboo', *Personality and Social Psychology Bulletin*, 2011, 37(9), pp. 1229–32

19 A. Aron et al., 'Reward, motivation, and emotion systems associated with early-stage intense romantic love', *Journal of Neurophysiology*, 2005, 94(1), pp. 327–37

20 A. Campbell, 'Oxytocin and human social behavior', *Personality and Social Psychology Review*, 2010

21 W. S. Hays, 'Human pheromones: have they been demonstrated?', *Behavioral Ecology and Sociobiology*, 2003, 54(2), pp. 89–97

22 L. Campbell et al., 'Perceptions of conflict and support in romantic

relationships: The role of attachment anxiety', *Journal of Personality and Social Psychology,* 2005, 88(3), p. 510

23 E. Kross et al., 'Social rejection shares somatosensory representa- tions with physical pain', *Proceedings of the National Academy of Sciences*, 2011, 108(15), pp. 6270–75

24 H. E. Fisher et al., 'Reward, addiction, and emotion regulation sys- tems associated with rejection in love', *Journal of Neurophysiology,* 2010, 104(1), pp. 51–60

25 J. M. Smyth, 'Written emotional expression: Effect sizes, outcome types, and moderating variables', *Journal of Consulting and Clinical Psychology*, 1998, 66(1), p. 174

26 H. Thomson, 'How to fix a broken heart', *New Scientist,* 2014, 221(2956), pp. 26–7

27 R. I. Dunbar, 'The social brain hypothesis and its implications for social evolution', *Annals of Human Biology,* 2009, 36(5), pp. 562–72

28 T. Dávid-Barrett and R. Dunbar, 'Processing power limits social group size: computational evidence for the cognitive costs of soci- ality', *Proceedings of the Royal Society of London B: Biological Sciences*, 2013, 280(1765), 10.1098/rspb.2013.1151

29 S. E. Asch, 'Studies of independence and conformity: I. A minority of one against a unanimous majority', *Psychological Monographs: General and Applied*, 1956, 70(9), pp. 1–70

30 L. Turella et al., 'Mirror neurons in humans: consisting or confound- ing evidence?', *Brain and Language*, 2009, 108(1), pp. 10–21

31 B. Latané and J. M. Darley, 'Bystander 〝apathy〟', *American Scientist,* 1969, pp. 244–68

32 I. L. Janis, *Groupthink: Psychological Studies of Policy Decisions and Fiascoes*, Houghton Mifflin, 1982

33 S. D. Reicher, R. Spears and T. Postmes, 'A social identity model of deindividuation phenomena', *European Review of Social Psychol- ogy*, 1995, 6(1), pp. 161–98

34 S. Milgram, 'Behavioral study of obedience', *Journal of Abnormal and Social Psychology,* 1963, 67(4), p. 371

35 S. Morrison, J. Decety and P. Molenberghs, 'The neuroscience of group membership', *Neuropsychologia*, 2012, 50(8), pp. 2114–20

36 R. B. Mars et al., 'On the relationship between the 〝default mode network〟 and the 〝social brain〟', *Frontiers in Human Neuroscience,* 2012, vol. 6, article 189

37 G. Northoff and F. Bermpohl, 'Cortical midline structures and the self', *Trends in Cognitive Sciences*, 2004, 8(3), pp. 102–7

38 P. G. Zimbardo and A. B. Cross, *Stanford Prison Experiment,* Stanford University, 1971

39 G. Silani et al., 'Right supramarginal gyrus is crucial to overcome emotional egocentricity bias in social judgments', *Journal of Neuroscience,* 2013, 33(39), pp. 15466–76

40 L. A. Strömwall, H. Alfredsson and S. Landström, 'Rape victim and perpetrator blame and the just world hypothesis: The influence of victim gender and age', *Journal of Sexual Aggression*, 2013, 19(2), pp. 207–17

第八章　脳が壊れると……

1 V. S. Ramachandran and E. M. Hubbard, 'Synaesthesia – a window into perception, thought and language', *Journal of Consciousness Studies*, 2001, 8(12), pp. 3–34

2 第三章 3参照。

3 R. Hirschfeld, 'History and evolution of the monoamine hypothesis of depression', *Journal of Clinical Psychiatry*, 2000

4 J. Adrien, 'Neurobiological bases for the relation between sleep and depression', *Sleep Medicine Reviews*, 2002, 6(5), pp. 341–51

5 D. P. Auer et al., 'Reduced glutamate in the anterior cingulate cortex in depression: An in vivo proton magnetic resonance spectroscopy study', *Biological Psychiatry,* 2000, 47(4), pp. 305–13

6 A. Lok et al., 'Longitudinal hypothalamic–pituitary–adrenal axis trait and state effects in recurrent depression', *Psychoneuroendocrinol- ogy*, 2012, 37(7), pp. 892–902

7 H. Eyre and B. T. Baune, 'Neuroplastic changes in depression: a role for the immune system', *Psychoneuroendocrinology*, 2012, 37(9), pp. 1397–416

8 W. Katon et al., 'Association of depression with increased risk of dementia in patients with type 2 diabetes: The Diabetes and Aging Study', *Archives of General Psychiatry,* 2012, 69(4), pp. 410–17

9 A. M. Epp et al., 'A systematic meta-analysis of the Stroop task in depression', *Clinical Psychology Review*, 2012, 32(4), pp. 316–28

10 P. F. Sullivan, M. C. Neale and K. S. Kendler, 'Genetic epidemiology of major depression: review and meta-analysis', *American Journal of Psychiatry*, 2007, 157(10), pp. 1552–62

11 T. H. Holmes and R. H. Rahe, 'The social readjustment rating scale', *Journal of Psychosomatic Research,* 1967, 11(2), pp. 213–18

12 D. H. Barrett et al., 'Cognitive functioning and posttraumatic stress disorder', *American Journal of Psychiatry*, 1996, 153(11), pp. 1492–4

13 P. L. Broadhurst, 'Emotionality and the Yerkes–Dodson law', *Journal of Experimental Psychology*, 1957, 54(5), pp. 345–52

14 R. S. Ulrich et al., 'Stress recovery during exposure to natural and urban environments' *Journal of Environmental Psychology*, 1991, 11(3), pp. 201–30

15 K. Dedovic et al., 'The brain and the stress axis: The neural correlates of cortisol regulation in response to stress', *Neuroimage*, 2009, 47(3), pp. 864–71

16 S. M. Monroe and K. L. Harkness, 'Life stress, the " kindling" hypothesis, and the recurrence of depression: Considerations from a life stress perspective', *Psychological Review*, 2005, 112(2), p. 417

17 F. E. Thoumi, 'The numbers game: Let's all guess the size of the illegal drug industry', *Journal of Drug Issues,* 2005, 35(1), pp. 185–200

18 S. B. Caine et al., 'Cocaine self-administration in dopamine D_3 receptor knockout mice', *Experimental and Clinical Psychopharmacology*, 2012, 20(5), p. 352

19 J. W. Dalley et al., 'Deficits in impulse control associated with tonically-elevated serotonergic function in rat prefrontal cortex', *Neuropsychopharmacology*, 2002, 26, pp. 716–28

20 T. E. Robinson and K. C. Berridge, 'The neural basis of drug craving: An incentive-sensitization theory of addiction', *Brain Research Reviews*, 1993, 18(3), pp. 247–91

21 R. Brown, 'Arousal and sensation-seeking components in the general explanation of gambling and gambling addictions', *Substance Use & Misuse*, 1986, 21(9–10), pp. 1001–16

22 B. J. Everitt et al., 'Associative processes in addiction and reward the role of amygdala – ventral striatal subsystems', *Annals of the New York Academy of Sciences*, 1999, 877(1), pp. 412–38

23 G. M. Robinson et al., 'Patients in methadone maintenance treatment who inject methadone syrup: A preliminary study', *Drug and Alcohol Review,* 2000, 19(4), pp. 447–50

24 L. Clark and T. W. Robbins, 'Decision-making deficits in drug addiction', Trends in Cognitive Sciences, 2002, 6(9), pp. 361–3

25 M. J. Kreek et al., 'Genetic influences on impulsivity, risk taking, stress responsivity and vulnerability to drug abuse and addiction', *Nature Neuroscience*, 2005, 8(11), pp. 1450–57

26 S. S. Shergill et al., 'Functional anatomy of auditory verbal imagery in schizophrenic patients with auditory hallucinations', *American Journal of Psychiatry*, 2000, 157(10), pp. 1691–3

27 P. Allen et al., 'The hallucinating brain: a review of structural and functional neuroimaging studies of hallucinations' *Neuroscience & Biobehavioral Reviews*, 2008, 32(1), pp. 175–91

28 S.-J. Blakemore et al., 'The perception of self-produced sensory stimuli in patients with auditory hallucinations and passivity experiences: evidence for a breakdown in self-monitoring', *Psychological Medicine*, 2000, 30(05), pp. 1131–9

29 27参照。

30 R. L. Buckner and D. C. Carroll, 'Self-projection and the brain', *Trends in Cognitive Sciences*, 2007, 11(2), pp. 49–57

31 A. W. Young, K. M. Leafhead and T. K. Szulecka, 'The Capgras and Cotard delusions', *Psychopathology*, 1994, 27(3–5), pp. 226–31

32 M. Coltheart, R. Langdon, and R. McKay, 'Delusional belief', *Annual Review of Psychology*, 2011, 62, pp. 271–98

33 P. Corlett et al., 'Toward a neurobiology of delusions', *Progress in Neurobiology*, 2010, 92(3), pp. 345–69

34 J. T. Coyle, 'The glutamatergic dysfunction hypothesis for schizophrenia', *Harvard Review of Psychiatry*, 1996, 3(5), pp. 241–53

訳者あとがき

本書は神経科学者ディーン・バーネットの初の著書となる *THE IDIOT BRAIN a Neuroscientist Explains What Your Head Is Really Up To* の全訳である。

イギリスでベストセラー一位（二〇一七年四月二九日付け「ガーディアン」紙より）を獲得した本書の原題は「バカ〈な〉脳」であって「バカ〈の〉脳」ではない。ディーンによれば、人間の脳は地上の生き物の中でもっとも高度な知能を我々に授けた。脳は驚異的なまでに素晴らしいはたらきをしている一方で、適当で不合理で非効率なことをして私たちを混乱させてばかりいるかなりまぬけな器官でもある。「バカ〈な〉脳」が意味するのは、私たち人間はバカであるということで、その責任の大部分は脳にある。なぜなら私たちは想像以上に脳のはたらきに影響を受けており、脳にはその驚異的な複雑さゆえの数限りない奇癖があるからだ。

本書には心の中で「あるある」とつぶやくような場面が次々に登場する。「何しにここに来たんだっけ？」「あの子の名前なんだっけ？　顔は覚えてるんだけど」「デザートは別腹」といった日常のありふれた出来事を脳の仕組みから解説する。

また、乗り物酔いを起こしたり、理不尽に人につらくあたったり、一片のトーストに顔を見つけたりする脳の奇妙なはたらきを、専門家の立場から、ディーンは有名無名の数多の証拠を元に身近な事例を通して、論理的にわかりやすく解き明かす。

そうは言っても、脳の仕組みを解明するのは容易ではない。それは本文の「示唆される」「考えられている」「傾向がある」という記述が多用されていることからもよくわかる。たとえば、ユーモアの作用を実質的に研究するには、被験者はユーモアを体験しなければならず、それには誰もがおもしろいと思うものがなくてはならない。怒りを覚えているときの脳の活動を脳スキャンで調べるには、無機質な実験室の冷たい装置の中で怒りを経験する被験者がいなくてはならない。それがいかに難しいことであるかはおわかりいただけるであろう。私たちが脳について知っていることは限定的で、依然として謎だらけ、だから誤解や思い込みも多いとディーンは言う。

このように興味深い脳に魅了され、研究を続けてきたディーンは、神経科学者としてイギリスのカーディフ大学に勤務し、オンライン版ガーディアンでポピュラー・サイエンス・ブログ Brain Flapping を連載している。また、本書の随所にあふれるユーモアからもわかるように、スタンダップ・コメディアンとしての顔ももつ。

ディーンは軽快に、ときに辛辣に、ジョークを挟みながら脳の奇癖やバイアスを元凶とする私たちの奇妙で不合理な振る舞いを指摘する。思いあたること、誤解していたこと、身につまされることなど、何かしら身近に感じられることがあるのではないだろうか。脳のはたらきに思いを馳せれば、理不尽な人に出会ったとしても受け止め方が違ってくるかもしれない。脳を理解するということは、人を理解することでもあるのだろう。読み進めるにつれ、著者の言うところの脳に対する尽きない興味が、ひいてはいとおしさが沸いてくるのではないだろうか。健気にはたらく偉大なる、でもちょっぴりざんねんな脳をぜひさまざまな角度から楽しんでいただければ幸いである。

最後に、翻訳にあたってはおおぜいのみなさまにお世話になった。訳文を読んで貴重なご意見をくださった荒井信子さん、編集の労をとってくださった青土社の篠原一平さんには特に感謝の意を表したい。ほんとうにありがとうございました。

二〇一七年一一月

増子　久美

ざんねんな脳
神経科学者が語る脳のしくみ

2017年12月1日　第一刷発行
2017年12月15日　第一刷発行

著　者　ディーン・バーネット
訳　者　増子久美

発行者　清水一人
発行所　青土社

〒101-0051　東京都千代田区神田神保町1-29　市瀬ビル
［電話］03-3291-9831（編集）　03-3294-7829（営業）
［振替］00190-7-192955

印刷・製本　ディグ
装幀　松田行正

ISBN978-4-7917-7025-0　Printed in Japan